资助项目
贵州省高层次创新型人才遴选培养计划（〔2016〕5666）
贵州省科技支撑计划（〔2017〕2827）

贵州道地药材土壤环境特征与质量控制

孙　超　张珍明　林昌虎 等　编著

科 学 出 版 社
北　京

内 容 简 介

本书的编写是按照从整体到局部的结构来设计的，首先以药用植物的定义、资源情况与特性描述为基础，详细阐明贵州药用植物资源的分布情况及其在中国药用植物资源中所处的位置，以此引出贵州道地药材的种类与特征。同时，在对土壤功能与作用的系统介绍下，分别阐述了贵州土壤的类型及各种类型土壤的特征与分布情况。此外，分析了贵州土壤与药用植物品质之间的关系，并详细阐明了6种贵州道地药材与土壤环境间的相关性。旨在让读者系统地了解并掌握贵州道地药材的品质与环境间的关系。

本书是一本综合阐述中药材道地性与环境适宜性的书籍，可为从事中药材道地性研究、中药材栽培、土壤学、生态学和环境科学等领域的科技工作者提供一定的理论借鉴；也可为相关专业的学生提供较为丰富的拓展学习材料。

图书在版编目（CIP）数据

贵州道地药材土壤环境特征与质量控制 / 孙超等编著. —北京：科学出版社，2023.4

ISBN 978-7-03-073877-6

Ⅰ. ①贵… Ⅱ. ①孙… Ⅲ. ①中药材－土壤环境－质量控制－研究－贵州 Ⅳ. ①S567②X21

中国版本图书馆CIP数据核字（2022）第221349号

责任编辑：罗 静 岳漫宇 薛 丽 / 责任校对：杨 赛
责任印制：吴兆东 / 封面设计：刘新新

科学出版社 出版
北京东黄城根北街16号
邮政编码：100717
http://www.sciencep.com

北京中科印刷有限公司 印刷

科学出版社发行 各地新华书店经销

*

2023年4月第 一 版 开本：B5（720×1000）
2023年4月第一次印刷 印张：13
字数：262 000

定价：149.00元

（如有印装质量问题，我社负责调换）

《贵州道地药材土壤环境特征与质量控制》编写人员

（按贡献大小排名）

孙　超　贵州医科大学　研究员

张珍明　贵州大学　教授

林昌虎　贵州医科大学　教授

张清海　贵州医科大学　教授

何腾兵　贵州大学　教授

林绍霞　贵州省中国科学院天然产物化学重点实验室　副研究员

牟桂婷　贵州省生物研究所　助理研究员

张家春　贵州省植物园　高级工程师

洪　江　贵州科学院　副研究员

曾宪平　遵义市农村发展服务中心　工程师

刘盈盈　贵州省生物研究所　副研究员

罗文敏　贵州省生物研究所　副研究员

柳小兰　贵州省中国科学院天然产物化学重点实验室　副研究员

颜秋晓　贵州省中国科学院天然产物化学重点实验室　助理研究员

王　颖　六盘水师范学院　讲师

邓冬冬　贵州省第一测绘院　高级工程师

张　皓　清镇市气象局　工程师

秦　维　贵州省生物研究所　助理研究员

前　言

黔山秀水出灵药，贵州得天独厚的自然禀赋，孕育了其丰富的中药材资源。贵州是全国重要的植物种源地和四大中药材主产区之一，素享“黔地无闲草，夜郎多灵药”的美誉，发展中药材产业具有强大的资源优势。按照《中药材产业扶贫行动计划（2017—2020年）》《贵州省中药材产业发展扶贫规划（2012—2015年）》《贵州省发展中药材产业助推脱贫攻坚三年行动方案（2017—2019年）》相关工作部署，贵州已将中药材产业作为富民强省的“五张名片”之一进行重点扶持，中药材产业作为12个特色产业之一已成为贵州山区人民群众增收致富的重点产业，更是做好脱贫攻坚与乡村振兴有效衔接的重要抓手之一。对深化医药卫生体制改革、提高人民健康水平、满足人民群众对医药大健康多样化多元化需求，以及发展战略性新兴产业、促进生态文明建设、推动经济社会高质量发展，都具有十分重要的意义。

土壤作为生物与非生物进行物质和能量转化的重要介质，是药材生长的“天然培养基”，能供应、协调中药材生长对水分、养分、气体、热量的需求。土壤具有自己的功能和结构特点，有相对独立的生态系统和微环境，对中药资源起着重大的生态作用，是形成道地药材的重要因素之一。它不仅影响药用植物的生长发育，也与植物中有效成分的形成及含量关系非常密切。贵州特有的气候、地形地貌等环境特征在为道地中药材提供良好生长环境的同时，也给道地中药材种植的规范化、标准化、现代化管理带来了极大的挑战。因此，深入研究道地中药材产地土壤环境，是发展贵州中药材现代化种植技术的基础，也将为贵州实现中药材现代化种植管理提供一定的支撑。

全书共分为10章，主要是按照从整体到局部的结构来设计的，考虑并兼顾不同读者专业及需求。本书首先以药用植物的定义、资源情况与特性描述为基础，详细阐明了贵州药用植物资源的分布情况及其在中国药用植物资源中所处的位置。同时，在对土壤功能与作用的系统介绍下，分别阐述了6种贵州道地药材品质与土壤环境间的相关性。在本书的编著过程中，承蒙郭学涛教授审核、修改，在此致谢！本书参考了大量国际国内前辈和同仁的相关资料、论文、书籍，由于篇幅限制，未能一一列出，在此一并致谢！

由于本书涉及范围广、跨度大，难免挂一漏万、管中窥豹，如有疏漏之处，敬请各位读者不吝指正。

著　者

2023年1月

目　　录

第一章　贵州道地药材概述

第一节　贵州自然条件

贵州简称“黔”，是我国古人类发祥地之一。春秋以前，贵州为荆州西南裔，属于“荆楚”或“南蛮”之一部。至春秋时代，境内部族林立，著名的有牂牁国，其政治中心叫夜郎邑（今安顺一带）。春秋末年，牂牁国衰落，牂洞江（今北盘江）流域另一支“濮”人兴起，占领了牂牁国北部领土，仍以夜郎邑为中心，定国号为夜郎。

一、地理位置与行政区划

地理位置。贵州位于中国西南地区的东南部，地理坐标为北纬 24°3′26″～29°13′29″，东经 103°36′13″～109°35′45″，东靠湖南，南邻广西，西毗云南，北连四川和重庆，东西长约 595 km，南北相距约 509 km，全省面积 17 616 700 hm^2，占全国面积的 1.8%。贵州境内地势西高东低，自中部向北、东、南三面倾斜，全省地貌可概括为：高原、山地、丘陵和盆地 4 种基本类型，高原和山地居多，素有“八山一水一分田”之说，是全国唯一没有平原的省份。属亚热带湿润季风气候，四季分明、春暖风和、雨量充沛、雨热同期。

行政区划。贵州简称“黔”或“贵”，地处中国西南腹地，与重庆、四川、湖南、云南、广西接壤，是西南交通枢纽。辖 6 个地级市、3 个自治州（合计 9 个地级行政区划单位），包括：贵阳市、遵义市、六盘水市、安顺市、毕节市、铜仁市、黔西南布依族苗族自治州、黔东南苗族侗族自治州、黔南布依族苗族自治州。截至 2021 年，共计 362 个街道、832 个镇、122 个乡、193 个民族乡（合计 1509 个乡级行政单位），2060 个居委会、16 617 个村委会（数据来源：贵州省民政厅门户网）。截至 2021 年末，全省常住人口 3852 万人，其中，城镇常住人口 2092.79 万人，乡村常住人口 1759.21 万人。贵州是一个多民族省份，少数民族人口为 14 050 266 人，占全省总人口的 36.47%，超过 10 万人的少数民族有 9 个，依次为苗族、布依族、侗族、土家族、彝族、仡佬族、水族、白族和回族（数据来源：贵州省人民政府发展研究中心）。

二、气候条件

气候。贵州位于副热带东亚大陆的季风区内，属中国亚热带高原季风湿润气候。温暖湿润，年气温变化小，绝大部分地区冬无严寒，夏无酷暑，冬暖夏凉，气候宜人。年平均气温在15℃，最冷月（1月）平均气温在3℃，最热月（7月）平均气温在25℃。降水丰沛，年降水量1100～1300 mm，受季风影响降水多集中于夏季；阴天多、日照少，阴天日数一般超过150 d。全年日照时数约1300 h，无霜期270 d左右，常年相对湿度在70%以上。受大气环境及地形等因素影响，贵州气候呈现多样性，民间有“一山分四季，十里不同天”之说。

日照。以2015年度为例，年日照时数在659.9（万山）～1785.2 h（盘州），贵州的西部、西南部边缘地区在1600 h以上，遵义大部分地区、铜仁大部分地区、贵阳部分地区、黔东南部分地区、黔南部分地区以及毕节、金沙、黔西在1000 h以下，其余地区年日照时数在1000～1600 h。与常年同期相比，西部和西南部边缘地区、安顺部分地区以及习水、赤水日照偏多0～11.6%，都匀、福泉、印江、思南、万山、玉屏、从江、施秉日照偏少25%～47.8%（万山），其余地区日照偏少0～25%。

降水。2015年度，全省年降水量分布不均，在844.4（务川）～2290.9 mm（雷山），北部以及赫章、威宁、水城年降水量在1000 mm以下，东南部、中部偏南部分地区以及盘州、兴义降水量在1500 mm以上，其中雷山在2000 mm以上。其余地区在1000～1500 mm。与常年同期相比，北部地区以及水城、大方、江口等地降水偏少 0～27.9%（务川），黔东南和贵阳部分地区降水偏多 50%～78.3%（雷山），其余大部分地区降水偏多0～50%。

气温。2015年度，全省年平均气温在11.8（威宁）～20.7℃（望谟、罗甸），威宁在12.0℃以下，东部、南部基本都在16.0℃以上，其中罗甸、望谟、册亨超过20.0℃，其余地区在12.0～16.0℃。与常年同期相比，西部大部、中部、北部部分地区、南部小部地区偏高1℃以上，铜仁部分地区以及德江、息烽、平塘、贞丰等地偏低0～0.5℃，其余地区偏高0.5～1.0℃。

三、地形与地貌

地形与地势。贵州是一个山峦重叠、丘陵起伏的高原山区，在地势上，东西向有三个阶梯，西高东低；南北向有两个斜坡，中部隆起为脊背，分别向南、北两面倾斜，恰似一个反盖在地上的簸箕背。全省平均海拔1107 m，最高处在赫章的韭菜坪，为2900 m，是乌蒙山脉在黔西北的主峰；最低处在黎平地坪，为137 m。除中北部和西南部的遵义、安顺、铜仁和兴义等地区有少数面积较大的山间盆地可称为“万亩大坝”外，全省多为山岭崎岖、峰岩峭峻之区，极少开阔平地。乌江北有大娄山，是四川盆地南缘，最高峰在桐梓青坝大山，为 2028 m。东北隅的梵净山，最高峰 2570 m，孤峰雄峙，是黔东北武陵山脉的主峰。苗岭横亘中部，是乌江与盘江及红水河的分水岭，最高峰是雷公山，海拔为 2179 m（《贵州省农业气候区划》编写组，1989）。

地貌。贵州是我国地貌类型较复杂，又主要是岩溶地貌的省份之一。全省依地形特征可分为高原、高中山、中山、低中山、低山、丘陵和盆地等类型。其中高原和各种山地占全省总面积的 87%、丘陵占 10%、盆地占 3%。贵州除黔北的赤水、习水和黔西南的册亨、望谟一带为砂页岩，黔东南除大部分地区为碎屑岩的成片的切割密度较大的侵蚀剥蚀地貌外，其余大部分的地区为石灰岩等碳酸质岩石发育的岩溶地貌，不仅其个体形态，如石芽、石沟、峰林、峰丛、溶洼地、竖井、落水洞、溶洞、伏流、岩溶湖等到处可见，而且其组合形态，如岩溶丘陵洼地、岩溶峰林洼地、岩溶峰丛洼地、岩溶峰丛槽谷和岩溶峰丛山地等分布也很普遍，与广西、云南的岩溶地貌连成一片，被誉为“世界岩溶圣地”。由于地质结构、地貌部位等因素的影响，贵州境内的石芽、石沟虽然各地均有分布，但以谷坡地带分布最广，溶洞多分布在排水道和河道两侧或大型溶洼地周围，且常有阶地与之相对应，竖井、落水洞多沿断层破碎带呈串珠状分布；伏流多分布在大型洼地长轴两端和地貌裂点附近，岩溶湖主要分布在岩溶峰林洼地和岩溶丘陵盆地地区（刘柯和贵州省人民政府办公厅，1989）。

第二节　贵州药用植物资源多样性

贵州作为我国四大中药材产区（川、广、云、贵）之一，因其自然环境复杂多样，具有十分丰富的植物资源，其中广含药用植物。据有关文献等资料统计：中国药用植物资源共 383 科 2309 属 11 146 种（丁建和夏燕莉，2005；贵州省中药资源普查办和贵州中药研究所，1992），贵州药用植物分属 275 科、1384 属，共计 3924 种，其种数占全国药用植物资源的 35.21%（孙济平和何顺志，2005）；贵州道地、珍稀、特有药用植物超过 200 种（何顺志等，2005），其中贵州特有的药用植物 80 余种（孙济平和何顺志，2005）；贵州开发利用的药用植物约有 350 种，占全省药用植物种数不到 10%（何顺志等，2005）。

珍稀名贵药用植物，具有较高的药用价值，在国内久享盛誉，品质优异。其代表品种有：黄连（*Coptis chinensis* Franch.）、杜仲（*Eucommia ulmoides* Oliv.）、厚朴[*Houpoea officinalis* (Rehder et Wilson) Xia et Wu]、珙桐（*Davidia involucrata* Baill.）、天麻（*Gastrodia elata* Bl.）、铁皮石斛（*Dendrobium officinale* Kimura et Migo）、贵州苏铁（*Cycas guizhouensis* Lan）、长瓣兜兰（*Paphiopedilum dianthum* Tang et Wang）等。

特有药用植物，指在贵州境内有分布并具有药用价值，而在我国其他地区乃至世界各地无分布的物种。其代表品种有：贵州鹿蹄草（*Pyrola mattfeldiana* Andr.）、贵阳鹿蹄草（*Pyrola corbieri* Levl.）、贵州缫丝花（*Rosa kweichowensis* Yü et Ku）、叶花景天（*Sedum phyllanthum* Levl. et Vant.）、花叶菝葜（*Smilax guiyangensis* Fu et Shen）、贵州金丝桃（*Hypericum kouytchense* Levl.）等。

第三节　贵州道地药材

道地药材又称地道药材，最早的文字记载，是公元657年唐朝政府组织编修的《新修本草》(简称《唐本草》)。道地药材是指经过中医临床长期应用优选出来的，在特定地域，通过特定生产过程所产的，较其他地区所产的同种药材品质佳、疗效好，具有较高的知名度的药材。道地药材中的“道”是中国古代的行政区划单位，如贞观元年（627年），唐太宗依山川形势将全国分为十道，可见“道”为唐代的国家一级行政区划；孙思邈在《千金要方》中专设“药出州土”，按“道”列出了各地所产的药材；“地”即在特定的自然条件和生态环境区域内，药材形成了独特的品质与生长繁衍习性，离开这一特定环境，药材的性味就会发生改变。

一、道地药材的特点

道地性是道地药材所具有的各种专属性状的总称，也可以将其视为道地药材特有表型的高度概括，它可能包括道地药材外观性状好、高产、易贮藏、抗虫、抗病、化学成分具有独特的自适应特征并且含量相对较高、临床疗效好等诸多优良性状的全部或部分特征。其中，作为中医药的物质基础，化学成分组成特异并且含量相对较高是道地性的物质基础，更是其优质性的核心。

道地迁移是指道地药材由于自然环境、人为因素等发生的道地产区的迁移(道地迁移一词目前没有统一的定义)。迁移原因可归纳为以下5个方面：一是自然地理条件发生改变；二是过度开采，导致资源枯竭；三是战乱等社会因素影响；四是产区经济结构调整；五是引种。例如，太子参作为贵州道地药材，其原产地并不在贵州，而是通过引种在贵州栽培，贵州的自然环境比较适宜太子参生长，结合合理的田间管理措施与加工方式，太子参逐渐发展为贵州道地药材。

二、贵州道地药材种类与特性

产地是影响植物药材质量的重要因素，直接影响药材有效成分的形成与积累。《神农本草经》认为“土地所出，真伪陈新，并各有法”；《本草经集注》认为“诸药所生，皆有境界”；《新修本草》认为“离其本土，则质同而效异”；《本草纲目》认为“性从地变，质与物迁”。中国地大物博，植物资源丰富多样，从南到北，自东到西，各地都拥有区别于且优于其他地区的道地药用植物资源。贵州素有“川广云贵，道地药材”之誉称，药材品质优良，是药材大省。“黔地无闲草，夜郎多灵药”就是指贵州药材资源丰富，现已查明的药用植物就有 3000 多种。

贵州道地药材种类丰富，并且有一定的市场优势，许多药材资源珍稀名贵，如毕节、大方等所产的杜仲、天麻等道地药材在历史上曾被列为贡品；半夏在日本享受“免检”殊荣，1979 年出口日本达 255 t；天麻号称“贵天麻”，其有效成分天麻素的含量在 0.7%以上（高的达 1.0%），1958 年，贵州仅野生天麻收购量就达 3.59 万 t；其他的如天然冰片、铁皮石斛、黄柏、杜仲、吴茱萸[*Tetradium ruticarpum* (Jussieu) Hartley]、银杏（*Ginkgo biloba* L.）、五倍子、龙胆（*Gentiana scabra* Bge.）、何首乌、天门冬[*Asparagus cochinchinensis* (Lour.) Merr.]、山药、灵芝[*Ganoderma lucidum* (Leyss. ex Fr.) Karst.]、南板蓝根、艾纳香、钩藤、厚朴、干姜、金银花、黔党参等大宗道地中药材，品质皆为国内上乘，产量亦居我国前列。

第二章　贵州土壤类型与分布

土壤是地球陆地表面生长植物的疏松层，它以不完全连续的状态存在于陆地表面，可以称为土壤圈。土壤是独立的历史自然体，有着自己的生成发展过程。在土壤的发展过程中，受到人类活动影响很大。所以土壤是生物、气候、母岩、地形、时间和人类生产活动等成土因素综合作用下的产物。由于各成土因素综合作用的不同，产生出多种类型的土壤。各种土壤形成过程的实质是地球表面物质的地质大循环与生物小循环的对立统一（严健汉和詹重慈，1985）。

第一节　土壤功能与作用

土壤圈作为地球圈层中的一员，是各种物质、能量进行转换的重要场所，同时为生长在土壤中的植物源源不断地提供其所需的各种营养元素、矿物质等。因此，土壤对陆生植物的生长有着决定性的作用。从农业生产的角度看，土壤的本质属性是具有肥力，即土壤具有从环境条件和营养条件两方面供应与协调植物生长发育的能力。土壤温度和空气及土壤孔隙属于环境因素，土壤养分和水分属于营养因素。而土壤的缓冲性、多孔性和吸收性是反映调节作用的主要特性。土壤肥力是土壤理化、生物特性的综合反映，它是一个动态的过程，可以变好，也可以变坏。从环境科学的角度看，土壤是人类环境的一个重要组成要素，它具有同化和代谢外界环境进入土体的物质的能力，使许多有毒、有害的污染物质变成无毒物质，甚至化害为利，这就是所谓的土壤净化力，所以土壤是环境的重要净化体。土壤作为一个生态系统，具有维持本系统生态平衡的自动调节能力，可以称为广义的土壤缓冲性能，它是土壤综合协调作用的反映（严健汉和詹重慈，1985）。

生产功能。影响植物生长的因素主要包括温度、光照、水分、养分和空气，其中温度和光照向植物提供热能与光能，水分、养分和空气是植物生长必需营养物质积累的源泉，水分与养分大部分是植物通过根系直接从土壤中获取的，小部分是植物通过叶片从空气中获得的，因此，土壤环境在植物生长过程中起着重要作用。

生态功能。生态系统是指在自然界一定的空间内，生物与环境构成的统一整体，在这个统一整体中，生物与环境之间相互影响、相互制约，并在一定时期内处于相对稳定的动态平衡状态。生态系统可大可小，小至一个鱼塘、一块草坪，大至海洋、湖泊、森林，甚至地球上所有生物、非生物的集合，都可称之为一个生态。土壤圈作为自然环境的五大圈（土壤圈、岩石圈、大气圈、水圈、生物圈）之一，属于中间圈层，是生物与环境间进行物质和能量交换的重要场所，在陆地生态系统中占有不可替代的地位。

环境功能。从环境学的角度看，土壤不仅是一种资源，还是人类生存环境的重要组成部分。它依据其独特的物质组成、结构、空间位置，在提高肥力的同时，还通过自身的缓冲、同化和净化性能，在稳定和保护人类生存环境中发挥极为重要的作用。土壤在自然界中处于大气圈、岩石圈、水圈、生物圈之间的过渡带，是联系有机界和无机界的中心环节，也是连接地理环境各组成要素的纽带。同时，土壤也是各种污染物的最大承受者。

工程功能。土壤的工程功能主要表现在：一方面，土壤是道路、桥梁、隧道、水坝等一切建筑物的“基地”与“地基”，“地基”的首要条件是坚实稳固，事实上，不同地质条件下形成的土壤，其土壤性质如土壤坚实度、抗压强度、土壤黏滞性、可塑性、涨缩性、稳定性等是完全不同的，因此，在工程建筑选点、设计前，对土壤“基地”的稳固性作出评价是必不可缺的；另一方面，土壤又是工程建筑的原始材料，几乎90%以上的建筑材料是由土壤提供的。此外，土壤还是陶瓷工业的基本原材料，一个精制的陶瓷制品总是由一种“特质”的土壤加工而成的。

第二节　贵州土壤类型

贵州的土壤是在复杂的地貌、气候、植被、母质等自然条件及人为活动的影响下发育形成的，土壤类型较多，从亚热带的红壤到暖温带的棕壤都有分布。其中，黄壤分布面积最广，遍及贵州高原的主体部分。同时，境内还广泛发育石灰土和紫色土等岩性土，其中又以石灰土分布较广，紫色土呈斑状或条带状零星分布于贵州各地。

一、贵州土壤类型、面积和分布概况

根据全国第二次土壤普查的统计资料，贵州全省土壤面积为23 871.17万亩（1亩≈666.67 m²，全书同），占总土地面积的90.36%，其中耕地7352万亩（毛面积，净面积为5597.29万亩）、林地8948万亩、牧地7505万亩。根据全国第二次土壤普查分类系统并结合贵州实际，贵州土壤共划分为4个土纲、6个亚纲、10个土类、22个亚类、144个土属、417个土种（表2-2-1）；其中土类是基本单元，土种则是基层分类单元。在土类以上归纳为土纲，土类以下则续分为亚类，亚纲是土纲的辅助单元，土属是土类和土种之间的过渡单元，土种以下还可再续分为变种。该土壤分类依然遵循土壤发生学和土壤地带性学说的原则，即将土壤形成因素、成土过程与土壤属性作为土壤分类的依据。贵州地带性土壤有红壤、黄壤、

黄棕壤和棕壤 4 个土类。红壤主要分布在东部海拔 600 m 以下的地区和南部 800（东段）～1000 m（西段）地区，黄棕壤分布在东中部 1300 m 以上和西部 1800 m 以上地区，红壤与黄棕壤之间的广大地区，即贵州高原的主体分布着黄壤。在西部 2400 m 以上地区还分布着棕壤，但面积很小，仅占土壤面积的 0.35%。此外还有石灰土、紫色土、石质土、粗骨土等初育土，沼泽土、潮土等水成土和半水成土及人为土——水稻土等 11 个非地带性土壤。其中以石灰土的面积最大，除黔东南东部和黔北的赤水等少数地区外，全省各地均有分布，面积位于贵州土类的第二位。其次为水稻土，除西部海拔 2000 m 以上的高寒地区外，全省各地都有分布。紫色土呈斑状或条带状零星分布，主要分布在北部和西部的部分地区。水成土——沼泽土局部分布在地形低洼处，潮土分布在主要河流两岸，面积都不大。石质土等初育土多分布在坡度较陡的坡地。贵州主要土类及开垦为耕地的面积情况见表 2-2-2。由表 2-2-2 可见，虽然贵州有 15 个土类，但红壤、黄壤、黄棕壤、石灰土、粗骨土、紫色土这 6 个土类占了全省土壤面积的 90%以上，由这 6 个土类开垦的耕地也同样占全省耕地面积的 90%以上，其中又以黄壤的面积最大，黄壤占全省土壤和耕地面积都将近 50%（贵州省烤烟土壤区划项目组，2015）。

表 2-2-1　贵州省土壤分类系统

土纲	亚纲	土类	亚类	土属	土种（耕作土壤）
铁铝土	湿热铁铝土	红壤	红壤	红泥土	红泥土、死红泥土、油红泥土
				红砂泥土	红砂泥土、生红砂泥土、油红砂泥土、复钙红砂泥土
				红砂土	红砂土、寡红砂泥土
				桔红泥土	桔红泥土、油桔红泥土
				红黏泥土	复钙红黏泥土
			黄红壤	黄红泥土	黄红泥土、死黄红泥土、油黄红泥土
				黄红砂泥土	黄红砂泥土、生黄红砂泥土、油黄红砂泥土、黄红扁砂泥土
				黄红砂土	黄红砂土、寡黄红砂土
				桔黄红泥土	桔黄红泥土、死桔黄红泥土、油桔黄红泥土
				大黄红泥土	大黄红泥土、死大黄红泥土、油大黄红泥土
				黄红黏泥土	黄红桔泥土
			红壤性土	幼红泥土	幼红泥土
				幼红砂泥土	幼红砂泥土
				幼红砂土	幼红砂土
				幼桔红泥土	幼桔红泥土
				幼大红泥土	幼大红泥土

续表

土纲	亚纲	土类	亚类	土属	土种（耕作土壤）
铁铝土	湿热铁铝土	黄壤	黄壤	黄泥土	黄泥土、油黄泥土、死黄泥土、黄胶泥土、油黄胶泥土、碳质黄泥土、马肝黄泥土、死马肝黄泥土、油马肝黄泥土、复钙黄泥土
				黄砂泥土	黄砂泥土、生黄砂泥土、熟黄砂泥土、煤砂泥土、复钙黄砂泥土
				黄砂土	黄砂土、寡黄砂土、熟黄砂土
				桔黄泥土	桔黄泥土、死桔黄泥土、油桔黄泥土
				大黄泥土	大黄泥土、死大黄泥土、油大黄泥土、浅黄泥土、寡浅黄泥土、熟浅黄泥土、火石大黄泥土
				黄黏泥土	黄黏泥土、死黄黏泥土、油黄黏泥土、复盐基黄黏泥土
				紫黄砂泥土	紫黄砂泥土
				麻砂黄泥土	麻砂黄泥土
		黄壤	漂洗黄壤	白胶泥	白胶泥
				白鳝泥	白鳝泥
				白散土	白散土
				白泥土	白泥土
				白黏土	白黏土
			黄壤性土	幼黄泥土	幼黄泥土、幼煤泥土、黄砂泥土
				幼黄砂泥土	幼黄砂泥土
				幼黄砂土	幼黄砂土
				幼桔黄泥土	幼桔黄泥土
				幼大黄泥土	幼大黄泥土
		粗骨土	酸性粗骨土	砾石红泥土	砾石红泥土、砾石红砂泥土、砾石红砂土、砾石大红泥土
				砾石黄泥土	砾石黄泥土、砾石黄砂泥土、砾石黄砂土、砾石桔黄泥土、砾石大黄泥土
				砾石灰泡土	砾石灰泡土、砾石灰泡砂土、砾石灰泡泥土、砾石煤灰泡土、砾石马肝灰泡土
			钙质粗骨土	白云砂土	白云砂土、岩砂土
	土质初育土	红黏土	酸性红黏土	板红黏土	板红黏土
		新积土	新积土	山洪湖砂土	新积砂砾土、洪淤砂泥土

续表

土纲	亚纲	土类	亚类	土属	土种（耕作土壤）
水成土	水成土	沼泽土	草甸沼泽土		
			沼泽土		
			泥炭沼泽土		
		泥炭土	低位泥炭土		
半水成土	暗半水成土	山地草甸土	山地草甸土		
	淡半水成土	潮土	潮土	潮砂泥土	潮砂土、潮砂泥土、油潮砂泥土、潮泥土、油潮泥土、砾潮泥土
人为土	水稻土	水稻土	淹育水稻土	幼黄泥田	幼黄泥田、幼黄砂泥田、幼黄砂田、幼黄启砂泥田
				幼红泥田	幼红泥田、幼红砂泥田、幼红砂田、幼红扁砂泥田
				幼血肝泥田	幼血泥田、幼血砂泥田、幼血胶泥田、幼羊肝泥田
				大土泥田	大土泥田、砂大土泥田、胶大土泥田
			渗育水稻土	黄泥田	黄泥田、黄砂泥田、黄胶泥田、黄扁砂泥田、煤泥田、铁砂田
				红泥田	红泥田、红砂泥田、红胶泥田、红扁砂泥田
				血肝泥田	血泥田、血砂泥田、血胶泥田、羊肝泥田
				大泥田	大泥田、砂大泥田、胶大泥田、砻子泥田、火烧土田
				潮砂泥田	潮砂泥田、潮泥田
				煤锈水田	煤浆泥田、煤锈田、锈水田
			潴育水稻土	斑黄泥田	
				斑红泥田	
				紫泥田	
				大眼泥田	
				斑潮泥田	
				冷水田	
			潜育水稻土	青黄泥田	
				青红泥田	
				青紫泥田	
				青潮泥田	
				鸭屎泥田	

续表

土纲	亚纲	土类	亚类	土属	土种（耕作土壤）
人为土	水稻土	水稻土	潜育水稻土	马粪田	
				烂锈田	
				冷浸田	
			脱潜水稻土	干青红泥田	
				干青紫泥田	
				干青潮泥田	
				干鸭屎泥田	
				干马粪田	
			漂洗水稻土	白胶泥田	
				白鳝泥田	
				白砂田	

注：表中略去了各土属中的自然土种

表 2-2-2 贵州土壤分类系统

土类	面积/万亩	占全省土壤面积/%	耕地面积/万亩	占总耕地面积/%	稻田面积/万亩	旱地面积/万亩
红壤	1 718.91	7.20	272.73	3.70	94.73	178
黄壤	11 705.55	49.04	3 364.18	45.76	1 067.18	2 297
黄棕壤	1 479.62	6.20	399	5.43		399
石灰土	4 178.32	17.50	1 645.74	22.40	627.74	1 018
粗骨土	1 432.5	6.00	514	6.99		514
紫色土	1 330.06	5.57	680.4	9.25	152.4	528
合计	21 844.96	91.51	6 876.05	93.53	1 942.05	4 934

二、贵州土壤资源质量

肥力性状，耕作层是耕作土壤最重要的发生层次，受耕作、施肥、灌溉影响较大，其厚度与农作物产量息息相关。在贵州耕地土壤中，无论稻田或旱地，均以15～20 cm耕层厚度的面积比例最大，分别为47.6%和58.0%，其次为10～15 cm耕层厚度，小于10 cm耕层厚度的比例最小。一般稻田耕层厚度比旱地的大。贵州壤土面积最大，达173.35万hm^2，占耕地面积的46.4%；黏土面积87.38万hm^2，占23.4%；沙土面积54.85万hm^2，占14.7%；砾质土（砾石含量小于30%）面积27.07万hm^2，占7.3%；砾石土（砾石含量30%～70%）面积30.52万hm^2，占8.2%。

土壤表层容重，多在0.70～1.21 t/m^3，以山地草甸土最小，新积土最大。平均容重小于 1.00 t/m^3 的土壤类型有山地草甸土、泥炭土、石质土、沼泽土、石灰土、紫色土、黄壤，大于 1.00 t/m^3 的有红壤、粗骨土、新积土、水稻土。

土壤 pH，在 3.1～8.9。通常林草地土壤与耕地土壤之间有一定的差异。全省耕地土壤以微酸性（pH 为 5.5～6.5）所占面积比例最大，为 35.7%；其次为中性（pH 为 6.5～7.5）土壤，占 31.1%；酸性和微碱性土壤分别占 16.6%和 13.1%；强碱性和碱性土很少，分别占 1.8%和 1.7%。

土壤阳离子交换量，一般变幅在 3.0～58.7 cmol/mg，随土地利用方式、土壤类型、质地和有机质含量不同而异。林草地土壤表层阳离子交换量平均值为：黄棕壤＞石灰土＞粗骨土＞紫色土＞黄壤＞红壤。而旱作土则为：紫色土＞黄棕壤＞石灰土＞粗骨土＞黄壤＞红壤。

贵州土壤有机质及全氮含量，总体水平较高，平均分别为 4.06%和 0.204%。耕层有机质、全氮很丰富的分别占土壤总量的 27.1%和 29.9%，中等和较丰富的分别占 54.9%和 54.1%，低和较低的分别占 18.0%和 16.0%。土壤速效磷含量很低，平均为 8.06 mg/kg，变幅为痕量至 99 mg/kg。缺磷及极缺磷耕地面积大，占 93.6%。速效钾平均值为 124.40 mg/kg，变幅为 1～802 mg/kg；中等及丰富水平以上比例为 85.4%，很丰富的比例高达 15.3%。有效态微量元素含量由高到低依次是铁、锰、铜、锌（高或较高），钼（中），硼（低），平均含量分别为 70.83 mg/kg、27.4 mg/kg、2.5 mg/kg、1.73 mg/kg、0.174 mg/kg、0.38 mg/kg。有效硼含量低于 0.5 mg/kg 的土壤样品占 69.5%，有效钼含量低于 0.15 mg/kg 的土壤样品占 38.2%，有效锰含量低于 5 mg/kg 的土壤样品占 12.2%，有效锌含量低于 0.5 mg/kg 的土壤样品占 7.9%，有效铜含量低于 0.2 mg/kg 的土壤样品占 8.4%，有效铁含量低于 4.5 mg/kg 的土壤样品占 4.0%（陈泽辉，2011）。

第三节　贵州土壤特征

贵州常见土壤类型主要有黄壤、红壤和石灰土。黄壤、红壤是贵州山丘坡地主要的土壤类型，其中黄壤约占贵州土壤总面积的 49.04%，红壤约占 7.20%。黄壤和红壤的特点是酸性强，可耕层浅，土质黏重，湿时糊烂，干时板结，透气性差，不适于根及根茎类药材的生产。石灰土约占贵州土壤总面积的 17.50%，其主要特点是土壤透气性好，但保水性能差，雨后易板结，坡地易水土流失，适合于杜仲、黄檗、厚朴等木本类中药材和天冬、丹参、桔梗等根类中药材的种植。

第三章　药材品质鉴定与药材质量控制影响因素

第一节　药材品质鉴定

药材品质鉴定的方法主要分为两种：一是通过感觉器官去检查药材的外观、大小、色泽、气味、含水量、破碎率和杂质等；二是采用仪器、器械和化学试剂测定药材化学成分，进而辨别药材品质（张紫洞，1983）。

一、药材品质的感官检查

外观：用肉眼或放大镜来观察药材的外表形态、特征、大小、长短、厚薄、质地和色泽等，具体如下。

对根、根茎类药材观察其内外表面的颜色、有无裂纹及纵横皱纹、有无支根、不定根或茎的残留、有无剥皮，折断面的颜色和形状（如粉状、纤维状、平坦等），质地坚硬或柔软等，区分根茎、鳞茎或块茎。

对皮类药材观察内外表面的特征与色泽、木栓组织情况、皮孔形状、折断面形状（如平坦、颗粒状、纤维状、裂片状等）、皮的形状（如板片状、弯曲状、筒状、卷筒状、双筒状等）。

对叶类药材观察叶片的形状、大小、叶缘、叶尖、脉序，叶柄的长短、粗细，表面及折断面的特征。因叶常皱缩破碎不易鉴别，有时可浸泡湿润，平展后辨识。

对花类药材观察其干燥品形状、颜色、花的直径，必要时可在温水中浸软，检查其构造。

对果实类药材观察其形状、大小、颜色、果皮坚硬度，基部有无果柄、花萼，表皮有无腺毛等，切开检查果实数目和室中种子数目等。

气味和味感：每种药材都具有一定的气味，尝之则有辛、甘、酸、苦、咸等味道；嗅之则有特殊的臭气或芳香，特别是含挥发油的药材。药材不应有异臭或霉味，如有可疑时，应将药材置于容器中，注入热水完全浸透之，将盖盖好，经过几分钟，检查其气味，如有霉味，用此法很易鉴察。

含水量：对于药材的含水量均应规定安全水分的限度，以便长期贮藏而不致变质，这个指标通常可根据经验大致加以判断，具体如下。

皮类药材弯曲时能折断则表示干燥；花类用手指很容易搓碎，握之不成团，放之即松散，则表示干燥；叶类和茎类握紧挤压即破碎和折断则表示干燥；根类弯之即可折断则表示干燥。

对于种子和果实类药材用牙咬、手捏、眼看、耳听等方法亦可测知种子是干燥或是潮湿。干燥的种子有光泽，颜色较鲜明，牙咬时较坚硬，咬碎时发出响声，用手压捏感到很硬，搅动时可听到清脆的沙沙声，种子从高处落下则声音响亮而急促，将手插进种子堆时感到种子光滑，容易插进。如果种子色泽深暗，牙咬发软，手插进种子堆中较困难，并感觉有热气和潮气；紧捏一把种子不易散开，甚至成团、粘手、使手掌着色，均表示种子的含水量较高。

破碎率：干燥的药材在包装和运输时，有一部分会被压断和磨碎。因此，一般在药材中可以允许存在少量的破碎或散落，但是应尽量避免或减少破碎的程度，以免影响药材的外观。

杂质：药材中含有的杂质应严格加以限制，应尽量减少在采集时所带进的有机杂质（如枯枝败叶、残余果柄、果皮、鳞皮、昆虫排泄物、害虫或幼虫尸体等）和无机杂质（如土块、小石块、沙粒等）。《中华人民共和国药典》（2010 年版）[以下简称《中国药典》]中规定有“除去杂质”的要求，杂质越少，药材越洁净，质量越纯正。

《中国药典》中的“性状”即指用感官鉴别的方法，观察中草药的形状、大小、色泽、表面特征、质地、断面（包括折断面或切断面）特征，并辨别其气味。具体规定如下。①观察形状时，一般不需预处理。但观察皱缩的全草、叶或花类时，须先浸软、展平；观察某些果实和种子时，亦可预先浸软，以便剥去果皮或种皮，观察内部特征。②大小（包括长短、直径、厚薄）的规定，系指一般常见中草药的大小，如测量的大小与规定有差异时，应测量较多的样品，可允许有少量高于或低于规定的数值；测量时可用毫米刻度尺，对于细小的种子，可放在有毫米方格线的纸上测盘。③色泽的规定，如用两种以上色调复合描述的，以后一种色调为主，如黄棕色，即以棕色为主。观察色泽时，一般应在白昼光下进行。④观察表面特征、质地和断面特征时，样品一般不作预处理；折断面如不易观察纹理，可削平后进行观察。⑤检查气味时，可直接嗅闻，或在破碎、切断、搓揉时进行。有时可用热水湿润或用火燃烧检查。⑥检查味感时，可直接口尝，或取少量咀嚼；有毒的中草药如需尝味，应注意防止中毒。

二、药材品质的化学成分鉴定

药材品质的化学成分是各种活性成分所组成的综合体，成分极为复杂，通常可分为两大类。①非水溶性物质：属于这一类的物质有纤维素、半纤维素、原果胶、脂肪、脂溶性维生素、挥发油、树脂、蛋白质、淀粉、不溶性生物碱、不溶性矿物质等。②水溶性物质：糖、果胶、有机酸、鞣质、水溶性维生素、水溶性生物碱、色素、甙类及大部分无机盐类等（张紫洞，1983）。

采用仪器、器械和化学试剂测定药材活性成分来鉴别药材品质是一种有效的鉴定方法。活性成分检测的结果较之感官鉴定客观而准确，能够用具体的数值来表示药材的外形、组织及成分、杂质含量，不仅可以定性地而且可定量地评价药材的品质。虽然不如感官鉴定法简便迅速，但是由于精确而科学，在《中国药典》中列为法定的检验方法，并对各种药材规定有一定的检测标准（张紫洞，1983）。

第二节　中药材产地与活性成分含量

产地对中药材质量有影响已经成为人们的共识，但对某种中药材来讲，为何道地中药材质量最好并不清楚，为此，人们试图通过大量活性成分含量的分析测定来解决这一问题（黄璐琦和郭兰萍，2007）。

中药材质量体现在临床疗效上，取决于其中的活性成分组成与含量。植物体内的活性成分绝大多数属于次生代谢物质，来源于次生代谢活动。次生代谢物质在抵御病虫害、抵抗逆境方面发挥着重要作用，可以说植物次生代谢活动是为适应环境而发生和发展起来的。因此，当环境发生变化时，植物体内的次生代谢活动就会受到影响，次生代谢物质的种类与含量就会发生变化。对中药材来讲，次生代谢物质发生变化，意味着质量发生变化。产地不同环境就不同，古人对于产地与中药材质量的关系早有认识，“诸药所生，皆有境界”“凡用药必须择土地所宜者，则药力具，用之有据”“离其本土，则质同而效异”均说明了中药材产地的重要性（黄璐琦和郭兰萍，2007）。以中药材的主要入药部分为划分依据，中药材可分为根与根茎类、果实种子类、全草类、花类、叶类、皮类、藤木类和树脂类（湖南省卫生厅，1983）。本书分别列举了几种根与根茎类药材、果实种子类药材、其他类药材不同产地的活性成分，以更直观清晰地了解产地对药材活性成分的影响。

一、根与根茎类药材

3 个道地产区芍药的芍药苷含量以四川最高（1.01%），安徽次之（0.97%），浙江明显低于上述两个产区（刘瑾等，2004）；内蒙古、山西、山东所产枯芩、条芩的黄芩苷含量分别为 1.65%、2.20%、3.62%及 6.6%、11.6%、13.8%，以山东产含量最高（谢琴等，2001）；安徽、山东、山西、湖北所产野葛，葛根素含量分别为 2.90%、3.03%、2.94%、1.49%，山东产含量最高，湖北产含量最低，基本呈现出纬度越高，含量越高的趋势（肖学凤和高岚，2001）；全国 6 个丹参基地所产丹参有效成分含量存在较大差异，河南和四川产丹参，丹参素和原儿茶醛含量较高，分别为 19.79 mg/g、20.35 mg/g 和 5.58 mg/g、4.35 mg/g，贵州铜仁道地产区丹参酮ⅡA 含量最高，为 0.4 mg/g（王道平等，2005）。说明产地对根与根茎类药材的活性成分含量影响较大，即使同属道地药材，也因地域差异而使得各道地产区生产的道地药材活性成分含量存在较大差异性。云南文山18个产地的三七，总皂苷含量为5.73%～9.68%，以砚山盘龙火石山含量较高，最高产量是最低产量的1.69倍（浦湘渝等，2001）；贵州安顺、罗甸、金沙、施秉4地所产何首乌，二苯乙烯苷含量分别为7.52%、5.02%、3.64%和3.50%，最高产量是最低产量的2.15倍（张丽艳等，2003）。说明在较小区域内，产地对活性成分含量也有较大影响。

二、果实种子类药材

不同产地枳壳中柚皮苷及辛弗林含量以道地产区江西新干最高（6.97%），含量高低为江西新干＞湖南安仁（3.72%）＞湖南常宁（3.54%）＞江西弋阳（3.43%）（肖鸣等，2000）；不同产地蒺藜中薯蓣皂苷元含量以新疆鲤鱼山最高（达0.157%），其次是大庆市让胡路区（最高为0.140%）（柳文媛等，2001）；全国18个不同产地胡芦巴中总黄酮含量为2.89～9.21 mg/g，槲皮素含量为0.012～0.061 mg/g（鲁鑫焱等，2004）。说明果实种子类药材受产地条件的影响也很大，不同产地所产的果实种子类药材中有效成分含量差异明显。广西不同产地八角茴香中茴香脑含量均在4.5%以上，其中以玉林六万林场最高（8.88%），金秀最低（4.58%）（邹节明等，2005）；黑龙江7地所产五味子中五味子乙素含量以牡丹江最高（0.478%），铁力最低（0.331%），两者相差0.147个百分点，差异明显（殷放宙等，2005）；山东6个不同产地单叶蔓荆子挥发油的化学成分，无论是种类还是相对含量，差异均很大（彭艳丽等，2005）。说明即使在同一省内，也会因区域性的自然环境不同而使得药材活性成分具有明显差异性。

三、其他类药材

全国4个不同产地红花中的腺苷含量以新疆吉木萨尔最高(392.7 μg/g±40.73 μg/g)，云南巍山最低（38.7 μg/g±0.80 μg/g），黄色素含量以云南巍山最高（40.34 μg/g±0.52 μg/g），河南新乡最低（24.90 μg/g±0.49 μg/g）（郭美丽等，2000）；广东、江西、广西三个产地白花蛇舌草挥发油含量基本相同（0.25%～0.30%），但其成分组成具有一定差异，广东、江西、广西产白花蛇舌草挥发油的主成分分别是16个、17个和14个（刘志刚等，2005）；全国不同产地金银花，绿原酸含量以山东与河南道地产区明显高于其他非道地产区（邢俊波等，2003）；不同产地扁桃叶中芒果苷含量存在差异，但相差不大，南宁、田阳、钦州、文昌、花都的含量分别为1.69%、1.83%、1.56%、1.72%、1.81%（黄海滨等，2004）。说明除根与根茎类、果实种子类外，其他类药材活性成分同样与产地息息相关，产地不仅会影响药材活性成分的含量，还会影响药材活性成分组成，但也不排除有一部分药材所含的部分活性成分与产地相关性较小。云南不同产地灯盏细辛，总黄酮含量为3.22%～8.23%，最高含量是最低含量的2.56倍（唐丽萍等，2005）；湖南4个不同产地灰毡毛忍冬藤，绿原酸含量为 2.07%～2.66%，总挥发油含量为 0.1%～0.5%，前者以隆回最高、武岗最低，后者以隆回最高、祁东最低（肖冰梅等，2005）；广州、高要、吴川、遂溪、雷州和万宁等 6 个产地的广藿香，广藿香挥发油中广藿香醇含量从北向南逐渐增加，广州和高要产区较低，广藿香酮含量则相反，以广州最高，高要次之（罗集鹏等，2003）。说明除根与根茎类、果实种子类外，其他类药材活性成分不仅是因地域自然条件差异较大而不同，即使所处地域相距较近，自然条件差异不大，药材的活性成分同样可能具有差异性，而且部分药材活性成分的含量会随着地理位置的变化表现出一定的地带性。

第三节　环境及土壤因素对中药材品质的影响

一、影响中药材品质的环境因素

产地或环境包含的因素很多，如气温、地温与年积温，光照强度、光照长度与光质，空气湿度、空气组成与降水量，土壤质地，养分组成与土壤微生态，植被或植物群落，作物茬口及栽培措施等。这些因素中的任何一种或几种发生变化，都会影响到植物体内的代谢活动，导致中药材中活性成分组成与含量发生变化。产地环境因素差异越大，活性成分的组成与含量差异越大。地理地质的差异，可能使环境因素在相对狭小的范围内也有差异，从而导致中药材质量的不同。问题的关键在于在多大的范围限度内，中药材的质量变化能够控制在一定的变异幅度内，从而保证中药材质量的相对稳定。

二、影响中药材品质的土壤因素

土壤是生物与非生物进行物质和能量移动及转化的重要介质，是药材的“天然培养基”，能供应、协调植物生长对水分、养分、气体、热量的需要。土壤有自己的功能和结构特点，有相对独立的生态系统，对中药资源起着重大的生态作用，是形成道地药材的重要因素。土壤因素包括土壤组成、性状和土壤类型。它不仅影响药用植物的生长发育，与植物中的有效成分及其含量同样关系非常密切。

土壤质地决定着土壤的物理、化学特性，是影响土壤肥力和水分含量的主要因素。植物主要以根系从土壤中吸收水分和营养物质，不同植物对土壤质地要求不同。如薄荷生长在砂质壤土中，其挥发油含量高；北沙参适宜沙土，一般根类或根茎类药用植物多适宜于砂壤土或壤土；颠茄属、曼陀罗属植物生长的土壤氮素含量高，植物体发育全面且生物碱含量高。氮、磷含量高的土壤能提高贝母生物总碱和西贝素含量，钾含量高的土壤则降低其含量。

土壤酸碱度是土壤多种化学性质的综合反映，它与土壤中的微生物活动、有机物合成和分解、氮磷等营养元素的转化与释放、土壤养分的保持能力等有密切关系，因此每种植物都有其适宜的酸碱度范围。例如，肉桂比较耐酸，枸杞比较耐盐碱，曼陀罗生长在碱性土壤中则生物碱含量高。道地金银花最适合的土壤类型是中性或稍偏碱性的砂质土壤。产于北方地区碱性土壤中的益母草中生物碱含量约 0.4%，而产于南方地区酸性土壤中的益母草中生物碱含量为 0.1%～0.2%。土壤类型的多样性，往往是成土母质和植被不同、地形起伏和高低的变化、气候的干湿和冷热的变化，以及人类活动影响的结果，因此，不同土壤类型与植物中的有效成分及其含量关系密切。乌拉甘草由于其原植物产地土壤类型的影响，质量差异很大，黑龙江肇州碳酸盐黑钙土中野生乌拉甘草的甘草苷含量最高能达 3.28%，内蒙古敖汉旗栗钙土和鄂托克前旗棕钙土居中，吉林通榆盐碱化草甸土和新疆石河子次生盐碱化草甸土较低，仅为 1.56%～1.65%。

第四章　中药材初加工工艺与药材品质

本课题组通过研究得出如下结论：药材采收要做到“适时采收、即采就地加工”，采收天气“宜晴天、少阴天、忌雨天”；药材加工方法需根据药材不同性质选用不同的加工方法，加工设备要因地制宜，规模较小的可选用小型烘干机或杀青烘干一体机，规模中等或较大的可以建设相应容量的烘房，药材基地附近有茶园和烟草基地时，可共用茶叶和烟叶的烘干设备，降低生产成本；药材贮藏要根据药材性质选用不同方法，除了考虑药材有效成分保存的最大化，还要考虑药材外观性状最佳，最后，还要考虑成本和利于运输等多种因素。探寻中药材产地初加工工艺对药材品质的影响，对综合分析土壤环境特征与药材质量间的关系具有基础性作用。因此，本章将贵州道地药材分为花类、茎类和根类三类，分别对这三类药材的初加工工艺（药材采收、初加工及贮藏方法）进行系统性研究。

第一节　中药材初加工工艺概述

一、中药材合理采收的重要意义

在药用植物产地，采收是否适宜、合理，是直接影响植物药材产量和质量的重要因素；药用植物的合理采收，也是中药生产中的关键技术之一。如若药用植物种植产地适宜、生长条件良好，采收合理适时，则药材质与量均佳，反之则将影响其质与量。不合理采收对于栽培的药用植物，可影响质量、产量，也可直接影响其经济效益。因为药用植物及其不同药用部位都有一定的成熟时期，有效成分的含量与经济产品的产量各不相同，药物效应也随之有很大差异。我国历代医药学家及广大药农都极为重视合理采收，在长期实践中积累了许多宝贵经验，如因茵陈中蒿属挥发性精油含量会随季节变化，民间俗有“春为茵陈夏为蒿，秋季拔来当柴烧”。正如民谚所云：“当季是药，过季是草。”享有“药王”誉称的唐代医药学家孙思邈在其名著《千金翼方》中云：“不依时采取，与朽木不殊，虚费人功，卒无裨益。”金元“四大医家”之一的李杲在其名篇《用药法象》中亦曰：“根叶花实，采之有时，失其地则性味少异，失其时则性味不全。”这些都充分说明了药用植物合理采收的重要性。

为了使药用植物优质、丰产，应当根据药用植物的生长发育状况、药效成分含量和变化规律及地区差异来合理采收，并在深入探索其采收期与质量、产量、地区及采收次数等相关性的基础上，更科学地指导药用植物的合理采收（刘克汉和刘玲，2009）。

二、中药材初加工的目的与意义

植物类药材采收后，除少数鲜用外，绝大多数需及时进行“产地加工”。

凡是在产地对药材进行的初步处理与干燥，称为“产地加工”或“初加工”，这是中医药学进步与社会发展的结果。上古祖先用药均为鲜品，但当单靠鲜品供药用已不适应治疗需要时，人们便开始将鲜药晒干贮存备用，晒干处理则为最早的药材加工方法。经几千年实践、总结和提高，药用植物加工技术不断创新与发展，现已成为中药生产中的关键技术之一。

植物类药材从采收到患者服用前，中间需经过若干不同的处理，这些处理通常被统称为“加工”或“加工炮制”。实际上，“加工”与“炮制”是不同的概念，它们的目的、意义、任务、措施、时间和地点均有较大差别。

植物类药材采收后在产地进行加工处理的目的，是使植物药材的入药部位达到干燥与除去杂质，以符合药材商品规格，保证药材质量，并利于包装、贮存和运输。根据药材形、色、气味、质地及含有物质的不同，其产地加工要求也各不相同。一般而论，都应达到形体完整、含水量适度、色泽好、香气散失少、没有异味（除玄参、生地、黄精等需加工改变其味外）、有效成分破坏少等要求。为此，“产地加工”的具体要求主要有 4 项：一是清除非药用部分、杂质及泥沙等，以去伪存真，保证药材纯净；二是按《中国药典》等标准规定，加工制成合格的原药材；三是根据医疗要求进行处理，减除药材毒性与不良性味，以确保用药安全有效；四是干燥处理，包装成件，以便于运输与贮存（刘克汉和刘玲，2009）。

第二节　花类药材初加工技术

一、花类药材采收与贮藏技术

花类药材一般多在花蕾含苞待放或花苞初放时采收，此时花的香气未逸散，有效成分含量高，并多宜晴天清晨分批采收。采收花蕾的药材宜在晴天露水未干时进行，这样干燥后的药材色泽鲜艳，味微香质优。大多数花类药材宜在春、夏季采收，如山银花适宜在春末夏初之际采收。花类中药材主要是人工采摘或收集，宜低温干燥。

山银花的采摘和干制，关系着产量的高低、质量的好坏，所以应做到采收适时、精采细摘、及时干制、保证质量，以便达到丰产丰收的目的。山银花的采收期，一般在 5～8 月，主要在 5～6 月。山银花第一茬花蕾采收期，大约历经 10 天，第二、第三、第四茬花蕾采收期逐次缩短。由于现蕾期不一致，要分期分批采收。采摘后要立即干制，过去多采用自然日晒法，现在已发展为人工炕制，不受不良的自然因素影响。

（一）采摘标准

实践经验证明，并经科技工作者研究确认，最适宜的采摘标准是："花蕾由绿色变白，上白下绿，上部膨胀，尚未开放。"这时的花蕾，按花期划分，正是着生在开头花（开放的花蕾称开头花）上的第二茬花蕾。该花蕾唇部明显膨大，向内弯曲，呈绿白色，按花蕾级别称"二布袋"。二布袋期花蕾的干鲜比为（4.1～5.5）：1，千蕾重为 18.2～20.0 g，日晒干制两天的绿原酸含量高达 5.3%。偏早采摘花蕾全绿的三布袋期花蕾，千蕾干重下降，为 15.3～16.7 g，比二布袋期花蕾减少约 20%，造成减产，且绿原酸含量也有所降低；偏迟采摘颜色全白的大布袋期花蕾，虽重量偏高，千蕾干重偏大，为 21.0～24.7 g，但花蕾中有效药物成分含量大大下降，绿原酸含量仅为 2.8%。

（二）采摘方法

采摘山银花使用的盛具，必须通风透气，一般使用竹篮或条筐，不能用书包、提包或塑料袋等。以防采摘的花蕾蒸发的水分不易挥发再浸湿花蕾，或温度不易散失导致发热发霉变黑等。采摘的花蕾均轻轻放入盛具内，不加压力，以防相互挤压摩擦。擦伤则导致细胞破坏，使组织液中的单宁氧化变黑，影响干品质量。

采摘时为便于准确识别适采标准，宜背向阳光，遮挡直射光线。一手握住花枝，另一手按照花蕾成熟的特点，把成熟的花蕾逐一轻轻摘下。连摘一小把时，向盛具内投放一次。对不同级别的花（指成熟的和过熟的花），要分别采摘，分别盛放，一般二布袋期花蕾和三布袋期花蕾放在一起，大布袋期花蕾和开头花放在一起。切不可连叶带蕾一起采摘，以免影响植株发育和降低商品的纯净度。对适时应采的花蕾，要不留枝、不留蕾，做到精心细致、保证质量。

在采摘过程中，还要做到"轻摘、轻握、轻放"。因花蕾组织中含有大量单宁，被挤压或受到创伤后，表层柔毛脱落，细胞破坏，组织中的单宁氧化，先变黄色后变为黑色，影响品质和等级。

（三）贮藏技术

贮藏或出售前，宜挑选除杂，这是保证山银花质量、提高经济效益的最后一道工序。主要是拣出叶子、杂质、杂花。杂花即指黑条花、黄条花、开头花、炸肚花、煳头花、大布袋、小青脐等。并用簸箕簸出尘土，然后按要求分等级装箱。装箱时应加防潮纸密封。山银花贮藏的关键是必须充分干燥，密封保存。山银花药材易吸湿受潮，特别是在夏、秋两季，空气中相对湿度比较大，此时山银花含水量达到 10%以上时，就会出现霉变和虫蛀。适宜的含水量为 5%左右，因此，山银花在贮藏前必须充分干燥，然后密封保存。较大量药材的保管贮藏，应先装入塑料袋内，再放入密封的纸箱中，少量贮存可置于晒热的缸坛中密封。产区群众常把晒干后的药材装入塑料袋，把缸晒热，将袋装入缸内，埋在干燥的麦糠中，可贮存一年不受虫蛀，并能基本保持原品色泽。在贮藏过程中，蛀食山银花的害虫主要有两类：一类是甲虫类的烟草甲虫、药材甲和锯谷盗，这类害虫形体小，喜阴湿环境，一般在药材内部危害，危害较轻；另一类是螟蛾类害虫，这类害虫可导致山银花有明显的虫蛀孔洞，造成花蕾中空、破碎、丧失香气，危害比较严重。

（四）山银花品质规格

山银花干品常见的几种问题：①开头花没有适时采摘，自然开放，干燥后黄色；②大布袋期花蕾含苞待放，干燥后白色或黄色；③炸肚花花蕾唇部裂开，露出花丝，主要是采摘的大布袋期花蕾或二布袋期花蕾，在干制过程中遇长时间低温，继续生长至半开放时被干燥，或者下午 3～4 时采摘的未完全开放的花被干燥；④黑条花（老黑条）花体黑色，主要是干燥前，人触摸、雨淋或炕房内温度高、湿度大、离火近等原因造成的；⑤花果枝稠密，刮风时花蕾在果枝上相互摩擦，干燥时花体一侧部分变为黑色；⑥青条（小青脐）采摘过早，花条绿色，细而短；⑦煳头（煳把、煳节）干品花蕾一端变黑色或黑褐色、深褐色，主要是干燥时日光过强，花蕾受热不均匀或受压形成的。

上述干品中的几种问题，都会影响药材商品的质量，影响商品售价等级，故应拣出。

二、花类药材产地初加工技术

本研究中花类药材产地初加工技术研究以山银花为代表。在山银花的最佳采收期（即春末夏初之际）采集花蕾或待初开的花，采用传统加工工艺（晒干、蒸后晒干、阴干、蒸后阴干）和现代烘干工艺（50℃、60℃、70℃、80℃、50℃转 60℃、50℃转 70℃、50℃转 80℃）进行室内干燥加工，根据《中国药典》中山银花项下的成分含量检测方法和限值要求，通过室内分析测定和评价物理成分（水分、总灰分、酸不溶性灰分）与化学成分（绿原酸、灰毡毛忍冬皂苷和川续断皂苷）含量，最后，对各主要指标进行综合评价进而确定最佳的初加工方法。

（一）加工方法与山银花品质

山银花品质主要涵盖山银花感观性状（外观颜色和气味）、理化成分（常规成分和活性成分）两大方面，采用不同的加工方法，山银花的品质差异显著。

1. 不同加工方法山银花感观性状差异

不同加工方法对山银花感观性状的影响可用颜色和气味两个指标来衡量。一般情况下，对于颜色和气味指标很难量化，本研究为了量化颜色指标，采用国际通用的潘通色卡的颜色配比来定量衡量，对于气味指标则采用专家打分法分别给予定量评价。具体取值见表 4-2-1。

如表 4-2-1 所示，山银花经过初加工后，颜色都有不同程度的加深，且温度越高颜色越深。其中 50℃、50℃转 60℃、50℃转 70℃、50℃转 80℃几种烘干方法都能较好地保持山银花黄绿色的外观性状，而其他加工方法使得山银花外观出现程度不一的褐变。

表 4-2-1　山银花感观性状数据

编号	加工方法	色号	色号	颜色配比/%				气味分值
				黄	蓝	白	其他	
0	鲜样	380C	380C	23.4	1.6	75.0	0	10
1	晒干	457C	457C	87.5	6.2	0	6.3	8
2	蒸后晒干	464C	464C	60.1	13.3	0	26.6	7
3	阴干	463C	463C	56.6	12.5	0	30.9	8
4	蒸后阴干	462C	462C	48.1	10.6	0	41.3	8
5	50℃烘干	584C	584C	23.4	1.6	75.0	0	8
6	60℃烘干	464C	464C	60.1	13.3	0	26.6	7
7	70℃烘干	464C	464C	60.1	13.3	0	26.6	6
8	80℃烘干	465C	465C	15.0	3.3	75.0	6.7	6
9	50℃转 60℃	584C	584C	23.4	1.6	75.0	0	8
10	50℃转 70℃	584C	584C	23.4	1.6	75.0	0	8
11	50℃转 80℃	584C	584C	23.4	1.6	75.0	0	8

此外，不同方法加工的山银花香味显示出差异性，其中晒干、阴干、蒸后阴干，50℃烘干、50℃转 60℃、50℃转 70℃、50℃转 80℃这几种烘干方法加工的山银花香气较浓，蒸后晒干、60℃烘干这两种方法加工的山银花香气中等，70℃烘干、80℃烘干这两种烘干方法加工的山银花香气较淡。

2. 不同加工方法山银花成分含量差异

药材中水分、总灰分和酸不溶性灰分等指标与药材品质一般呈负相关，即这些指标含量在一定范围内越低药材的品质越好。由图 4-2-1 可见，11 种加工方法水分、总灰分和酸不溶性灰分含量三个指标均达到标准要求。其中阴干和蒸后阴干的水分含量要略高于其他方法加工的山银花。另外，不同加工方法山银花中的总灰分含量和酸不溶性灰分含量呈现出极强的相似性，表明两者之间有较强的相关关系。

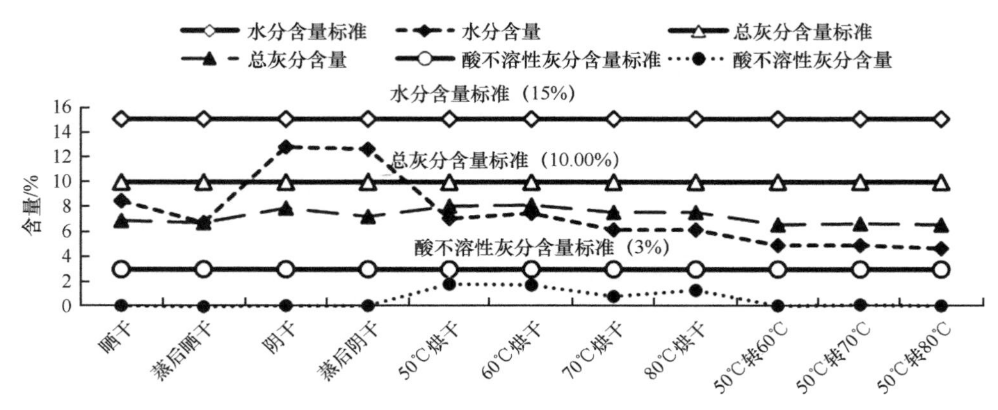

图 4-2-1　山银花中水分、总灰分、酸不溶性灰分含量

3. 不同加工方法山银花化学成分含量差异

山银花中绿原酸、灰毡毛忍冬皂苷和川续断皂苷含量是表征山银花品质的特征活性成分，它们含量越高则山银花的品质越好。由图 4-2-2 可见，不同加工方法对山银花中绿原酸含量和皂苷总含量影响差异显著。其中，阴干的山银花其皂苷总含量未达到标准要求，其余加工方法的山银花中皂苷总含量均高于标准限值。

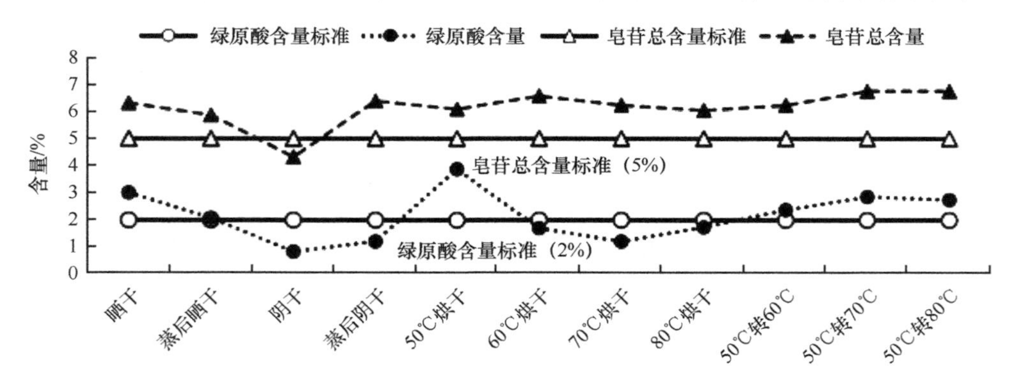

图 4-2-2　山银花中绿原酸和皂苷总含量

另外，不同加工方法山银花中的绿原酸含量差异较大，阴干、蒸后阴干、60℃烘干、70℃烘干、80℃烘干几种方法加工的山银花中绿原酸含量均略低于标准限值，绿原酸含量以 50℃烘干加工的含量最高。

4. 不同加工方法山银花加工效益指标差异

选取干燥时间和药材折干率两个指标来表征山银花加工效益情况。

（1）不同加工方法山银花干燥时间差异

山银花干燥时间随着温度的升高而显著缩短，50℃、60℃、70℃和 80℃烘干时间分别为 10.3 h、5.0 h、2.7 h 和 1.7 h，可见随着干燥温度的升高干燥时间大幅缩短。另外，采用变温干燥的方法，即 50℃转 60℃、50℃转 70℃、50℃转 80℃的烘干时间比 50℃的烘干时间缩短 3～5 h，烘干时间分别为 7.8 h、6.5 h、5.5 h。其中晒干、蒸后晒干、阴干和蒸后阴干 4 种加工方法的干燥时间较长，晒干和蒸后晒干的干燥时间均为 74.5 h（3 d 左右），阴干和蒸后阴干的干燥时间在 314 h（13 d）左右。

（2）不同加工方法山银花折干率差异

由图 4-2-3 可以看出，不同加工方法山银花折干率差异明显，几种加工方法中折干率最高的是 50℃转 70℃，达到 38.6%，最低的是阴干，折干率仅为 22.27%，平均折干率达到 27.61%。总体来看，采用烘箱烘干的加工方法整体折干率基本大于 25%，而采用传统的加工方法折干率基本维持在 23%左右，可见烘箱烘干的方法在商品折干率上均优于传统的阴干、晒干等加工方法。此外，在烘箱干燥的方法中，采用变温烘干的方法折干率在 30%～40%，优于采用恒温烘干的方法，可见在进行烘干干燥时，采用变温干燥的方法能明显提高山银花的成品量。

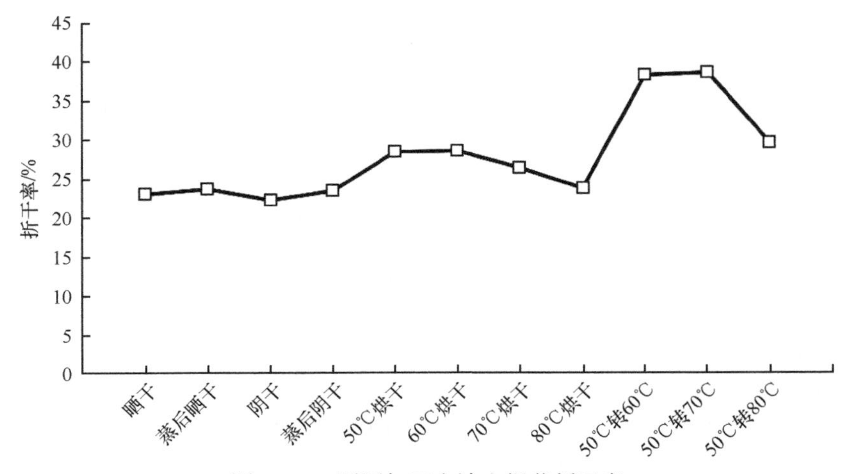

图 4-2-3　不同加工方法山银花折干率

（二）多指标多层次综合评价山银花最佳产地初加工方法

评价山银花最佳的产地初加工方法是一个多层次多指标的综合评估问题。第一层次是山银花的加工品质和加工效益两大方面。而加工品质又是一个总的概念，由感观性状和成分含量两个指标构成，同时，加工效益又由干燥时间和折干率两个指标构成，这是评估的第二层次。接下来，感观性状需要用加工后的颜色和气味两个具体指标来评价，成分含量需要用水分、总灰分、酸不溶性灰分、绿原酸、灰毡毛忍冬皂苷和川续断皂苷总和等化学成分的具体指标来衡量，这是综合评估的第三个层次。这种多层次多指标的综合评价可采用结构不同的多层次灰色关联评估方法，其评估的主要思路是多次应用单层次灰色评估方法，先对最后一层指标进行单层次综合评估，得到评判结果后，再将评判结果作为上一层次综合评判矩阵的一个列向量，以此类推，最终进行第一层次的综合评估。

由评价结果可见，采用 50℃转 60℃的加工方法得到的山银花品质最佳，采用蒸后阴干加工方法得到的山银花加工效益最高，综合两者来看，采用 50℃转 60℃是 11 种加工方法中最佳的（表 4-2-2）。

表 4-2-2　山银花不同初加工方法综合评价结果

加工方法	综合排序	效益排序	品质排序
50℃转 60℃	1	5	1
50℃转 70℃	2	6	4
50℃烘干	3	7	3
50℃转 80℃	4	8	2
晒干	5	4	6
蒸后晒干	6	3	9
蒸后阴干	7	1	11
阴干	8	2	10
60℃烘干	9	9	7
70℃烘干	10	10	8
80℃烘干	11	11	5

综上所述，山银花外观颜色随着温度的升高逐渐由绿变褐，气味也随着温度的升高逐渐散失，因此较低的干燥温度能使山银花保持良好的外观性状。此外，分段干燥比同温度的恒温干燥缩短近 30%的干燥时间，同时分段干燥的山银花理化成分、折干率和耗时均优于恒温干燥，因此，建议采用 50℃左右的温度加工山银花，尤以 50℃转 60℃的分段式干燥最佳。

第三节　茎类药材初加工技术

茎类药材采收时用工具切割，需要剪去无用的部分，如残叶或细嫩枝条，根据要求切块、段或趁鲜切片后进行加工。

一、钩藤

（一）钩藤采收及贮藏技术

钩藤又称钓藤、钩丁，茜草科植物钩藤或华钩藤及同属多种植物的嫩枝条，其变态枝呈钩状，成对或单生于叶腋，向下弯曲，故称为“钩藤”。栽后 3～4 年，每年春、秋季采收带钩的嫩枝，剪去无钩的藤茎，晒干后即可入药。

主要商品规格：①双钩藤净钩，无花梗及单钩梗、枯枝、虫蛀、霉变；②单钩藤净钩，无花梗、枯枝、虫蛀、霉变；③混钩藤为双钩藤和单钩藤的混合品，无花梗、虫蛀、霉变，一等单钩不超过 1/3，二等单钩不超过 1/2；④钩藤枝为无钩茎枝，无杂质、虫蛀、霉变。

包装与贮藏：①通常用麻袋包装；②贮藏于干燥通风处，温度 30℃以下，相对湿度 70%～75%，商品安全水分含量 9%～11%。贮存期保持环境干燥、清洁，发现虫蛀用磷化铝熏杀。

质量要求：①性状以双钩、茎细、钩结实、光滑、色紫红，无枯枝钩为佳；②水分测定，水分含量不得超过 10.0%；③灰分测定，总灰分含量不得超过 3.0%；④醇溶性浸出物的含量测定，用热浸法测定，乙醇作溶剂，醇溶性浸出物的含量不得少于 6.0%。

（二）钩藤初加工技术

在钩藤最佳采收期（即 11 月左右）选取晴天收获钩藤的带钩茎枝，采用传统加工（阴干、蒸后阴干、煮后阴干）和现代烘干工艺（40℃烘干、蒸后 40℃、煮后 40℃、50℃烘干、蒸后 50℃、煮后 50℃、60℃烘干、蒸后 60℃、煮后 60℃、70℃烘干、蒸后 70℃、煮后 70℃、80℃烘干、蒸后 80℃、煮后 80℃）进行室内干燥加工，根据《中国药典》中钩藤项下的成分含量检测方法和限值要求，通过室内分析测定和评价其物理成分（水分、总灰分和浸出物）和化学成分（钩藤碱和异钩藤碱）含量（表 4-3-1），最后，对各主要指标进行综合评价进而确定最佳的初加工方法。

表 4-3-1　不同加工方法钩藤品质指标含量

编号	方法	水分/%	总灰分/%	浸出物/%	钩藤碱/（mg/g）	异钩藤碱/（mg/g）
0	标准限值	＜10.0	＜3.0	＞6.0	—	—
1	40℃烘干	7.08	2.84	9.81	0.017	0.413
2	蒸后 40℃	11.00	2.50	8.43	0.017	0.490
3	煮后 40℃	8.90	3.08	10.62	0.014	0.360
4	50℃烘干	5.78	3.30	6.76	0.013	0.350
5	蒸后 50℃	8.67	2.92	7.54	0.014	0.356
6	煮后 50℃	8.42	2.79	7.90	0.063	0.409
7	60℃烘干	7.68	3.02	7.91	0.067	0.327
8	蒸后 60℃	15.01	2.64	9.27	0.066	0.348
9	煮后 60℃	10.76	2.80	8.80	0.072	0.398
10	70℃烘干	10.96	3.04	8.79	0.055	0.334
11	蒸后 70℃	11.76	2.90	10.03	0.069	0.338
12	煮后 70℃	7.24	2.76	9.05	0.071	0.377
13	80℃烘干	4.05	2.87	8.20	0.094	0.338
14	蒸后 80℃	5.30	3.25	9.86	0.070	0.443
15	煮后 80℃	4.49	3.09	8.31	0.083	0.406
16	阴干	9.90	3.32	12.72	0.089	0.424
17	蒸后阴干	9.73	2.65	8.63	0.081	0.430
18	煮后阴干	9.67	3.16	8.60	0.062	0.363

注：—表示无数据

1. 不同加工方法钩藤品质差异

根据《中国药典》钩藤成分含量测定项目并参考相关文献，确定用水分、总灰分、浸出物、钩藤碱和异钩藤碱 5 个理化成分指标来表征钩藤的品质。不同加工方法钩藤的品质显现出明显的差异性。

对于水分含量来说，大部分加工方法水分含量都达标，只有蒸后 40℃、蒸后 60℃、煮后 60℃、70℃烘干、蒸后 70℃略微超标。对于总灰分含量来说，超标现象较为普遍，近一半钩藤的总灰分含量略微超标，这可能与钩藤枝条本身不易清洗有关。对于浸出物含量来说，18 种加工方法的钩藤浸出物含量均达到标准限值要求，且最高的为阴干，达到 12.72%，超过标准一倍以上。

总体来看，钩藤的活性成分异钩藤碱的含量均远大于钩藤碱含量，钩藤碱含量一般在 0.1 mg/g 以下，而异钩藤碱含量均大于 0.3 mg/g。

2. 不同加工方法钩藤加工效益差异

采用加工时间和商品折干率来表征钩藤不同加工方法的加工效益。总体来看，采用传统加工方法，如阴干、蒸后阴干、煮后阴干加工时间均远长于采用现代干燥技术，耗时基本在 37 d 左右，而采用现代干燥技术的干燥时间基本可控制在 1 d 以内。对于折干率而言，几种方法折干率较高的是采用煮后 50℃和蒸后 50℃，其折干率分别高达 50.31%和 50.14%，折干率最低的为蒸后 80℃，为 41.45%（表 4-3-2）。

表 4-3-2　不同加工方法钩藤加工时间和折干率

编号	加工方法	加工时间/h	折干率/%
1	40℃烘干	23.5	43.61
2	蒸后 40℃	23.5	47.90
3	煮后 40℃	23.5	45.15
4	50℃烘干	13	44.01
5	蒸后 50℃	14	50.14
6	煮后 50℃	15	50.31
7	60℃烘干	7	42.14
8	蒸后 60℃	7	49.48
9	煮后 60℃	7	44.41
10	70℃烘干	4.5	43.80
11	蒸后 70℃	4.5	45.85
12	煮后 70℃	4.5	42.07
13	80℃烘干	4.5	43.52
14	蒸后 80℃	4.5	41.45
15	煮后 80℃	4.5	42.45
16	阴干	888	43.80
17	蒸后阴干	888	44.36
18	煮后阴干	888	43.98

3. 多指标综合评价钩藤最佳产地初加工方法

钩藤最佳产地初加工方法评价是一个多指标综合评价问题，其由加工品质评价和加工效益评价综合组成。加工品质由物理成分（水分、灰分、浸出物）和化学成分（钩藤碱和异钩藤碱）等具体指标构成，加工效益由加工时间和折干率构成。

（三）综合评价结论

评价结果（表 4-3-3）表明，采用 80℃烘干的加工方法得到的钩藤品质最佳，采用蒸后 40℃的加工方法得到的加工效益最高，综合两者来看，采用蒸后 40℃是 18 种方法中最佳的。

表 4-3-3　钩藤不同初加工方法综合评价结果

加工方法	综合排序	效益排序	品质排序
蒸后 40℃	1	1	8
煮后 50℃	2	4	5
40℃烘干	3	3	9
煮后 40℃	4	2	17
蒸后 50℃	5	5	14
50℃烘干	6	6	10
80℃烘干	7	12	1
煮后 80℃	8	13	2
煮后 60℃	9	8	12
60℃烘干	10	9	11
蒸后 80℃	11	15	3
煮后 70℃	12	14	6
蒸后阴干	13	18	4
蒸后 60℃	14	7	18
阴干	15	16	7
煮后阴干	16	17	13
蒸后 70℃	17	10	16
70℃烘干	18	11	15

综上所述，蒸、煮后烘干和阴干的钩藤外观均呈现绿色，直接烘干和晒干的钩藤外观呈现紫红色，随着温度的升高钩藤中钩藤碱、异钩藤碱、浸出物含量呈下降趋势，因此钩藤应避免高温长时间干燥，综合理化成分含量、折干率和耗时，钩藤加工温度以 40℃左右为宜，若干燥前采用蒸、煮方式杀青则理化成分含量更佳（高晓宇等，2017）。

二、半夏

（一）半夏采收及贮藏技术

半夏在夏、秋季均可采收，贵州半夏以 8 月左右采收为优。块茎繁殖和珠芽繁殖的在当年或第 2 年采收，种子繁殖须在第 3 年、第 4 年才能采收。习惯上在农历的芒种至夏至采收半夏，此时半夏停止生长，叶子逐渐枯萎（习称倒苗），处于短期休眠，这时采收的半夏水分少、粉性足、质坚硬、色泽好。采收过早影响产量，过晚难于去皮炕晒。收获时从畦的一端用锹将半夏挖出，翻在一边，随即细拣。半夏忌暴晒，否则不易去皮。秋季采收的半夏表面凹凸不平，而且色泽发暗。

半夏块茎呈圆球形、半圆球形或偏斜状，直径 0.8～2 cm。表面白色或浅黄色，未去净的外皮呈黄色斑点。上端多圆平，中心有凹陷的黄棕色茎痕，周围密布棕色凹点状须根痕，下面钝圆而光滑。质坚实、致密。纵切面呈肾形，洁白，粉性充足；质老或干燥过程不适宜者呈灰白色或显黄色纹。粉末嗅之呛鼻，味辛辣，食之发黏，麻舌而刺喉。以个大、皮净、色白、质坚实、粉性足者为佳；以个小、去皮不净、色黄白、粉性小的为次。商品半夏一般按颗粒大小分为三等，四川产量最大，质量以云南昭通所产最佳，有珍珠半夏之称。

半夏规格等级标准。一等：干货，呈圆球形、半圆球形或偏斜状不等，去净外皮。表皮白色或浅黄白色，上端圆平，中心凹陷（茎痕），周围有棕色点状根痕；下面钝圆，较平滑，质坚实，断面洁白或白色，粉质细腻；气微，味辛，麻舌而刺喉；每千克 800 粒以内，无包壳、杂质、虫蛀、霉变。二等：每千克 1200 粒以内，其余同一等。三等：每千克 3000 粒以内，其余同一等。为保护资源，提高质量，每千克在 3000 粒以上的不采收。统货：干货，略呈椭圆形、圆锥形或半圆形，去净外皮，大小不分；表面类白色或淡黄色，略有皱纹，并有多数隐约可见的细小根痕；上端类圆形，有凸起的叶痕或芽痕，呈黄棕色，有的下端略尖，质坚实，断面白色，粉性、气微、味辣，麻舌而刺喉，颗粒直径不得小于 0.5 cm。

出口商品以颗粒大小分为 5 级。出品半夏的规格要求：身干，内外色白，粒圆整，无霉粒，无僵子，无碎粒，无皮，无帽，余同一等品。特级：每千克 800 粒以下；甲级：每千克 900～1000 粒；乙级：每千克 1700～1800 粒；丙级：每千克 2600～2800 粒；珍珠级：每千克 3000 粒以上。

半夏包装与贮藏：用竹篓或麻袋包装，置通风干燥处存放，防潮、防霉。本品极易生霉、虫蛀，应经常检查、翻晒。

（二）半夏初加工技术

在半夏最佳采收期（即 8 月左右）选取晴天收获半夏的地下部分，采用传统加工工艺和现代烘干工艺进行室内干燥加工，根据《中国药典》中半夏项下的成分含量检测方法和限值要求，室内分析测定和评价其物理成分（水分、总灰分和浸出物）和化学成分（琥珀酸）含量，此外通过观察法和国际色卡比色法定量评价半夏外观颜色品质（表 4-3-4），最后，对各主要指标进行综合评价进而确定最佳的初加工方法。

1. 不同加工方法半夏加工品质差异

根据《中国药典》半夏中成分含量测定项目（表 4-3-5），确定用水分、总灰分、浸出物、总酸、外观性状 5 个指标来表征半夏的品质。不同加工方法的半夏其品质显现出明显的差异性。

表 4-3-4 半夏颜色配比数据表（%）

编号	加工方法	色号	颜色配比			
			黄	橘	白	其他
0	鲜样	2001C	2.89	0.61	96.5	0
1	晒干	7499C	1.3	0	98.5	0.2
2	阴干	7407C	18.0	0	75.0	7.0
3	蒸后阴干	7402C	5.4	0	93.7	0.9
4	烫后阴干	7401C	1.04	0	98.6	0.36
5	30℃烘干	7403C	10.8	0	87.5	1.7
6	40℃烘干	7403C	10.8	0	87.5	1.7
7	50℃烘干	7405C	97.7	0	0	2.3
8	60℃烘干	7403C	10.8	0	87.5	1.7
9	70℃烘干	131C	92.3	0	0	7.7
10	蒸后 30℃	7401C	1.04	0	98.6	0.36
11	蒸后 40℃	7403C	10.8	0	87.5	1.7

表 4-3-5 不同加工方法半夏成分指标含量（%）

编号	加工方法	水分	总灰分	浸出物	总酸
0	标准限值	＜14.0	＜4.0	＞9.0	＞0.25
1	晒干	16.65	3.63	8.97	0.31
2	阴干	16.98	4.14	13.74	0.36
3	蒸后阴干	12.70	3.84	10.96	0.24
4	烫后阴干	13.02	3.25	8.69	0.26
5	30℃烘干	11.29	3.57	11.68	0.27
6	40℃烘干	13.04	3.66	12.34	0.29
7	50℃烘干	15.02	3.69	12.78	0.24
8	60℃烘干	12.93	3.89	14.72	0.31
9	70℃烘干	9.03	3.87	14.94	0.24
10	蒸后 30℃	10.11	3.69	10.75	0.28
11	蒸后 40℃	12.09	3.59	12.26	0.28

对于水分含量来说，除晒干、阴干、50℃烘干几种加工方法未达标外，其余方法均达标。总灰分含量除阴干加工方法外，其余方法均达标。浸出物含量除晒干和烫后阴干外，其余方法均达标。总酸含量除蒸后阴干、50℃烘干、70℃烘干略低于标准外，其余方法均达标。对于外观指标而言，主要是看半夏加工后颜色是否能保持洁白，实验表明，不同温度下半夏颜色会出现不同程度的变色。

2. 不同加工方法半夏加工效益差异

采用加工时间和商品折干率来表征半夏不同加工方法的加工效益（表 4-3-6）。总体来看，除晒干外，采用传统加工方法的加工时间均远大于现代干燥技术，晒干耗时在 24 h，阴干耗时在 529 h，而采用现代干燥技术除 30℃烘干和蒸后 30℃外，其余干燥时间基本可控制在 1 天左右。对于折干率而言，几种方法折干率最高的是采用 40℃烘干，其折干率高达 39.70%。

表 4-3-6　不同加工方法半夏加工时间和折干率

编号	加工方法	加工时间/h	折干率/%
1	晒干	24	36.44
2	阴干	529.0	30.26
3	蒸后阴干	529.0	32.53
4	烫后阴干	529.0	31.46
5	30℃烘干	118.5	39.37
6	40℃烘干	28.5	39.70
7	50℃烘干	7.5	39.04
8	60℃烘干	6.5	39.68
9	70℃烘干	5.5	39.03
10	蒸后 30℃	118.5	32.25
11	蒸后 40℃	28.5	34.01

3. 多指标综合评价半夏的最佳产地初加工方法

半夏最佳产地初加工方法评价是一个多指标综合评价问题，其由加工品质评价和加工效益评价组成。加工品质由物理成分（水分、总灰分、浸出物）、化学成分（半夏环肽 B）和外观性状等具体指标构成，加工效益由加工时间和折干率构成。

（三）综合评价结论

评价结果（表 4-3-7）表明，仅从加工后半夏的品质优劣来看，采用蒸后阴干的加工方法是 11 种方法中品质最佳的；从加工效益来看，采用 40℃烘干的干燥方法是 11 种方法中效益最佳的。综合品质和加工效益来看，采用 40℃烘干是最佳的产地初加工方法。

综上所述，随着温度的升高半夏外观颜色有加深变黄趋势，经高温蒸汽杀青后，这种趋势得到一定程度的缓解，因此半夏加工宜避免高温，综合外观品质、理化成分含量、折干率和耗时，半夏加工温度以40℃左右为宜。

表 4-3-7　半夏不同初加工方法综合评价结果

加工方法	综合排序	效益排序	品质排序
40℃烘干	1	1	3
蒸后 40℃	2	2	4
晒干	3	3	9
蒸后 30℃	4	4	10
60℃烘干	5	5	5
50℃烘干	6	6	7
30℃烘干	7	8	2
70℃烘干	8	7	8
蒸后阴干	9	10	1
烫后阴干	10	9	11
阴干	11	11	6

三、铁皮石斛

（一）铁皮石斛采收及贮藏技术

铁皮石斛是合轴生长，以茎入药。一般于开花前或休眠期进行采收。贵州宜4 月底至 6 月中旬采收，采收以铁皮石斛栽培后的第二年冬季，枝条上的叶片开始衰老变黄，部分茎株开始落叶为标准。采收方法是“存二去三”，即采收三年以上茎株，留下二年内生的茎株，让其继续生长，加强水肥管理，待来年再采，采时还必须留根部两个以上的节。

1. 加工

铁皮石斛的加工较为复杂，且因用途和厂家不同对铁皮石斛的加工要求也有所不同。

以鲜品直接入药的，采收后将须根、叶除净，再用编织袋包装，堆放于干燥通风处以待运输或入药。

以干品入药的铁皮石斛采收后将须根、枝叶除净，先用湿沙贮存，也可平装在筐内，盖以薄席贮存，但应注意空气流通，忌沾水而造成腐烂变质。加工时将铁皮石斛放入水中加少量石灰浸泡数天，使叶鞘膜腐烂，用棕刷刷去茎秆上的膜质或壳；晾干水汽，用干稻草捆绑好，放到炕上，再用竹席盖好，使不透气；烘烤火力不宜过大，而且要均匀，烘至七八成干时，用手搓揉一次再烘干，取出喷少许开水；然后按顺序堆放，使颜色变成金黄色，挂上品名、标签、规格、产地及重量。铁皮石斛产品的贮藏必须做到：①切忌阳光下暴晒；②阴凉干燥；③保持通风透气；④堆放高度＜1.5 m。

2. 包装、运输与贮藏

包装：本品传统包装甚为简陋（鲜石斛多用竹篓包装；干石斛多经打捆后用篾席包装），难保产品质量，对此应当加以改进；宜采用无污染、无破损、干燥、洁净的内衬防潮纸的纸箱或木箱等适宜容器包装，并在包装上标明品名、批号、规格、产地、工号等。

运输：本品批量运输时，最好不与其他药材（特别是有毒类药材等）混装，并应注意防重压、防破损、防潮湿等。

贮藏：鲜石斛置潮湿、阴凉处贮藏；干石斛置阴凉、通风、干燥处贮藏，并防潮、防霉变。

（二）铁皮石斛初加工技术

在铁皮石斛最佳采收期（即 4 月底至 6 月中旬）收获铁皮石斛的茎枝，采用传统加工工艺（枫斗、烫后阴干、蒸后阴干）和现代烘干工艺（80℃烘干、90℃烘干、100℃烘干、110℃烘干、烫后 80℃、蒸后 80℃）进行室内干燥加工，根据《中国药典》中铁皮石斛项下的成分含量检测方法和限值要求，室内分析测定和评价其物理成分（水分、总灰分和浸出物）和化学成分（甘露糖）含量，最后，对各主要指标进行综合评价进而确定最佳的初加工方法。

1. 不同加工方法铁皮石斛品质差异

根据《中国药典》铁皮石斛中成分含量测定项目，确定用水分、总灰分、浸出物、甘露糖 4 个指标来表征铁皮石斛的品质（表 4-3-8）。不同加工方法铁皮石斛品质显现出明显的差异性。对于水分含量来说，除 80℃烘干和蒸后阴干两种方法未达标外，其余方法均达标。所有方法的甘露糖含量均达标。

表 4-3-8　铁皮石斛成分指标含量（%）

编号	加工方法	水分	总灰分	浸出物	甘露糖
0	标准限值	＜12.0	＜6.0	＞6.5	＞13.0
1	枫斗	12.00	6.00	6.50	13.00
2	烫后阴干	11.10	3.77	6.37	27.42
3	蒸后阴干	30.87	4.05	9.87	29.89
4	80℃烘干	32.91	4.37	7.04	29.37
5	90℃烘干	8.91	4.38	10.55	29.20

续表

编号	加工方法	水分	总灰分	浸出物	甘露糖
6	100℃烘干	5.35	4.37	10.81	29.20
7	110℃烘干	6.66	4.11	11.32	32.54
8	烫后 80℃	4.92	4.16	9.67	30.96
9	蒸后 80℃	6.28	4.30	8.87	31.67

2. 不同加工方法铁皮石斛加工效益差异

采用加工时间和商品折干率来表征铁皮石斛不同加工方法的加工效益（表 4-3-9）。总体来看，采用传统加工方法，如枫斗、烫后阴干、蒸后阴干，尤其是烫后阴干、蒸后阴干的加工时间均远大于采用烘干的干燥技术，平均在 2 天到 3 个半月左右。而采用 80℃及以上温度烘干干燥时间基本可控制在 1 d 以内。对于折干率而言，几种传统加工方法的折干率要比烘干技术高 30%左右。

表 4-3-9　不同加工方法铁皮石斛加工时间和折干率

编号	加工方法	加工时间/h	折干率/%
1	枫斗	72	30.00
2	烫后阴干	2544	24.42
3	蒸后阴干	2544	27.45
4	80℃烘干	19	18.41
5	90℃烘干	8	17.44
6	100℃烘干	4	18.91
7	110℃烘干	3	17.62
8	烫后 80℃	19	17.55
9	蒸后 80℃	19	18.74

3. 多指标综合评价铁皮石斛最佳产地初加工方法

铁皮石斛最佳产地初加工方法评价是一个多指标综合评价问题，其由加工品质评价和加工效益评价组成。加工品质由物理成分（水分、总灰分、浸出物）和化学成分（石斛多糖、甘露糖）等具体指标构成，加工效益由加工时间和折干率构成。

（三）综合评价结论

评价结果表明，仅从加工后铁皮石斛的品质优劣来看，采用蒸后阴干是 9 种方法中品质最佳的；从加工效益来看，采用传统的枫斗加工是9种方法中效益最佳的。综合品质和加工效益来看，采用传统的枫斗是9种方法中最佳的。

综上所述，随着加工温度的升高，药材折干率呈下降趋势，其中以传统的枫斗加工方式药材折干率最高，为30%，枫斗加工时间较短，且所有加工方法的理化成分含量差异不大，故铁皮石斛采用传统的枫斗加工方法为佳（表4-3-10）。

表4-3-10　铁皮石斛不同初加工方法综合评价结果

加工方法	综合排序	效益排序	品质排序
枫斗	1	1	3
烫后阴干	2	2	2
蒸后阴干	3	3	1
80℃烘干	4	5	4
蒸后80℃	5	4	9
烫后80℃	6	6	6
90℃烘干	7	7	5
100℃烘干	8	8	7
110℃烘干	9	9	8

第四节　根类药材初加工技术

根类中药材的根部是重要的营养器官，贮藏了大量的营养物质，有效成分的积累相对也较高。大多数根类药材的采收期是在植株停止生长之后或在枯萎期，即秋季或冬季采收。如何首乌、玄参在冬季采收，太子参在夏末和秋初采挖。根类中药材的采收用人工或机械挖取均可，除净泥土，根据需要进行修剪，除去无用的部分，如残茎、叶、须根等，在采挖过程中应注意根及根茎的完整性，以免影响药材的品质和等级。

一、何首乌

（一）何首乌采收及贮藏技术

何首乌种植3～4年即可收获，在秋季落叶后或早春萌发前采挖，一般最好在秋季落叶后采挖，削去两端，洗净，个大的切成块，干燥。

采收方法：先将藤叶割去，然后破土开挖至发现何首乌块根时，顺畦向逐蔸、逐行挖出块根，注意不能伤断块根，洗净泥土，去掉须根，晾干。

何首乌晒干后，用袋包装，包装前应再次抽查，以清除劣质品和杂质。包装器材应无污染，要清洁、干燥、无破损。包装袋上要有包装记录，内容包括品名（何首乌）、批号、产地、规格、重量、工号和日期等，何首乌药材包装后，应放置于阴凉干燥通风处，防止虫蛀、受潮霉变。

何首乌商品规格：何首乌的商品规格分为首乌王（每个 200 g 以上），提首乌（每个 100 g 以上）和统首乌。均以体重、质坚实、外皮红棕色、粉性足、断面黄棕色有梅花状纹理者为佳。

出口商品按个头重量分为四等，一等每个 200 g，二等每个 100 g，三等每个 50 g，四等每个 30 g。

（二）何首乌初加工技术

在何首乌最佳采收期（即 7 月中旬）选取晴天收获何首乌的地下部分，采用传统加工（阴干、蒸后阴干、煮后阴干）和现代烘干工艺（40℃烘干、50℃烘干、60℃烘干、70℃烘干、80℃烘干、90℃烘干、100℃烘干及分段式烘干）进行室内干燥加工，根据《中国药典》中何首乌项下的成分含量检测方法和限值要求，室内分析测定和评价其物理成分（水分和总灰分）和化学成分（二苯乙烯苷和结合蒽醌）含量，最后，对各主要指标进行综合评价进而确定最佳的初加工方法。

1. 不同加工方法何首乌品质差异

根据《中国药典》何首乌中成分含量测定项目，确定用水分、总灰分、二苯乙烯苷和结合蒽醌 4 个指标来表征何首乌的品质。不同加工方法的何首乌，其品质显现出明显的差异性。

对于水分含量来说，大部分加工方法水分含量都达标，只有阴干和煮 5 min 后阴干的略微超标。对于总灰分含量来说，几种方法加工的何首乌全部达标。

所有加工方法的二苯乙烯苷含量均达到标准要求，对于结合蒽醌含量来说，除了 100℃烘干、90℃烘干、80℃烘干、蒸 5 min 后阴干、煮 5 min 后阴干几种方法未达到标准要求，其余均达标（表 4-4-1）。

表 4-4-1　何首乌品质指标含量（%）

编号	加工方法	水分	总灰分	二苯乙烯苷	结合蒽醌
0	标准限值	<10.0	<5.0	>1.00	>0.1
1	100℃烘干	1.65	2.99	1.58	0.05
2	90℃烘干	4.41	2.73	1.66	0.04
3	80℃烘干	2.86	2.26	1.86	0.07
4	阴干	12.47	2.36	1.31	0.14
5	蒸 5 min 后阴干	5.00	2.06	1.40	0.08

续表

编号	加工方法	水分	总灰分	二苯乙烯苷	结合蒽醌
6	煮 5 min 后阴干	14.07	2.36	1.59	0.09
7	40℃烘干	5.85	2.37	1.63	0.13
8	50℃烘干	4.12	2.47	1.77	0.15
9	60℃烘干	2.82	2.26	1.68	0.14
10	70℃烘干	3.43	2.42	1.51	0.10
11	40℃转 60℃转 80℃	2.60	2.52	1.70	0.11
12	40℃转 70℃转 100℃	0.65	2.41	1.60	0.15
13	60℃转 70℃转 80℃	2.56	1.52	1.71	0.14
14	60℃转 80℃转 100℃	1.62	2.61	1.66	0.16
15	70℃转 80℃转 90℃	2.11	2.40	1.74	0.10
16	80℃转 90℃转 100℃	1.10	2.41	1.85	0.13
17	50℃转 60℃转 70℃	4.16	2.61	1.84	0.16
18	50℃转 70℃转 90℃	4.80	2.57	1.50	0.12

2. 不同加工方法何首乌加工效益差异

采用加工时间和商品折干率来表征何首乌不同加工方法的加工效益（表 4-4-2）。总体来看，采用传统加工方法，如阴干、蒸后阴干、煮后阴干加工时间均远长于采用现代干燥技术，耗时基本在 17 d 左右，而采用现代干燥技术其干燥时间基本可控制在 10 h 左右。对于折干率而言，几种方法折干率最高的为煮 5 min 后阴干，其折干率高达 57.78%，折干率最低的为 60℃转 80℃转 100℃，仅为 37.26%。

表 4-4-2　不同加工方法何首乌加工时间和折干率

编号	加工方法	加工时间/h	折干率/%
1	100℃烘干	7	41.61
2	90℃烘干	8	40.34
3	80℃烘干	9	42.54
4	阴干	408	49.53
5	蒸 5 min 后阴干	408	57.78
6	煮 5 min 后阴干	408	51.20
7	40℃烘干	13	45.17
8	50℃烘干	13	43.89
9	60℃烘干	13	45.21
10	70℃烘干	12	41.80

续表

编号	加工方法	加工时间/h	折干率/%
11	40℃转 60℃转 80℃	8	39.28
12	40℃转 70℃转 100℃	10	43.47
13	60℃转 70℃转 80℃	7	39.81
14	60℃转 80℃转 100℃	7	37.26
15	70℃转 80℃转 90℃	7	39.33
16	80℃转 90℃转 100℃	4	37.37
17	50℃转 60℃转 70℃	8	39.89
18	50℃转 70℃转 90℃	7	41.80

3. 多指标综合评价何首乌最佳产地初加工方法

何首乌最佳产地初加工方法评价是一个多指标综合评价问题，其由加工品质评价和加工效益评价组成。加工品质由物理成分（水分、总灰分）和化学成分（二苯乙烯苷和结合蒽醌）等具体指标构成，加工效益由加工时间和折干率构成（Do et al.，2014）。

（三）综合评价结论

由评价结果可知，仅从加工后何首乌的品质优劣来看，采用 40℃转 70℃转 100℃的加工方法是 18 种方法中品质最佳的；从加工效益来看，采用阴干的加工方法是 18 种方法中效益最佳的。综合品质和加工效益来看，采用 40℃转 70℃转 100℃是 18 种方法中最佳的（表 4-4-3）。

表 4-4-3　何首乌不同产地初加工方法综合评价结果

加工方法	综合排序	效益排序	品质排序
40℃转 70℃转 100℃	1	7	1
100℃烘干	2	10	3
阴干	3	1	17
60℃烘干	4	3	7
80℃转 90℃转 100℃	5	18	2
60℃转 80℃转 100℃	6	17	4
煮 5 min 后阴干	7	2	18
80℃烘干	8	6	8
50℃烘干	9	5	13
40℃烘干	10	4	16

续表

加工方法	综合排序	效益排序	品质排序
70℃转 80℃转 90℃	11	16	5
40℃转 60℃转 80℃	12	12	6
70℃烘干	13	9	9
蒸 5 min 后阴干	14	8	15
50℃转 60℃转 70℃	15	11	11
90℃烘干	16	14	10
50℃转 70℃转 90℃	17	13	14
60℃转 70℃转 80℃	18	15	12

综上所述，何首乌现代烘干方法的理化成分含量和耗时要优于传统方法，现代烘干方法中分段干燥又要优于恒温干燥，因此，建议何首乌采用 40℃转 70℃转 100℃的分段式烘干法。

二、太子参

（一）太子参采收及贮藏技术

1. 采收

贵州应在 7 月左右植株已枯萎倒苗时采收。如若延迟采收，则常因雨水过多而造成腐烂。采收时宜选晴天，细心挖起，深度一般为 13 cm，不宜过深，要捡净。亩产干货 50～75 kg，高产田可达 150 kg/亩。

2. 商品规格

本品块根呈细长纺锤形或细长条形，稍弯曲，长 2～8 cm（个别 10 cm），直径 0.2～0.4 cm。顶端有残留的极短茎基或芽痕，下部细长呈尾状。表面黄白色至土黄色，较光滑，略具不规则的细纵皱纹及横向凹陷，凹陷处有须根痕。质硬脆，易折断，断面平坦，类白色或黄白色。晒干后断面类白色，有粉性，气微，味微甘。本品以身干、无细根、大小均匀、色泽微黄者为佳。

3. 包装与贮藏

用竹篓或编织袋包装，贮藏时需要放在干燥处，防止潮湿、霉烂、虫蛀。

（二）太子参初加工技术

在太子参最佳采收期内（即 7 月地上植株枯萎倒苗后）选取晴天收获太子参

的地下部分，采用传统加工工艺（晒干、阴干、烫后阴干）和现代烘干工艺（50℃烘干、60℃烘干、70℃烘干、80℃烘干、90℃烘干、100℃烘干、110℃烘干、120℃烘干、70℃转90℃、70℃转100℃、70℃转110℃）进行室内干燥加工，根据《中国药典》中太子参项下的成分含量检测方法和限值要求，室内分析测定和评价其物理成分（水分、总灰分和浸出物）和化学成分（太子参环肽 B）含量，此外，通过观察法和专家评分法确定太子参空心状况及程度，最后，对各主要指标进行综合评价进而确定最佳的初加工方法。

1. 不同加工方法太子参品质差异

根据《中国药典》太子参中成分含量测定项目，用水分、总灰分、浸出物、太子参环肽 B、外观性状 5 个指标来表征太子参的品质（表 4-4-4）。不同加工方法太子参的品质显现出明显的差异性。

表 4-4-4 太子参品质指标

编号	加工方法	水分/%	总灰分/%	浸出物/%	太子参环肽 B/%	外观性状
0	标准限值	＜14.0	＜4.0	＞25.0	＞0.02	—
1	晒干	11.15	2.20	47.23	0.020	5
2	阴干	11.68	3.05	47.77	0.025	5
3	烫后阴干	12.21	2.79	49.48	0.017	5
4	50℃烘干	8.81	2.90	40.78	0.018	5
5	60℃烘干	8.27	2.88	42.61	0.015	5
6	70℃烘干	7.48	2.92	42.82	0.018	5
7	80℃烘干	7.78	2.91	46.66	0.020	5
8	90℃烘干	7.49	2.85	49.02	0.019	5
9	100℃烘干	7.07	2.84	50.23	0.019	3
10	110℃烘干	5.19	2.81	52.20	0.023	2
11	120℃烘干	3.45	3.06	52.55	0.033	1
12	70℃转 90℃	7.85	2.91	45.66	0.025	5
13	70℃转 100℃	6.83	2.89	43.41	0.021	2
14	70℃转 110℃	5.07	2.77	44.53	0.027	4

注：太子参外观性状采用专家评分法，5 为无空心，4 为少量稍微空心，3 为大多稍微空心，2 为大多空心，1 为完全空心，“—”表示空白项，全书同

对于水分、总灰分、浸出物等常规指标来说，全部加工方法均达标。其中浸出物含量平均超过标准限值 1 倍左右。对于太子参的活性成分太子参环肽 B，除烫后阴干、50℃烘干、60℃烘干、70℃烘干、90℃烘干、100℃烘干这几种方法略

低于标准外，其余方法均达到标准要求。对于外观指标而言，主要是指太子参加工后是否出现空心化，实验表明，当干燥温度达到或超过 100℃后，加工的太子参均出现程度不一的空心化。

2. 不同加工方法太子参加工效益差异

采用加工时间和最终商品折干率来表征太子参不同加工方法的加工效益。总体来看，采用传统加工方法，如晒干、阴干、烫后阴干加工时间均远长于采用现代干燥方法，晒干耗时在 2 d，阴干和烫后阴干的耗时在 19 d 左右，而采用现代干燥方法其干燥时间基本可控制在 10 h 左右（表 4-4-5）。对于折干率而言，几种方法折干率最高的是采用 70℃烘干，其折干率高达 42.77%，折干率最低的为阴干，为 31.92%。

表 4-4-5　不同加工方法太子参加工时间和折干率

编号	加工方法	加工时间/h	折干率/%
1	晒干	48	33.00
2	阴干	454.5	31.92
3	烫后阴干	453.25	32.57
4	50℃烘干	14.5	40.90
5	60℃烘干	8	35.62
6	70℃烘干	5	42.77
7	80℃烘干	3.5	35.46
8	90℃烘干	2	33.29
9	100℃烘干	2	35.73
10	110℃烘干	1.5	33.34
11	120℃烘干	1.5	30.69
12	70℃转 90℃	5	41.16
13	70℃转 100℃	5	41.70
14	70℃转 110℃	5	41.25

3. 多指标综合评价太子参最佳产地初加工方法

太子参最佳产地初加工方法评价是一个多指标综合评价问题，其由加工品质评价和加工效益评价组成。加工品质由常规成分（水分、总灰分、浸出物）、活性成分（太子参环肽 B）和外观性状等具体指标构成，加工效益由加工时间和折干率构成。

（三）综合评价结论

由评价结果可知，仅从加工后太子参的品质优劣来看，采用 80℃烘干的加工方法是 14 种方法中品质最佳的；从加工效益来看，采用烫后阴干的方法是 14 种方法中效益最佳的。综合品质和加工效益来看，采用 80℃烘干是 14 种方法中最佳的（表 4-4-6）。

表 4-4-6　太子参不同产地初加工方法综合评价结果

加工方法	综合排序	效益排序	品质排序
80℃烘干	1	10	1
90℃烘干	2	12	2
70℃烘干	3	6	3
60℃烘干	4	5	4
阴干	5	2	5
烫后阴干	6	1	7
50℃烘干	7	4	8
70℃转 110℃	8	8	6
晒干	9	3	10
70℃转 90℃	10	9	9
100℃烘干	11	11	11
70℃转 100℃	12	7	12
110℃烘干	13	13	13
120℃烘干	14	14	14

综上所述，当加工温度＞100℃时，太子参出现程度不等的空心化，且随着温度的升高空心化程度增强，综合空心情况、理化成分含量、折干率和耗时，太子参加工温度以 80℃左右为宜（罗文敏等，2018）。

三、玄参

（一）玄参采收及贮藏技术

1. 采收

玄参在茎叶枯萎时采收。采收过迟，因根萌发而空虚，影响药用质量。采收时先挖松玄参根际泥土，然后将玄参挖起，剪去茎叶，取下芽头，切下根部进行加工。

2. 商品规格

据国家中医药管理局、中华人民共和国国家卫生健康委员会（原国家卫生部）制定的药材商品规格标准，玄参分3个等级。

一等：干货。多长条形，皮灰褐色，内黑褐色或黄褐色，每千克36支以内。无芦头、杂质、虫蛀、霉变。

二等：干货。多长条形，皮灰褐色，内黑褐色或黄褐色，每千克38～72支。无芦头、杂质、虫蛀、霉变。

三等：干货。多长条形，皮灰褐色，内黑褐色或黄褐色，每千克72支以上，兼有破块。无芦头、杂质、虫蛀、霉变。

出口商品以每千克的根数分为16支、24支、32支、40支、48支，60支、80支、100支、100支以上（为小玄参）等几个等级。

一般用麻袋或编织袋包装，贮藏期间应保持通风干燥，忌与藜芦混存。定期检查，发现轻度霉变、虫蛀时，及时晾晒或翻垛；虫情严重时，用磷化铝等药物熏杀。

（二）玄参初加工技术

在玄参的最佳采收期（即11月底）采集玄参地下部分，采用传统加工工艺（阴干、蒸后阴干、烫后阴干、传统烘干）和现代烘干工艺（55℃烘干、65℃烘干、85℃烘干、95℃烘干、切片55℃烘干、切片65℃烘干、切片85℃烘干、切片95℃烘干）进行室内干燥加工，根据《中国药典》中玄参项下的成分含量检测方法和限值要求，室内分析测定和评价其物理成分（水分、总灰分、酸不溶性灰分和浸出物）和化学成分（哈巴苷和哈巴俄苷）含量，最后，对各主要指标进行综合评价进而确定最佳的初加工方法。

1. 不同加工方法玄参品质差异

根据《中国药典》玄参中成分含量测定项目，确定用水分、总灰分、酸不溶性灰分、浸出物、哈巴苷和哈巴俄苷总和含量5个指标来表征玄参的品质。不同加工方法的玄参，其品质显现出明显的差异性。

对于水分、总灰分、酸不溶性灰分指标来说，除了采用传统烘干的以外，其余均达标。从浸出物来看，所有方法均达标；哈巴苷和哈巴俄苷两个指标来看，所有方法均未达标（表4-4-7）。

表4-4-7　玄参品质指标含量（%）

编号	方法	水分	总灰分	酸不溶性灰分	浸出物	哈巴苷和哈巴俄苷总和
0	标准限值	＜0.16	＜0.05	＜0.02	＞0.60	＞0.45

续表

编号	方法	水分	总灰分	酸不溶性灰分	浸出物	哈巴苷和哈巴俄苷总和
1	阴干	0.1053	0.0434	0.0031	0.8141	0.1053
2	蒸后阴干	0.0982	0.0426	0.0030	0.9018	0.0982
3	烫后阴干	0.0900	0.0423	0.0027	0.8627	0.0900
4	95℃烘干	0.1014	0.0457	0.0020	0.8222	0.1014
5	切片 95℃烘干	0.0832	0.0427	0.0024	0.8827	0.0832
6	85℃烘干	0.1062	0.0468	0.0038	0.6539	0.1062
7	切片 85℃烘干	0.1140	0.0400	0.0027	0.6903	0.1140
8	65℃烘干	0.1042	0.0422	0.0030	0.6584	0.1042
9	切片 65℃烘干	0.1049	0.0427	0.0021	0.7015	0.1049
10	55℃烘干	0.1072	0.0466	0.0041	0.8583	0.1072
11	切片 55℃烘干	0.1101	0.0442	0.0032	0.8966	0.1101
12	传统烘干	0.2191	0.1622	0.0596	0.6006	0.2191

2. 不同加工方法玄参加工效益差异

采用加工时间和商品折干率来表征玄参不同加工方法的加工效益。总体来看，采用传统加工方法，如阴干、烫后阴干、蒸后阴干加工时间均远长于采用现代干燥方法，耗时在 60 d，而采用现代干燥技术其干燥时间基本可控制在 2 d 甚至 1 d 以内（表 4-4-8）。对于折干率而言，几种方法折干率最高的是采用切片 95℃烘干，其折干率高达 31.84%，折干率最低的为阴干，为 24.40%。

表 4-4-8　不同加工方法玄参加工时间和折干率

编号	方法	加工时间/h	折干率/%
1	阴干	1440	24.40
2	蒸后阴干	1440	24.75
3	烫后阴干	1440	24.69
4	95℃烘干	18	28.17
5	切片 95℃烘干	7.5	31.84
6	85℃烘干	18	30.38
7	切片 85℃烘干	9.5	25.50
8	65℃烘干	23	29.42
9	切片 65℃烘干	27	24.87
10	55℃烘干	54	24.91
11	切片 55℃烘干	22	26.29
12	传统烘干	72	31.00

3. 多指标综合评价玄参最佳产地初加工方法

玄参最佳产地初加工方法评价是一个多指标综合评价问题，其由加工品质评价和加工效益评价组成。加工品质由物理成分（水分、总灰分、酸不溶性灰分、浸出物）、化学成分（哈巴苷和哈巴俄苷）等具体指标构成，加工效益由加工时间和折干率构成。

（三）综合评价结论

根据评价结果，仅从加工后玄参的品质优劣来看，采用阴干的加工方法是 12 种方法中品质最佳的；从加工效益来看，采用切片 65℃烘干的方法是 12 种方法中效益最佳的。综合品质和加工效益来看，采用切片 65℃烘干是 12 种方法中最佳的（表 4-4-9）。

综上所述，中温加工的理化成分含量优于高温和传统加工，同时切片加工的理化成分含量优于未切片的，因此，建议玄参采用 65℃左右的温度加工，尤以切片 65℃烘干加工方式最佳。

表 4-4-9　玄参不同初加工方法综合评价结果

加工方法	综合排序	效益排序	品质排序
切片 65℃烘干	1	1	3
切片 55℃烘干	2	3	5
95℃烘干	3	2	2
85℃烘干	4	4	7
65℃烘干	5	5	6
55℃烘干	6	6	4
切片 95℃烘干	7	7	11
切片 85℃烘干	8	8	8
传统烘干	9	9	12
蒸后阴干	10	12	10
烫后阴干	11	11	9
阴干	12	10	1

第五节　药材贮藏方法

药材贮藏方法是通过定时观察药材外观性状和室内成分含量测定，应用纵向对比和横向对照的方法确定 6 种药材最适宜的贮藏方式。具体为对几种药材分别采用真空、布袋、自封袋冷藏和自封袋室温 4 种方法进行贮藏，存储一段时间后，测定不同贮藏方法的药材活性物质含量，将贮藏后的药材活性成分含量与初始的成分含量进行对比，并对不同贮藏方法间活性成分含量进行比较，归纳出几种药材不同贮藏方法成分含量变化规律（图 4-5-1）。

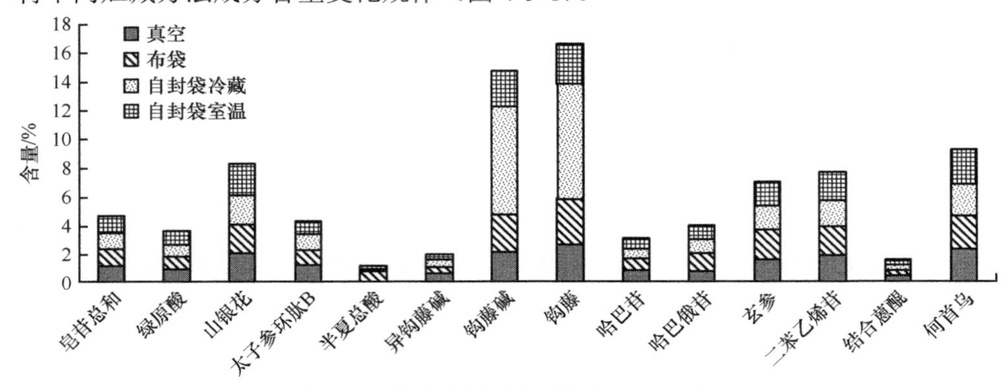

图 4-5-1　药材不同贮藏方法成分含量变化

图中山银花、钩藤、玄参、何首乌为活性成分总含量

由图 4-5-1 可看出，山银花贮藏两年后，绿原酸含量以自封袋室温贮藏的含量最高，以布袋贮藏的含量最低，皂苷总和以自封袋室温贮藏的含量最高，以真空贮藏的含量最低，综合来看，山银花贮藏方法优劣顺序为自封袋室温＞布袋＞真空＞自封袋冷藏，因此山银花以自封袋室温贮藏的方式最佳。

太子参贮藏两年后，太子参环肽 B 含量以真空贮藏的含量最高，以自封袋室温贮藏的最低，太子参贮藏方法优劣顺序为真空＞布袋和自封袋冷藏＞自封袋室温，因此太子参以真空贮藏的方式最佳。

半夏贮藏两年后，半夏总酸含量以布袋贮藏的最高，以真空和自封袋冷藏贮藏的最低，半夏贮藏方法优劣顺序为布袋＞自封袋室温＞真空和自封袋冷藏，因此半夏以布袋贮藏的方式最佳。

钩藤贮藏一年后，钩藤碱含量以自封袋冷藏贮藏的最高，以真空贮藏的含量最低，异钩藤碱以真空贮藏最高，以自封袋室温贮藏的含量最低，综合来看，钩藤贮藏方法优劣顺序为自封袋冷藏＞布袋＞自封袋室温＞真空，因此综合来看，钩藤以自封袋冷藏贮藏的方式最佳。

玄参贮藏一年后，玄参中哈巴苷和哈巴俄苷含量均以布袋贮藏较高，冷藏次之，但是随着时间的推移，发现布袋贮藏的玄参出现粉化现象，而冷藏的玄参保存较完整，因此玄参采用冷藏方式为宜。

何首乌贮藏一年后，二苯乙烯苷含量以布袋和自封袋室温贮藏的最高，以自封袋冷藏贮藏的含量最低，结合蒽醌以真空贮藏的最高，以布袋贮藏的含量最低，综合来看，何首乌贮藏方法优劣顺序为自封袋室温＞真空＞布袋＞自封袋冷藏，因此何首乌以自封袋室温贮藏的方式最佳。

第五章　贵州何首乌产地土壤环境特征与其药材品质

第一节　贵州何首乌产地土壤环境特征

一、贵州何首乌产地土壤物理特性

1. 土壤砾石含量

贵州何首乌种植土壤多为耕地，实地调查显示，何首乌产地土壤中有一定比例的砾石，其中都匀产区土壤砾石含量0.47%，施秉产区土壤砾石含量28.48%，两地之间砾石含量有极显著差异（P<0.01），但各地根区与非根区土壤砾石含量差异都不显著。

2. 土壤容重、比重和孔隙度

如表5-1-1所示，贵州何首乌产地土壤容重为1.18 g/cm^3，其中都匀产区为1.16 g/cm^3，施秉产区为1.22 g/cm^3，且变异系数小。两地容重平均值t检验结果显示其差异不显著，即两地土壤容重差异不大。

表5-1-1　何首乌产地土壤容重、比重、孔隙度

产区	样品数/个	特征值	容重/（g/cm^3）	比重/（g/cm^3）	总孔隙度/%	毛管孔隙度/%	非毛管孔隙度/%
都匀	47	平均值	1.16Aa	2.65Aa	56.03Aa	35.88Aa	20.15Ab
		标准差	0.14	0.10	5.50	6.86	6.51
		CV/%	12.02	3.78	9.82	19.12	32.29
施秉	18	平均值	1.22Aa	2.77Bb	55.74Aa	31.01Ab	24.73Aa
		标准差	0.14	0.12	5.83	8.04	5.90
		CV/%	11.28	4.18	10.46	25.94	23.86
合计	65	平均值	1.18	2.68	55.95	34.53	21.42
		标准差	0.14	0.12	5.53	7.35	6.61
		CV/%	11.96	4.33	9.88	21.09	31.30

注：同列不同小写字母表示在0.05水平差异显著，不同大写字母表示在0.01水平差异极显著；CV为变异系数

土壤比重又称土壤密度，是土壤中各种成分含量和密度的综合反映，其大小一般由矿物组成和腐殖质含量决定。如表 5-1-1 所示，贵州何首乌产地土壤比重为 2.68 g/cm^3，其中都匀产区为 2.65g/cm^3，施秉产区为 2.77 g/cm^3，变异程度较小，但都匀产区土壤比重极显著小于施秉产区。

土壤总孔隙度反映了土壤的松紧程度，分毛管孔隙度和非毛管孔隙度，是土壤水、气循环的空间。具有良好孔隙度的土壤，其保水、透气能力强，有利于植物根系的生长呼吸及土壤生物的生长。由表 5-1-1 可以看出，贵州何首乌产地土壤总孔隙度为 55.95%，毛管孔隙度为 34.53%，非毛管孔隙度为 21.42%，孔隙性适宜。不同种植地区何首乌立地土壤孔隙度差异不大，变异系数在 9.82%～32.29%，两地土壤总孔隙度没有显著性差异，毛管孔隙度都匀显著大于施秉，非毛管孔隙度反之，表明，都匀产区土壤保水保肥性能较施秉产区好。

根区与非根区土壤性质多因植物根系的生长而表现出一定的差异。如表 5-1-2 所示，贵州何首乌产地土壤容重、比重非根区土壤极显著大于根区。土壤总孔隙度根区极显著大于非根区，非毛管孔隙度没有显著差异。差异性分析结果表明，何首乌根系，特别是块根的生长使土壤立地条件产生了明显变化，因何首乌为多年生缠绕藤本植物，多年落叶堆积、根系分泌物作用及根系的生长使根区土壤孔隙度增加，土壤容重降低，土壤结构得到明显改善。

表 5-1-2　不同产地何首乌（非）根区土壤容重、比重、孔隙度

	产区	样品数/个	容重/(g/cm^3)	比重/（g/cm^3）	总孔隙度/%	毛管孔隙度/%	非毛管孔隙度/%
根区	都匀	14	1.08±0.09Bb	2.69±0.01Aa	59.7±3.17Aa	42.35±2.22Aa	17.35±2.86Ab
	施秉	6	1.20±0.07Aa	2.79±0.10Aa	56.8±3.16Aa	31.15±8.71Ab	25.65±7.02Aa
	合计	20	1.12±0.10Bb	2.72±0.07Bb	58.83±3.37Aa	38.99±7.15Aa	19.84±5.81Aa
非根区	都匀	14	1.30±0.04Aa	2.69±0.02Ab	51.7±1.88Aa	35.92±2.75Aa	15.78±1.26Ab
	施秉	6	1.26±0.21Aa	2.83±0.09Aa	55.13±8.71Aa	32.62±8.83Aa	22.51±5.29Aa
	合计	20	1.29±0.11Aa	2.73±0.08Aa	52.73±5.00Bb	34.93±5.30Bb	17.80±4.30Aa

注：同列不同小写字母表示在 0.05 水平差异显著，不同大写字母表示在 0.01 水平差异极显著

两产地根区与非根区土壤容重、比重和孔隙度差异表现不同。其中根区土壤，土壤容重施秉极显著大于都匀，毛管孔隙度都匀显著大于施秉，表明都匀产区根区土壤结构优于施秉产区。非根区土壤比重、非毛管孔隙度都匀显著小于施秉，其余指标差异不明显，表明两产区非根区土壤结构差异不大。

在都匀产区，土壤容重、总孔隙度、毛管孔隙度表现出明显的根区效应，施秉产区则没有明显的根区效应（图 5-1-1，图 5-1-2），两地区根区效应的差异可能是施秉产区何首乌立地土壤含有大量砾石所致。

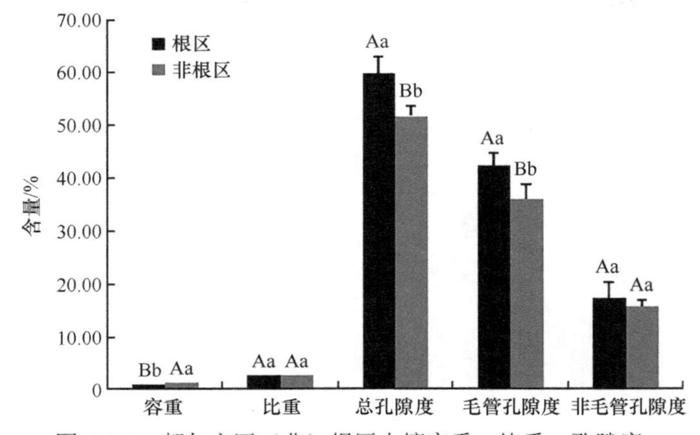

图 5-1-1　都匀产区（非）根区土壤容重、比重、孔隙度

不同小写字母表示在 0.05 水平差异显著，不同大写字母表示在 0.01 水平差异极显著，下同

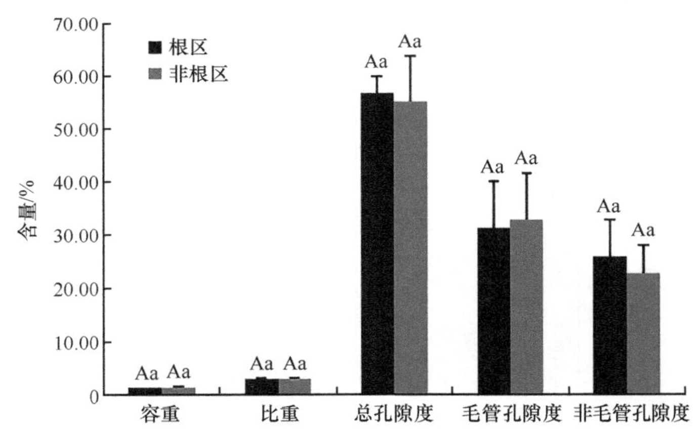

图 5-1-2　施秉产区（非）根区土壤容重、比重、孔隙度

3. 土壤机械组成特性

由表 5-1-3 可见，贵州何首乌产地土壤多为轻黏土，两产地质地差异明显，其中都匀 52.24%为轻黏土，施秉 90.00%为重壤土。两地土壤各颗粒组成除细砂粒级外，其余粒级都有显著或极显著差异。其中都匀土壤中粉粒＞黏粒＞砂粒，说明都匀产区土壤颗粒较为细密，保水保肥性较好，但较为黏重。施秉土壤中粉粒＞砂粒＞黏粒，土壤颗粒较粗大紧实，且＜0.001 mm 黏粒含量极显著低于都匀产区，表明施秉产区土壤矿质胶体缺乏，影响土壤团粒结构的形成。整体上，两产地土壤颗粒组成差异明显，都匀产区土壤较黏，保水保肥性好，但不利于块根膨大，施秉产区土壤耕性优良，但土壤颗粒较大，虽利于何首乌块根膨大，但水、肥保持性能较差，需注重田间管理。

如表 5-1-4 所示，除细砂、中粉砂表现出根区＞非根区外，其余粒级都为非

表 5-1-3　不同产地何首乌土壤机械组成特性（%）

产地	样品数	特征值	土壤颗粒组成					黏粒（<0.001 mm）	物理性黏粒（<0.01 mm）	质地（卡钦斯基土壤质地分类制）
			粗砂及中砂（0.25～1 mm）	细砂（0.05～0.25 mm）	粗粉砂（0.01～0.05 mm）	中粉砂（0.005～0.01 mm）	细粉砂（0.001～0.005 mm）			
都匀	67	均值	1.95Bb	9.60Aa	23.12Bb	10.80Bb	20.56Aa	33.97Bb	65.34Bb	轻黏土（52.24）
		标准差	0.90	5.48	7.66	2.88	2.97	10.71	10.79	
		CV	46.00	57.11	33.12	26.64	14.43	31.51	16.51	
施秉	20	均值	8.78Aa	11.89Aa	31.64Aa	18.02Aa	18.76Ab	10.91Aa	47.69Aa	重壤土（90.00）
		标准差	4.44	4.60	8.36	6.71	1.98	4.38	7.51	
		CV	50.56	38.71	26.43	37.27	10.57	40.18	15.75	
合计	87	均值	3.52	10.13	25.08	12.46	20.15	28.67	61.28	轻黏土（51.72）
		标准差	3.65	5.36	8.57	5.06	2.86	13.69	12.55	
		CV	103.82	52.90	34.17	40.63	14.22	47.75	20.48	

注：同列不同小写字母表示在 0.05 水平差异显著，不同大写字母表示在 0.01 水平差异极显著

表 5-1-4　不同产地何首乌（非）根区土壤机械组成特性（%）

	产区	样品数	土壤颗粒组成/					黏粒（<0.001 mm）	物理性黏粒（<0.01 mm）
			粗砂及中砂（0.25～1 mm）	细砂（0.05～0.25 mm）	粗粉砂（0.01～0.05 mm）	中粉砂（0.005～0.01 mm）	细粉砂（0.001～0.005 mm）		
根区	都匀	14	1.88±0.54Bb	9.07±5.23Aa	15.18±3.28Bb	11.8±2.95Aa	19.65±2.45Aa	42.43±5.17Aa	73.88±4.23Aa
	施秉	6	10.95±2.29Aa	12.33±3.59Aa	26.93±7.89Aa	19.79±8.67Aa	18.06±1.59Aa	11.95±1.30Bb	49.8±9.02Bb
	合计	20	4.60±4.45Aa	10.05±4.94Aa	18.70±7.36Aa	14.20±6.31Aa	19.17±2.31Aa	33.29±14.97Aa	66.66±12.72Aa
非根区	都匀	14	1.97±0.45Bb	7.01±3.16Ab	15.61±2.37Bb	11.81±2.22Bb	20.16±2.14Aa	43.45±5.76Aa	75.41±4.37Aa
	施秉	6	11.52±5.47Aa	13.93±6.28Aa	27.63±4.02Aa	17.05±2.02Aa	17.74±2.66Ab	12.13±1.51Bb	46.92±4.59Bb
	合计	20	4.83±5.31Aa	9.09±5.27Aa	19.22±6.33Aa	13.38±3.24Aa	19.43±2.51Aa	34.05±15.50Aa	66.86±14.07Aa

注：同列不同小写字母表示在 0.05 水平差异显著，不同大写字母表示在 0.01 水平差异极显著

根区＞根区，但差异都不显著，表明根区、非根区各级土壤颗粒没有因为何首乌的生长表现出明显的根区效应。何首乌生长年限较短，根细长，根末端生长的块根和主、侧根形成的根系不大，三年一次的翻耕让整个产区土壤颗粒较均匀，因此土壤颗粒没有明显的根区效应。

如表 5-1-4 所示，根区、非根区土壤机械组成特性在两产地有所差异，其中根区土壤粉砂粒级差异不显著，砂粒含量施秉与都匀差异不显著，黏粒含量则极显著低于都匀；非根区土壤各粒级含量都有显著或极显著差异。说明根区、非根区土壤颗粒地域差异明显。

如图 5-1-3、图 5-1-4 所示，都匀产区根区与非根区土壤各粒级没有显著差异，表明都匀产区何首乌根区效应不明显；施秉产区粗砂及中砂粒级非根区极显著大于根区，其余粒级没有显著差异。原因可能是都匀产区属于现代化种植区，耕地

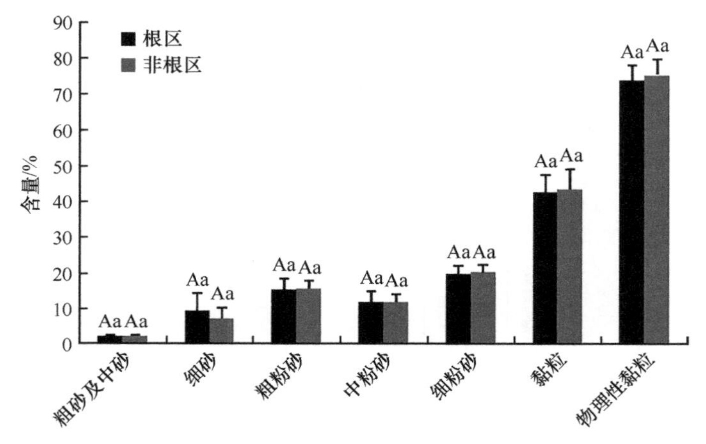

图 5-1-3　都匀产区（非）根区土壤机械组成特征

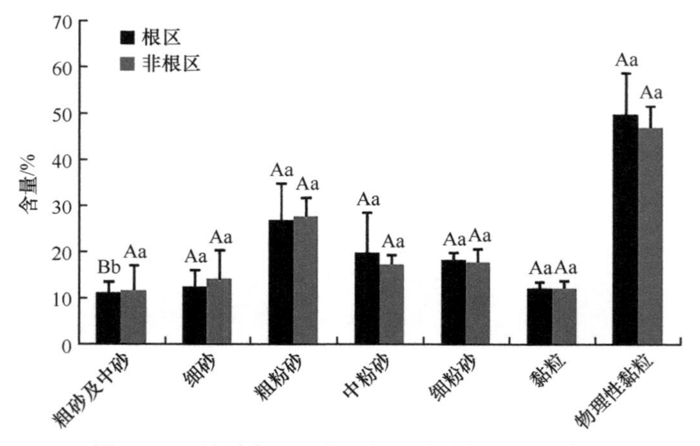

图 5-1-4　施秉产区（非）根区土壤机械组成特征

熟化程度高，机耕使土壤颗粒在根区、非根区分散均匀，何首乌在生长期内对根区周围土壤颗粒形成影响不大。施秉产区根区，非根区土壤粗砂及中砂粒级上存在极显著差异是由于种植耕地砾石含量高，耕作起垄时非根区粗砂及中砂含量高于根区。

4. 土壤团聚体

对贵州何首乌产地不同粒径级别的团聚体含量进行统计（表 5-1-5）。经干筛后，土壤中各粒级团聚体含量随粒级的减小而下降，其中＞0.25 mm 的团聚体含量占 95%以上，表明何首乌产地土壤风干团聚体均以大团聚体为主，土壤团聚性好。都匀产区和施秉产区土壤风干团聚体含量有所差异，其中＞2 mm 团聚体含量都匀（74.45%）＞施秉（67.15%），虽然两地风干团聚体都以大团聚体为主，但都匀土壤团聚体较施秉粗，土壤团聚性更强。

表 5-1-5 贵州何首乌产区土壤结构状况（%）

产地	样本数	团聚体粒级（干筛/湿筛）						＞0.25 mm 团聚体稳定率
		＞5 mm	2～5 mm	1～2 mm	0.5～1 mm	0.25～0.5 mm	＜0.25 mm	
都匀	67	54.62/5.43	19.83/6.86	11.7/8.51	9.63/15.65	2.77/3.56	1.44/59.99	40.60
施秉	20	42.94/16.70	24.21/12.38	13.30/7.14	11.39/10.90	4.35/5.82	3.66/47.05	55.04
合计	87	51.12/8.81	21.14/8.52	12.18/8.10	10.16/14.23	3.24/4.24	2.11/56.11	44.86

土壤水稳性团聚体含量高低能够更好地反映土壤保持和供应养分能力的强弱。经过湿筛后，不稳定的团聚体崩解为＜0.25 mm 的团聚体，＞0.25 mm 团聚体含量明显减少，其中＞5 mm 团聚体减少的幅度最大，且都匀产区幅度大于施秉产区。＞0.25 mm 团聚体稳定率为 44.86%，其中都匀（40.60%）＜施秉（55.04%）。表明都匀产区土壤结构稳定性低于施秉，土壤较分散，在降雨时堵塞孔隙，影响水分入渗和土壤结构，不利于何首乌块根的生长。

根区与非根区之间水稳性土壤团聚体含量差别较大。分析其原因，可能是人类活动（耕作等）对水稳性土壤团聚体产生了影响，促进其向较细小的颗粒发育，从而形成较小水稳性土壤团聚体。相比非根区，根区大于 1.00 mm 的水稳性土壤团聚体比例较大。由此说明，不同土地利用方式，其地表植被类型及其凋落物的性质存在差异，影响水稳性土壤团聚体粒径分布（乐乐等，2013）。对贵州何首乌根区与非根区土壤的团聚体分析结果表明（表 5-1-6），粒径大于 0.25 mm 水稳性土壤团聚体的总量根区与非根区差异不大，其原因可能是何首乌种植年限较短，何首乌生长对团聚体形成因素的影响不够明显，这些因素包括团聚体多级形成学说和黏团学说涉及的有机质含量、土壤微生物数量、有机无机复合体含量等（蔡立群等，2008）。

表 5-1-6　贵州何首乌产地（非）根区土壤结构状况（%）

	产地	样本数	团聚体粒级（干筛/湿筛）						>0.25mm 团聚体稳定率
			>5 mm	2～5 mm	1～2mm	0.5～1 mm	0.25～0.5 mm	<0.25 mm	
根区	都匀	14	50.79/6.92	21.25/7.75	12.32/8.31	10.8/15.66	3.23/4.44	1.61/56.92	43.78
	施秉	6	40.45/13.44	24.10/11.23	13.82/6.16	12.85/11.03	4.67/7.60	3.92/50.55	51.57
	合计	20	47.69/8.88	22.11/8.79	17.77/7.67	11.42/14.27	3.66/5.39	2.30/55.01	47.63
非根区	都匀	14	58.45/3.94	18.4/5.97	11.07/8.71	8.46/15.64	2.31/2.67	1.27/63.06	37.44
	施秉	6	45.44/19.96	24.33/13.53	12.77/8.13	9.93/10.77	4.02/4.05	3.41/43.56	58.49
	合计	20	54.55/8.75	20.18/8.24	11.58/8.54	8.90/14.18	2.82/3.08	1.91/57.21	47.84

两产地根区与非根区土壤结构状况特征不同，都匀产区团聚体稳定率表现为根区>非根区，施秉产区则为非根区>根区。原因可能是都匀产区土壤较施秉黏重，黏结性强，在相同种植时间内，何首乌根系分泌物促进土壤团聚体的形成力度高于施秉产区，加之施秉产区土壤砾石含量高，不利于根区土粒集结形成稳定的结构。根区、非根区>0.25 mm 团聚体稳定率都表现为施秉>都匀，表明无论是根区还是非根区施秉产区土壤结构均优于都匀产区。

综上所述，何首乌产区土壤中有一定比例的砾石含量，容重、比重差异不大，土壤总孔隙度 55.97%，毛管孔隙度大于非毛管孔隙度，土壤孔隙度适宜，质地多为轻黏土，风干团聚体中>0.25 mm 的大团聚体占 95%以上，土壤团聚性好，>0.25 mm 团聚体稳定率为 44.86%，稳定性较好；两产区土壤物理性质有一定差异，都匀产区土壤砾石含量 0.47%，施秉土壤砾石含量 28.48%，土壤孔隙度差异不大，毛管孔隙度表现为都匀显著大于施秉，非毛管孔隙度反之，两产地土壤质地差异显著，其中都匀产区土壤较为细密，以轻黏土居多，占样品总数的 52.24%，施秉产区 90.00%为重壤土，土壤颗粒较大，都匀土壤团聚体较施秉粗，但稳定性较施秉差。总体上看，施秉产区较都匀产区土壤疏松、质地较好、结构稳定；各物理指标都表现出一定的根区效应，土壤物理性状根区优于非根区。在都匀产区，土壤容重、总孔隙度、毛管孔隙度根区和非根区差异极显著，而施秉产区没有显著差异。施秉产区粗砂及中砂粒级上非根区极显著大于根区，这与砾石含量有关。

二、贵州何首乌产地土壤酸碱度及肥力特性

1. 土壤酸碱度

土壤酸碱度受成土母质、气候、施肥、灌溉等多种因素的影响，一般来说 pH

在 6.5～7.5 的中性土壤适合大多数植物生长。何首乌生长对土壤酸碱度要求并不严格，贵州何首乌产地土壤 pH 为 5.57，整个产区土壤基本为酸性土，中性土只占 10%，其中都匀产区土壤 pH 为 5.50，施秉产区土壤 pH 为 5.81，两产区土壤 pH 差异极显著。从图 5-1-5 看出，根区与非根区土壤 pH 在两产地都表现出施秉极显著高于都匀。两产地根区与非根区土壤 pH 都表现出根区＜非根区的特征，但差异不显著，表明土壤 pH 有一定的根区效应。土壤 pH 根区＜非根区的原因可能有：阴、阳离子的吸收不平衡；植物吸收土壤中 K、Ca、Mg 等阳离子使土壤酸度降低；根系分泌有机酸；根系吸收植物呼吸产生的二氧化碳；根区微生物的活动产生有机酸、二氧化碳；根系主动分泌质子。根区 pH 的变化会将很多难溶性营养元素变得可被植物吸收利用（乐乐等，2013）。

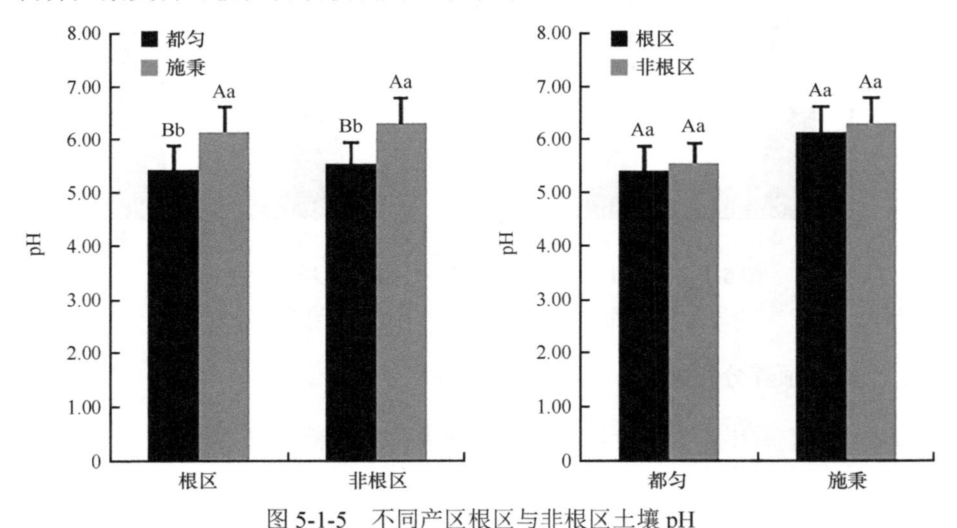

图 5-1-5　不同产区根区与非根区土壤 pH

不同小写字母表示在 0.05 水平差异显著，不同大写字母表示在 0.01 水平差异极显著

2. 土壤有机质含量特征

土壤有机质是土壤固相部分的重要组成成分，尽管土壤有机质的含量只占土壤总量的很小一部分，但它具有改善土壤的物理性状、增强土壤的保肥性和缓冲性、减轻土壤中残留的农药和重金属的毒害等重要作用，对土壤形成、土壤肥力、环境保护及农林业可持续发展等都有着极其重要的意义。对贵州何首乌产区土壤有机质含量进行统计可知，贵州何首乌产地土壤有机质含量平均为 30.21 g/kg，其中都匀产区为 30.04 g/kg，施秉为 30.81 g/kg，两产地有机质含量较为丰富，变异小，差异不显著。

植物根区土壤中有机质的含量可在一定程度上代表土壤中可被植物吸收利用的养分。由图 5-1-6 可知，根区、非根区土壤有机质含量在两产地没有显著差异，施秉产区土壤有机质含量根区与非根区都高于都匀。两产地根区土壤有机质含量都极显著或显著高于非根区，其中都匀产区根区极显著高于非根区，施秉产区根区显著高于非根区，根区土壤中有机质的富集表明何首乌的落叶残体，以及根系脱落的有机物是土壤中有机质的主要来源。

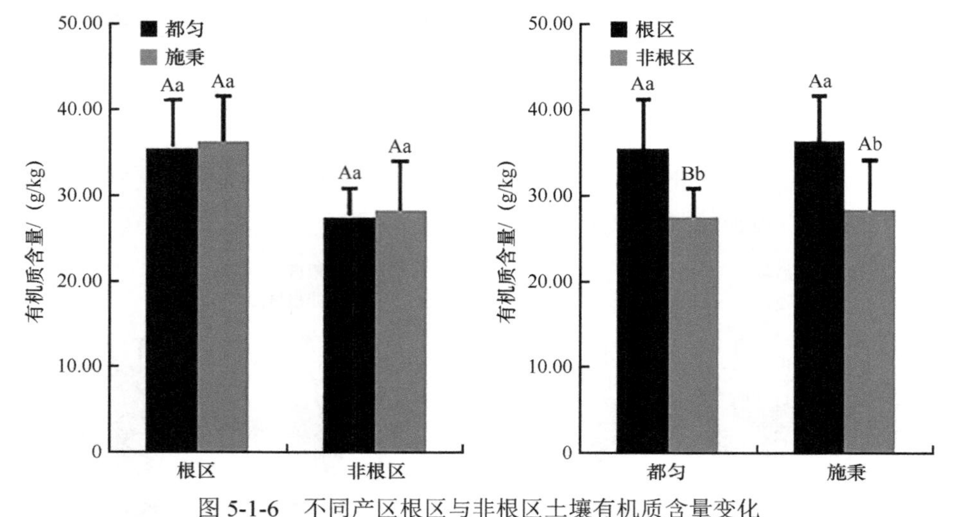

图 5-1-6　不同产区根区与非根区土壤有机质含量变化

不同小写字母表示在 0.05 水平差异显著，不同大写字母表示在 0.01 水平差异极显著

3. 土壤各项养分指标

由表 5-1-7 看出，参照全国第二次土壤普查土壤养分分级标准，贵州何首乌产地土壤全氮含量为 1.60 g/kg，含量丰富；全磷含量为 0.53 g/kg，含量缺乏；全钾含量为 4.43 g/kg，含量缺乏；碱解氮含量为 126.81 mg/kg，含量丰富；有效磷含量为 31.91 mg/kg，含量丰富；速效钾含量为 108.76 mg/kg，含量较为丰富；缓效钾含量为 75.85 mg/kg，有效硫含量为 8.15 mg/kg。整体上，贵州何首乌产地土壤各养分含量较为丰富，基本满足作物生长需求。各指标含量变异性有效磷＞速效钾＞有效硫＞缓效钾＞全磷＞全钾＞碱解氮＞全氮，表明有效磷、速效钾受田间耕作的影响较大，变异性高，氮素在何首乌产区分布最为均匀。两产区土壤各养分含量有一定差异，其中全氮、全磷、全钾、碱解氮、缓效钾、有效硫含量表现为都匀产区高于施秉产区，且全磷、碱解氮和有效硫含量差异极显著，缓效钾含量差异显著，其余指标含量差异不显著；有效磷、速效钾含量则表现为都匀产区低于施秉产区，且速效钾含量差异显著。结果表明，从养分有效性来说，施秉产区土壤养分状况整体上优于都匀产区。

表 5-1-7　贵州何首乌产地土壤的养分指标测定结果

产区	样品数/个	特征值	全氮/(g/kg)	全磷/(g/kg)	全钾/(g/kg)	碱解氮/(mg/kg)	有效磷/(mg/kg)	速效钾/(mg/kg)	缓效钾/(mg/kg)	有效硫/(mg/kg)
都匀	67	平均值	1.63Aa	0.57Aa	4.59Aa	127.64Aa	30.46Aa	98.04Ab	84.46Aa	8.98Aa
		标准差	0.26	0.22	1.18	27.34	29.36	72.59	28.89	4.50
		CV/%	16.18	39.09	25.75	21.42	96.40	74.04	34.20	50.15
施秉	20	平均值	1.53Aa	0.39Bb	3.89Aa	124.03Bb	36.77Aa	144.67Aa	55.69Ab	5.38Bb
		标准差	0.30	0.12	1.46	31.81	16.49	72.46	37.09	1.86
		CV/%	19.70	30.20	37.51	25.65	44.85	50.08	66.59	34.51
合计	87	平均值	1.60	0.53	4.43	126.81	31.91	108.76	75.85	8.15
		标准差	0.27	0.21	1.27	28.28	27.00	74.79	33.82	4.22
		CV/%	17.07	41.02	28.70	22.30	84.61	68.77	44.60	53.42

注：不同小写字母表示 0.05 水平上差异显著，不同大写字母表示 0.01 水平上差异极显著

如表 5-1-8 所示，整体上看，贵州何首乌产区根区土壤的养分含量除缓效钾外均有大于非根区土壤养分含量的趋势，但根区、非根区土壤各养分含量在两产地间差异性不同。其中：①土壤全氮，根区显著高于非根区，其中都匀和施秉产区分别为根区土壤极显著与显著高于非根区，表明土壤全氮的根区增加效应显著；②土壤全磷、全钾含量在根区和非根区无显著差异；③土壤碱解氮含量根区高于非根区，但差异不显著；④土壤有效磷含量根区极显著高于非根区，其中都匀差异极显著；⑤土壤速效钾和缓效钾含量，都匀产区为根区高于非根区，施秉则为非根区高于根区，但差异都不显著；⑥土壤有效硫含量有根区高于非根区的趋势，但只有都匀产区含量差异极显著。以上分析表明，根区、非根区土壤全氮和有效态养分含量根区显著或极显著高于非根区，这与根区积累较多的有机质及植物根系生长分泌的有机酸等促进有效态养分的释放有关，另外，在何首乌种植期间，根区施用的复合肥也是根区养分高的原因。

4. 土壤养分的相关性研究

从表 5-1-9 中可以看出，贵州何首乌产区土壤 pH 与有效硫含量呈极显著负相关，与有效磷含量呈负相关，表明酸性土壤有利于硫、磷元素的有效释放，但不利于氮素和钾素的释放；土壤有机质含量与全氮呈极显著正相关，与碱解氮和有效硫含量呈显著正相关，与有效磷相关系数达到了 0.27，全氮与碱解氮和有效硫，全钾与缓效钾都有显著或极显著相关性，说明土壤有机质是土壤中氮、硫、磷等营养元素的重要共同来源。

表 5-1-8　不同产地根区与非根区土壤养分含量特征

产地	根区/非根区	样品数/个	全氮/（g/kg）	全磷/（g/kg）	全钾/（g/kg）	碱解氮/（mg/kg）	有效磷/（mg/kg）	速效钾/（mg/kg）	缓效钾/（mg/kg）	有效硫/(mg/kg)
都匀	根区	14	1.76±0.25Aa	0.59±0.24Aa	5.38±0.38Aa	135.38±22.32Aa	39.78±16.55Bb	145.09±104.42Aa	86.37±37.10Aa	9.00±4.43Aa
	非根区	14	1.37±0.25Bb	0.54±0.21Aa	5.13±1.51Aa	115.81±34.51Aa	16.01±9.40Aa	129.73±52.65Aa	82.55±18.67Aa	8.90±3.25Bb
施秉	根区	6	1.80±0.17Aa	0.37±0.17Aa	2.99±1.50Aa	136.79±38.42Aa	46.62±19.66Aa	159.12±62.93Aa	49.40±30.13Aa	5.33±1.81Aa
	非根区	6	1.46±0.34Ab	0.41±0.19Aa	3.4±1.67Aa	122.5±36.61Aa	30.17±10.21Aa	170.4±70.95Aa	61.98±28.09Aa	5.42±2.07Aa
合计	根区	20	1.77±0.23Aa	0.53±0.24Aa	4.66±1.33Aa	135.8±27.01Aa	41.83±17.31Aa	149.30±92.45Aa	75.28±38.51Aa	7.90±4.16Aa
	非根区	20	1.39±0.24Bb	0.50±0.18Aa	4.61±1.57Aa	117.82±32.89Aa	20.26±11.96Bb	141.93±69.97Aa	76.38±29.40Aa	7.86±4.48Aa

注：同列不同小写字母表示在 0.05 水平差异显著，不同大写字母表示在 0.01 水平差异极显著

表 5-1-9　何首乌产地土壤理化性质及养分的相关性

相关系数	pH	有机质	全氮	全磷	全钾	碱解氮	有效磷	速效钾	缓效钾	有效硫
pH	1									
有机质	–0.03	1								
全氮	0.07	0.83**	1							
全磷	–0.17	–0.07	–0.07	1						
全钾	–0.19	0.12	–0.01	0.23	1					
碱解氮	0.10	0.35*	0.48**	0.03	–0.03	1				
有效磷	–0.05	0.27	0.28	0.06	–0.17	0.17	1			
速效钾	0.15	0.05	–0.09	–0.18	0.07	0.05	0.07	1		
缓效钾	–0.16	0.08	0.06	–0.09	0.35*	–0.18	–0.15	0.00	1	
有效硫	–0.44**	0.32*	0.31*	–0.17	0.30	–0.14	–0.19	–0.02	0.07	1

*表示 0.05 水平上显著相关，**表示 0.01 水平上极显著相关

5. 土壤理化性质对土壤养分含量的影响

贵州何首乌产地土壤理化性质与土壤养分含量的相关性分析表明（表 5-1-10）：①贵州何首乌产地土壤酸碱度受土壤物理性质影响较大，其 pH 大小与土壤比重、0.01～1 mm 各级土粒含量极显著正相关，与土壤团聚体稳定率显著正相关，与<0.001 mm 和<0.01 mm 土粒呈极显著负相关关系。表明土壤颗粒越细、团聚体越不稳定、土壤密度越小，土壤酸度就越小；②土壤有机质含量与土壤容重极显著负相关，与土壤总孔隙度极显著正相关，表明有机质含量较高的土壤，土壤孔隙状况较好；③土壤全氮、碱解氮、有效磷含量因受土壤有机质含量的直接影响而受到土壤容重、孔隙度的影响；④土壤全磷、全钾、缓效钾含量受土壤比重、团聚体稳定度和各级土粒含量影响，基本表现出比重越小、团聚体越不稳定，土粒越细土壤全磷、全钾含量越高，表明比重越小、越细的土壤矿物磷、钾素含量越高，且不易释放为有效态养分；⑤土壤有效硫含量与各级土粒含量有一定关系，表现出土粒越细其含量越高的趋势，表明土壤硫素的释放与土壤颗粒的大小有关。

表 5-1-10　何首乌产地土壤理化性质与养分含量的相关性

相关系数		pH	有机质	全氮	全磷	全钾	碱解氮	有效磷	速效钾	缓效钾	有效硫
	容重	0.08	–0.43**	–0.41**	0.01	–0.11	–0.37*	–0.47**	–0.17	–0.25	–0.05
	比重	0.55**	0.10	0.12	–0.33*	–0.56**	0.07	0.09	0.13	–0.22	–0.20
土壤孔隙度	总孔隙度	0.04	0.43**	0.42**	–0.08	–0.02	0.36*	0.46**	0.19	0.19	0.01
	毛管孔隙度	–0.21	0.13	0.09	0.12	0.18	0.26	–0.02	0.10	0.24	0.29
	非毛管孔隙度	0.30	0.27	0.31*	–0.24	–0.25	0.04	0.50**	0.07	–0.11	–0.35*

续表

相关系数		pH	有机质	全氮	全磷	全钾	碱解氮	有效磷	速效钾	缓效钾	有效硫
＞0.25 mm 团聚体稳定率		0.38*	0.05	0.10	-0.25	-0.37*	0.34*	0.01	0.16	-0.27	-0.17
土壤机械组成	0.25～1 mm	0.44**	-0.11	-0.04	-0.37*	-0.59**	0.08	0.21	0.15	-0.53**	-0.40*
	0.05～0.25mm	0.53**	0.14	0.17	-0.12	-0.33*	0.12	0.18	0.12	-0.09	-0.11
	0.01～0.05 mm	0.41**	-0.03	0.01	-0.42**	-0.50**	0.21	0.20	0.13	-0.34*	-0.41**
	0.005～0.01 mm	0.42**	0.05	0.07	0.10	-0.36*	-0.15	0.33*	0.06	-0.29	-0.34*
	0.001～0.005 mm	0.00	-0.27	-0.28	0.34*	0.18	0.16	-0.13	0.27	0.18	-0.08
	＜0.001 mm	-0.64**	0.03	-0.03	0.26	0.62**	-0.14	-0.31*	-0.21	0.42**	0.48**
	＜0.01 mm	-0.57**	0.01	-0.06	0.40**	0.60**	-0.18	-0.25	-0.17	0.40**	0.40*

*表示 0.05 水平上显著相关，**表示 0.01 水平上极显著相关

综上所述，贵州何首乌产地土壤 pH 为 5.57，整个产区土壤基本为酸性土，其中都匀产区 pH 为 5.50，施秉产区为 5.81，土壤 pH 表现出一定的根区效应，两地都表现出根区＜非根区的特征，但差异不显著。土壤有机质平均含量为 30.21 g/kg，含量丰富，变异小，表现出显著的根区效应。土壤全氮含量为 1.60 g/kg，含量丰富；全磷含量为 0.53 g/kg，含量缺乏；全钾含量为 4.43 g/kg，含量缺乏；碱解氮含量为 126.81 mg/kg，含量丰富；有效磷含量为 31.91 mg/kg，含量丰富；速效钾含量为 108.76 mg/kg，含量较为丰富；缓效钾含量为 75.85 mg/kg，有效硫含量为 8.15 mg/kg，整体上，土壤氮、磷、钾等养分含量较为丰富，氮素分布均匀，有效磷、速效钾的含量变异大。就养分有效性来说，施秉产区土壤养分状况优于都匀产区。土壤全氮和碱解氮、磷、钾和硫的根区增加效应显著，这与根区积累较多的有机质有关。土壤物理性质对土壤养分含量的影响表现出土壤孔隙状况越好、有机质含量越高、碱解氮含量越高，土壤颗粒越细、团聚体越不稳定、土壤密度越小，土壤越酸，全磷、全钾含量越高的规律。

三、贵州何首乌产地土壤微量元素含量特征

1. 土壤中全量微量元素的含量与分布

土壤中微量元素的全量，可反映土壤中微量元素潜在的供应水平，为了更好地了解贵州何首乌产地土壤的微量元素分布特征，将其全量的平均值与中国及世界土壤微量元素全量的平均值进行对照分析（表 5-1-11）。结果显示，贵州何首乌产地土壤各微量元素含量都高于全国或世界土壤平均含量（Mn 除外），土壤微量元素潜在供应水平尚可。Mn、Cu、Zn 含量的变异程度较大，Fe、Co 变异程度较小，表明 Mn、Cu、Zn 含量可能受外源引入的影响较大，而 Fe、Co 元素含量可

能主要受地质背景下成土母质中这两种元素含量的影响，变异较小。对两个产区土壤微量元素全量进行比较分析，结果显示，各微量元素含量都表现出都匀产区极显著高于施秉产区，但变异性表现出施秉高于都匀，表明都匀产区土壤微量元素的供应水平极显著高于施秉产区，施秉产区土壤各微量元素含量不均且远低于全国或世界水平，出现供应匮乏，应增施微肥。

表 5-1-11　贵州何首乌产地土壤微量元素全量

产区	样品数/个	特征值	Mn/（mg/kg）	Fe/（mg/kg）	Cu/（mg/kg）	Zn/（mg/kg）	Co/（mg/kg）
都匀	67	平均值	960.42Aa	31 962.52Aa	35.13Aa	160.79Aa	10.99Aa
		标准差	505.20	4 475.17	16.90	79.75	3.33
		CV/%	52.60	14.00	48.10	49.60	30.31
施秉	20	平均值	295.59Bb	18 066.21Bb	12.78Bb	56.06Bb	7.00Bb
		标准差	522.29	8 161.44	17.45	84.07	3.69
		CV/%	176.69	45.18	136.47	149.98	52.65
合计	87	平均值	807.59	28 767.87	29.99	136.71	10.07
		标准差	525.3	7 097.28	17.52	82.74	3.46
		CV/%	64.26	24.44	57.69	59.74	34.03
中国平均含量			710	—	22	100	—
世界平均含量			850	—	20	50	—

注：同列不同小写字母表示在 0.05 水平差异显著，不同大写字母表示在 0.01 水平差异极显著

对根区和非根区土壤微量元素全量特征进行分析（表 5-1-12），结果显示，各微量元素全量表现出根区高于非根区的趋势，但差异不显著。根区较非根区含量高的有机质及植物根系生长分泌的有机酸（如麦根酸等）对金属元素有络合（螯合）作用，导致根区微量元素聚集而高于非根区，但因何首乌种植年限不超过 3 年，年限较短，所以差异不明显。两地根区与非根区土壤微量元素含量差异不显著。

表 5-1-12　不同产地根区与非根区土壤微量元素全量特征

产地	根/非根区	样品数/个	Mn/（mg/kg）	Fe/（mg/kg）	Cu/（mg/kg）	Zn/（mg/kg）	Co/（mg/kg）
都匀	根区	14	911.67±404.69Aa	29824.72±2324.53Aa	52.98±9.55Aa	206.12±116.05Aa	10.5±2.57Aa
	非根区	14	857.31±368.43Aa	31086.08±2938.48Aa	53.18±10.31Aa	189.64±106.74Aa	10.4±2.47Aa
施秉	根区	6	332.71±138.76Aa	16641.21±3487.32Aa	14.07±3.72Aa	64.77±26.17Aa	6.81±2.07Aa
	非根区	6	326.75±122.56Aa	15986.77±3215.53Aa	12.75±4.36Aa	67.03±26.69Aa	7.03±2.15Aa
合计	根区	20	689.77±409.79Aa	26317.87±7786.28Aa	40.42±21.19Aa	150.92±105.94Aa	9.33±2.82Aa
	非根区	20	605.56±359.95Aa	24738.93±9539.32Aa	36.99±22.22Aa	146.19±110.70Aa	8.54±3.03Aa

注：同列不同小写字母表示在 0.05 水平差异显著，不同大写字母表示在 0.01 水平差异极显著

2. 土壤有效态微量元素的含量与分布

贵州何首乌产地土壤有效态微量元素的含量见表 5-1-13，贵州何首乌产地土壤大多为酸性或微酸性，土壤有效态微量元素含量变异系数较大，Mn、Fe 含量低于贵州土壤平均含量，Cu、Zn 含量高于贵州平均水平。土壤有效态 Mn 平均含量为 7.24 mg/kg，施秉产区略高于都匀产区，但差异不显著；土壤有效态 Fe 平均含量为 4.67 mg/kg，施秉产区显著高于都匀产区；土壤有效态 Cu 平均含量为 2.92 mg/kg，都匀产区极显著高于施秉产区；土壤有效态 Zn 平均含量为 5.52 mg/kg，两地差异不显著。

表 5-1-13　贵州何首乌产地土壤有效态微量元素含量

产区	样品数/个	特征值	Mn/（mg/kg）	Fe/（mg/kg）	Cu/（mg/kg）	Zn/（mg/kg）
都匀	67	平均值	6.94Aa	3.53Ab	3.41Aa	6.02Aa
		标准差	4.79	1.78	2.03	9.24
		CV/%	68.99	50.33	57.51	154.59
施秉	20	平均值	7.96Aa	7.34Aa	1.93Bb	4.53Aa
		标准差	6.07	4.33	0.72	2.41
		CV/%	76.26	59.06	36.42	52.72
合计	87	平均值	7.24	4.67	2.92	5.52
		标准差	5.15	3.26	1.81	7.80
		CV/%	71.03	69.68	61.20	141.36
贵州土壤平均含量			27.40	70.83	2.50	1.73

注：同列不同小写字母表示在 0.05 水平差异显著，不同大写字母表示在 0.01 水平差异极显著

对根区和非根区土壤有效态微量元素含量特征进行分析（表 5-1-14），结果显示：整体上除有效态 Zn 外，各有效态微量元素含量根区均高于非根区，且有效态 Fe、有效态 Cu 含量差异显著，有效态 Mn 含量差异不显著；两产地根区、非根区除都匀产区有效态 Zn 外，其余都为根区高于非根区；表明微量元素在根区的有效性高于非根区。两地根区与非根区土壤有效态微量元素含量除了施秉 Zn 存在极显著差异，其余均不存在极显著差异。

表 5-1-14　不同产地根区与非根区土壤有效态微量元素含量特征

产地	根/非根区	样品数/个	Mn/（mg/kg）	Fe/（mg/kg）	Cu/（mg/kg）	Zn/（mg/kg）
都匀	根区	14	7.12±5.53Aa	4.13±2.11Aa	3.93±2.41Aa	4.78±4.86Aa
	非根区	14	6.75±4.10Aa	2.93±1.16Ab	2.84±1.19Ab	7.12±12.21Aa

续表

产地	根/非根区	样品数/个	Mn/（mg/kg）	Fe/（mg/kg）	Cu/（mg/kg）	Zn/（mg/kg）
施秉	根区	6	9.37±7.96Aa	8.51±5.41Aa	1.99±0.74Aa	5.13±2.08Aa
	非根区	6	8.16±3.59Aa	7.25±2.96Aa	1.12±0.70Aa	2.31±2.62Bb
合计	根区	20	7.80±6.22Aa	5.44±3.87Aa	3.35±2.22Aa	4.89±4.16Aa
	非根区	20	7.17±3.86Aa	4.23±2.35Ab	2.32±1.16Ab	5.68±10.31Aa

注：同列不同小写字母表示在 0.05 水平差异显著，不同大写字母表示在 0.01 水平差异极显著

3. 土壤有效态微量元素评价

由表 5-1-15 可以看出，在贵州何首乌产地根区土壤有效态 Mn 含量水平中等，在都匀产区非根区含量水平低；有效态 Fe 含量水平中等偏低，其中都匀产区含量水平低，施秉产区含量水平中等；有效态 Cu、有效态 Zn 含量高。研究结果表明，贵州何首乌产地土壤有效态 Mn 供应水平尚可，有效态 Fe 在都匀产区缺乏，应增施微肥，有效态 Cu、有效态 Zn 含量丰富，但应注意 Cu 元素的环境特殊性，避免土壤 Cu 的污染。

表 5-1-15　贵州何首乌产地土壤有效态微量元素含量水平

产地	根区/非根区	Mn	Fe	Cu	Zn
都匀	根区	中	低	高	高
	非根区	低	低	高	高
	合计	中	低	高	高
施秉	根区	中	中	高	高
	非根区	中	中	高	高
	合计	中	中	高	高
全产区	根区	中	中	高	高
	非根区	中	低	高	高
	合计	中	中	高	高

4. 土壤微量元素全量对有效态含量的影响

土壤中微量元素的全量和有效态含量是反映土壤微量元素状况的基本指标。微量元素全量反映了土壤提供微量元素的能力，微量元素有效态含量反映了土壤可提供微量元素的强度。土壤中微量元素全量是其有效态的主要来源，在很大程度上决定了微量元素有效态含量的多少（龚子同等，1997）。通过对土壤微量元素全量与有效态含量之间进行相关性分析，结果如表 5-1-16 所示，4 种微量元素全量与有效态含量之间都表现出正相关关系，其中 Mn、Cu 相关性不显著；Fe、Zn

极显著正相关。另外，5 种微量元素全量、有效态含量之间大多表现出显著或极显著的正相关关系。

表 5-1-16 何首乌产地土壤微量元素全量与有效态含量的相关性

	Mn	Fe	Cu	Zn	Co	有效 Mn	有效 Fe	有效 Cu	有效 Zn
Mn	1								
Fe	0.68**	1							
Cu	0.77**	0.93**	1						
Zn	0.15	0.46**	0.35*	1					
Co	0.91**	0.77**	0.76**	0.21	1				
有效 Mn	0.04	-0.14	–0.07	–0.06	0.09	1			
有效 Fe	–0.15	0.41**	–0.43**	–0.34*	–0.02	0.33*	1		
有效 Cu	0.31*	0.22	0.28	0.26	0.31*	0.35*	0.08	1	
有效 Zn	–0.02	0.01	0.02	0.44**	–0.01	0.38*	0.05	0.48**	1

*表示 0.05 水平显著相关，**表示 0.01 水平极显著相关，下同

5. 土壤理化性质及养分对微量元素全量与有效态含量的影响

贵州何首乌产地土壤理化性质与土壤微量元素全量和有效态的相关性分析表明（表 5-1-17）：土壤中 5 种微量元素全量与土壤容重、比重呈负相关关系，其中与比重的相关性达到显著或极显著；与土壤毛管孔隙度显著或极显著正相关，与非毛管孔隙度呈负相关关系，其中 Fe、Cu 与非毛管孔隙度相关性极显著；与＞0.25 mm 团聚体稳定率呈负相关关系，其中 Fe、Cu 与＞0.25 mm 团聚体稳定率相关性极显著；各元素与土壤各级土粒表现出显著或极显著相关性，且与较细土粒含量呈正相关关系，与较粗土粒含量呈负相关关系；与土壤 pH 呈极显著或显著负相关关系；除 Zn 外，其余 4 种元素与土壤有机质含量相关性不显著。结果表明，贵州何首乌产地土壤微量元素全量含量表现出土壤比重越小、团聚体越不稳定、土粒越细、土壤 pH 越小其含量越高的特点。

表 5-1-17 何首乌产地土壤理化性质与土壤微量元素含量的相关性

		全量					有效态			
		Mn	Fe	Cu	Zn	Co	Mn	Fe	Cu	Zn
	容重	–0.22	–0.17	–0.19	–0.31	–0.15	0.00	0.05	–0.37*	0.01
	比重	–0.50**	–0.57**	–0.63**	–0.39*	–0.44**	–0.21	0.31	–0.45**	–0.25
土壤孔隙度	总孔隙度	0.10	0.04	0.05	0.21	0.05	–0.05	0.02	0.26	–0.06
	毛管孔隙度	0.31*	0.43**	0.45**	0.39*	0.17	–0.19	–0.63**	0.22	–0.02
	非毛管孔隙度	–0.30	–0.51**	–0.53**	–0.28	–0.17	0.19	0.83**	–0.02	–0.04

续表

		全量					有效态			
		Mn	Fe	Cu	Zn	Co	Mn	Fe	Cu	Zn
＞0.25 mm 团聚体稳定率		–0.27	–0.45**	–0.50**	–0.30	–0.24	–0.08	0.30	–0.12	0.06
土壤机械组成	0.25～1 mm	–0.50**	–0.70**	–0.74**	–0.52**	–0.50**	0.14	0.35*	–0.3	–0.01
	0.05～0.25 mm	–0.14	–0.35*	–0.38*	–0.47**	–0.10	0.12	0.44**	–0.02	0.07
	0.01～0.05 mm	–0.46**	–0.66**	–0.71**	–0.32*	–0.43**	0.10	0.34*	–0.23	0.03
	0.005～0.01 mm	–0.36*	–0.49**	–0.56**	–0.45**	–0.27	0.14	0.56**	–0.26	–0.10
	0.001～0.005 mm	0.32*	0.20	0.27	–0.05	0.31*	0.04	–0.12	0.14	–0.11
	＜0.001 mm	0.48**	0.76**	0.81**	0.62**	0.42**	–0.18	–0.58**	0.27	0.02
	＜0.01 mm	0.47**	0.72**	0.77**	0.53**	0.43**	–0.15	–0.47**	0.24	–0.04
pH		–0.43**	–0.49**	–0.50**	–0.67**	–0.37*	0.07	0.33*	–0.30	–0.19
有机质		–0.14	0.08	–0.03	0.36*	–0.01	0.05	0.23	0.04	–0.04

土壤中 4 种微量元素有效态含量与土壤理化性质相关。土壤有效态 Mn、Zn 含量与土壤理化性质相关性不显著；土壤有效态 Fe 与土壤比重大小正相关，与土壤毛管孔隙度极显著负相关，与非毛管孔隙度呈正相关关系，与团聚体稳定度呈正相关关系，与较细土粒含量呈负相关关系，与较粗土粒含量呈正相关关系，与土壤 pH 呈显著正相关关系。表明，土壤 Fe 元素有效态含量表现出土壤比重越大、团聚体越稳定、土粒越粗、碱度越大其含量越高的特点；土壤有效态 Cu 与土壤容重、比重呈极显著负相关，与非毛管孔隙度呈负相关关系，与团聚体稳定度呈负相关关系，与较细土粒含量呈正相关关系，与较粗土粒含量呈负相关关系，与土壤 pH 呈负相关关系，与土壤有机质含量正相关，但相关性均不显著。

综上所述，贵州何首乌产地土壤 Mn、Fe、Cu、Zn 和 Co 各微量元素平均含量分别为 807.59 mg/kg、28 767.87 mg/kg、29.99 mg/kg、136.71 mg/kg 和 10.07 mg/kg，超过全国或世界土壤平均含量，土壤微量元素潜在供应水平尚可，各元素根区土壤含量基本高于非根区，但根区增加效应不显著。都匀产区土壤微量元素含量极显著高于施秉产区，施秉产区土壤各微量元素含量不均，其中 Mn、Cu、Zn 变异系数均未超过 100%，属于高变异，平均含量低于全国或世界水平；土壤有效态 Mn、Fe、Cu、Zn 平均含量为 7.24 mg/kg、4.67 mg/kg、2.92 mg/kg、5.52 mg/kg，有效态 Fe 含量施秉产区显著高于都匀产区，土壤有效态 Cu 含量则表现为都匀产区极显著高于施秉产区，各有效态微量元素含量变异系数在 61.20%～154.59%，变异较大，有效态 Mn、Fe 平均含量较贵州土壤平均含量低，有效态 Cu、Zn 平均含量高于贵州平均含量。除有效态 Zn 外，各有效态微量元素含量为根区高于非根区。对土壤有效态微量元素含量进行丰缺评价显示，土壤有效态 Mn 供应水平尚可，有效态 Fe 在都匀产区缺乏，应增施微肥，有效态 Cu、Zn 含量丰富，但应注意避免土壤 Cu 的污染。土壤理化性质中，土壤比重、毛管孔隙度、非毛管孔隙度、＜0.001 mm 土粒、＜0.01 mm 土粒与各微量元素全量含量之间表现出显著或极显著的相关关系，表现出比重越小、＞0.25 mm 团聚体越不稳定、土粒越细、土壤越酸其含量越高的规律。土壤有效态 Mn、Zn 与土壤各理化指标相关性不显著。

四、贵州何首乌产地土壤重金属含量特征

1. 土壤重金属元素的含量与分布

土壤中重金属元素的含量，可直接反映土壤重金属污染状况，对贵州何首乌产地土壤重金属元素含量进行统计，并将其与国家《土壤环境质量标准》（GB 15618—1995）中规定的各重金属元素含量限值进行比较分析（表 5-1-18）。结果显示，贵州何首乌产地土壤除 Hg 外，As、Cr、Cd、Pb 元素含量平均值都没有超过限值，表明贵州何首乌产地土壤只受一定程度的重金属 Hg 污染，Cd、Pb、Hg 含量的变异系数＞50%，变异较大，三者在何首乌产地分布不均。罗文敏等（2014a）对以上两产区土壤重金属元素含量进行了比较分析，结果显示，除 Cr 外，都匀产区 As、Cd、Pb、Hg 重金属元素含量都存在部分或全部超标现象，超标率分别为 17.65%、40.30%、25.37%、100.00%；施秉产区中 Cd 超标率 40%，但其他元素含量均远低于限值，土壤清洁。

表 5-1-18 贵州何首乌产地土壤重金属元素含量

产区	样品数/个	特征值	As/（mg/kg）	Cr/（mg/kg）	Cd/（mg/kg）	Pb/（mg/kg）	Hg/（mg/kg）
都匀	67	平均值	32.1Aa	79.15Aa	0.26Aa	81.33Aa	0.48Aa
		标准差	7.87	9.02	0.19	37.42	0.17
		CV/%	21.36	11.39	74.22	46.01	35.68
		超标率/%	17.65	0.00	40.30	25.37	100.00
施秉	20	平均值	22.83Bb	62.93Bb	0.23Bb	29.77Bb	0.10Bb
		标准差	5.27	9.89	0.14	9.87	0.06
		CV/%	23.08	15.71	62.29	33.15	58.55
		超标率/%	0.00	0.00	40.00	0.00	0.00
合计	87	平均值	29.97	75.42	0.25	69.48	0.39
		标准差	21.19	11.37	0.18	39.63	0.22
		CV/%	38.38	15.03	72.22	56.55	55.50
限值（pH 4.0～6.5）			40.00	150.00	0.30	100.00	0.30

注：同列不同小写字母表示在 0.05 水平差异显著，不同大写字母表示在 0.01 水平差异极显著

对根区和非根区土壤重金属元素含量进行分析（表 5-1-19），结果显示，各重金属元素含量根区高于非根区，但差异不显著，这与土壤微量元素特性一致。两地根区与非根区土壤重金属元素含量差异不显著。

表 5-1-19　不同产地根区与非根区土壤重金属元素含量特征

产地	根/非根区	样品数/个	As/（mg/kg）	Cr/（mg/kg）	Cd/（mg/kg）	Pb/（mg/kg）	Hg/（mg/kg）
都匀	根区	14	64.30±12.01Aa	80.04±6.61Aa	0.48±0.07Aa	65.11±16.43Aa	0.38±0.16Aa
	非根区	14	62.94±12.23Aa	82.26±5.99Aa	0.49±0.06Aa	62.79±14.70Aa	0.42±0.18Aa
施秉	根区	6	23.58±6.47Aa	63.82±14.64Aa	0.37±0.06Aa	31.67±13.67Aa	0.10±0.06Aa
	非根区	6	22.24±4.81Aa	57.34±8.62Aa	0.31±0.03Aa	32.43±12.91Aa	0.05±0.04Aa
合计	根区	20	52.08±21.28Aa	75.17±11.54Aa	0.45±0.09Aa	55.08±21.57Aa	0.30±0.21Aa
	非根区	20	50.73±23.75Aa	74.78±21.40Aa	0.44±0.14Aa	53.68±19.90Aa	0.31±0.24Aa

注：同列不同小写字母表示在 0.05 水平差异显著，不同大写字母表示在 0.01 水平差异极显著

2. 贵州何首乌产地土壤重金属评价

以国家《土壤环境质量标准》（GB 15618—1995）为土壤环境质量评价标准，本研究区域土壤的 pH 均小于 6.5，属于标准中的 pH＜6.5 区间。依据土壤环境质量二级标准对其污染程度进行单因子污染指数（P_i）和多因子综合污染指数（$P_{综}$）评价，结果表明（表 5-1-20）：单因子污染指数，Pb 的污染指数最小，为 0.45，其中都匀（0.65）＞施秉（0.30）；其次为 Cr，单因子污染指数为 0.50，其中都匀（0.53）＞施秉（0.42）；Cu 的单因子污染指数为 0.81，都匀（0.70）＞施秉（0.27）；As 的单因子污染指数为 0.73，都匀（0.80）＞施秉（0.57）；Cd 的单因子污染指数为 0.84，都匀（0.86）＞施秉（0.76）；Hg 的单因子污染指数为 1.02，都匀为 1.33，高于施秉（0.19）6 倍，所有指标在不同产地根区单因子污染指数基本上均大于非根区。单因子污染评价表明，贵州何首乌产地 Hg 污染严重，Cd 污染大，其中都匀产区污染较为严重，施秉土壤较清洁，非根区土壤环境优于根区。

通过对何首乌产地土壤重金属多因子综合污染指数（$P_{综}$）的评价，结果表明，土壤多因子综合污染指数为 0.89，污染等级为警戒线，土壤环境尚清洁，其中施秉产区土壤多因子综合污染指数为 0.61，污染等级为安全，水平为清洁，都匀产区为 1.10，污染等级为轻度污染，土壤污染物超出标准（小于 0.7 为安全，0.7～1 为警戒线，1～2 为轻度污染）视为轻度污染，这表明生长的何首乌可能受到污染。研究结果表明，都匀为重金属污染主要控制区，优先控制污染物为 Hg、Cd，应注意减少外源污染，降低现在土壤中超标的重金属元素含量，避免对何首乌品质的影响。

表 5-1-20　贵州何首乌产地土壤重金属污染的评价

产地	根区/非根区	单因子污染指数（P_i）						$P_{综}$	污染等级
		As	Cr	Cd	Pb	Hg	Cu		
都匀	根区	0.80	0.55	0.96	0.63	1.39	0.76	1.05	轻度污染
	非根区	0.79	0.53	0.91	0.65	1.32	0.60	1.15	轻度污染
	合计	0.80	0.53	0.86	0.65	1.33	0.70	1.10	轻度污染
施秉	根区	0.59	0.43	0.63	0.32	0.17	0.28	0.53	安全
	非根区	0.56	0.38	0.80	0.32	0.16	0.26	0.63	安全
	合计	0.57	0.42	0.76	0.30	0.19	0.27	0.61	安全
全产区	根区	0.75	0.51	0.93	0.46	0.99	0.85	0.86	警戒线
	非根区	0.71	0.50	0.60	0.43	1.00	0.81	0.88	警戒线
	合计	0.73	0.50	0.84	0.45	1.02	0.81	0.89	警戒线

3. 土壤理化性质对重金属含量的影响

贵州何首乌产地土壤理化性质与土壤重金属元素含量的相关性分析表明（表 5-1-21）：①土壤中 5 种重金属元素含量与土壤比重呈极显著负相关关系；②与土壤毛管孔隙度正相关，其中 As、Pb 与土壤毛管孔隙度相关性达到极显著，Hg 显著相关，除 Cr 外，其他元素与非毛管孔隙度都呈显著或极显著负相关关系；③与团聚体稳定度呈负相关关系，其中 As、Hg 和 Pb 与团聚体稳定度相关性达到显著或极显著；④各元素含量与土壤各级土粒含量表现出显著或极显著相关性，且与较细土粒含量呈正相关关系，与较粗土粒含量呈负相关关系；⑤除 Hg 外，其余元素与土壤 pH 都呈极显著负相关关系；⑥与土壤各微量元素含量都呈显著或极显著正相关关系。结果表明，贵州何首乌产地土壤重金属元素含量表现出土壤比重越小、团聚体越不稳定、土粒越细、土壤越酸其含量越高的特点，土壤重金属元素含量与微量元素含量呈显著或极显著相关性，表明其来源相同。

表 5-1-21　何首乌产地土壤理化性质与土壤重金属元素含量的相关性

		As	Cr	Cd	Hg	Pb
容重		–0.24	–0.20	–0.16	–0.13	–0.30
比重		–0.56**	–0.45**	–0.45**	–0.48**	–0.46**
土壤孔隙度	总孔隙度	0.11	0.09	0.06	0.03	0.18
	毛管孔隙度	0.52**	0.29	0.29	0.38*	0.45**
	非毛管孔隙度	–0.57**	–0.29	–0.32*	–0.46**	–0.40*
＞0.25mm 团聚体稳定率		–0.44**	–0.28	–0.25	–0.52**	–0.31*

续表

		As	Cr	Cd	Hg	Pb
土壤机械组成	0.25～1 mm	–0.73**	–0.51**	–0.53**	–0.60**	–0.59**
	0.05～0.25 mm	–0.47**	–0.17	–0.32*	–0.36*	–0.27
	0.01～0.05 mm	–0.64**	–0.45**	–0.43**	–0.64**	–0.48**
	0.005～0.01 mm	–0.57**	–0.37*	–0.42**	–0.47**	–0.54**
	0.001～0.005 mm	0.18	0.13	0.09	0.16	0.18
	＜0.001 mm	0.83**	0.52**	0.59**	0.72**	0.63**
	＜0.01 mm	0.76**	0.48**	0.53**	0.68**	0.55**
pH		–0.54**	–0.41**	–0.42**	–0.29	–0.46**
有机质		0.16	0.11	0.15	–0.04	0.09
土壤微量元素	Mn	0.62**	0.60**	0.54**	0.50**	0.82**
	Fe	0.92**	0.88**	0.89**	0.76**	0.87**
	Cu	0.92**	0.76**	0.78**	0.83**	0.87**
	Zn	0.54**	0.47**	0.46**	0.17	0.40*
	Co	0.64**	0.78**	0.69**	0.49**	0.84**

*表示 0.05 水平显著相关，**表示 0.01 水平极显著相关

综上所述，土壤重金属 Hg 元素含量有一定的超标现象，评价显示，单因子污染指数 Hg＞Cd＞Cu＞As＞Cr＞Pb，表明贵州何首乌产地土壤受一定程度的 Hg、Cd 污染，其中都匀产区各重金属元素含量都有超限，多因子综合污染指数达到 1.10，处于轻度污染水平，施秉产区土壤清洁安全，多因子综合污染指数为 0.61。表明贵州何首乌产地土壤重金属优先控制污染因子为 Hg，重点控制区域为都匀产区。各重金属元素含量也在根区表现出一定的富集效应，根区土壤清洁度差；土壤理化性质中，土壤比重、非毛管孔隙度、＜0.001 mm 土粒、＜0.01 mm 土粒、土壤 pH 与各重金属元素含量之间存在显著或极显著的相关关系，表现出比重越小、团聚体越不稳定、土粒越细、土壤越酸其含量越高的规律。

五、贵州何首乌产地土壤酶活性

1. 土壤酶活性的变化特征

土壤酶以结合态或游离态存在于土壤固相或液相中，参与土壤有机质的分解与合成及氮、磷、钾等一切物质循环，与土壤理化性质密切相关，尤其是植物养分的供应能力与酶活性有直接关系。如表 5-1-22 所示，何首乌不同产地土壤酶活性存在一定差异，其中脲酶活性都匀产区极显著高于施秉产区，表明土壤脲酶活性在不同地域差异明显。磷酸酶和过氧化氢酶活性差异不显著。

表 5-1-22　贵州何首乌产地土壤酶活性

产区	样品数/个	特征值	脲酶/[NH_3-N mg/(g·d)]	磷酸酶/[酚 mg/(g·d)]	过氧化氢酶/[μmol/(d·g)]
都匀	67	平均值	0.45Aa	5.67Aa	2.62Aa
		标准差	0.22	2.45	1.09
		CV/%	48.25	43.19	41.74
施秉	20	平均值	0.29Bb	5.14Aa	2.34Aa
		标准差	0.09	2.04	0.78
		CV/%	31.09	39.64	33.21
合计	87	平均值	0.41	5.55	2.55
		标准差	0.20	2.36	1.03
		CV/%	49.56	42.53	40.39

注：同列不同小写字母表示在 0.05 水平差异显著，不同大写字母表示在 0.01 水平差异极显著

对不同产区根区和非根区 3 种土壤酶活性进行比较，如表 5-1-23 所示，贵州何首乌产地 3 种土壤酶活性在根区和非根区差异均不显著。对比两产区 3 种酶活性，土壤磷酸酶活性在都匀产区根区大于非根区，但变异系数根区小于非根区，表明在都匀产区土壤根区磷酸酶活性高，有利于磷素的有效释放。施秉产区根区、非根区土壤的磷酸酶活性则与都匀规律相反。

表 5-1-23　不同产地根区与非根区土壤酶活性特征

产地	根/非根区	样品数/个	脲酶/[NH_3-N mg/(g·d)]	CV/%	磷酸酶/[酚 mg/(g·d)]	CV/%	过氧化氢酶/[μmol/(d·g)]	CV/%
都匀	根区	14	0.41±0.12Aa	28.35	7.41±1.45Aa	19.63	2.22±0.91Aa	40.81
	非根区	14	0.39±0.13Aa	34.50	6.02±2.16Aa	35.82	2.45±0.81Aa	33.2
施秉	根区	6	0.30±0.11Aa	34.79	4.77±2.04Aa	42.85	2.52±0.80Aa	31.83
	非根区	6	0.31±0.10Aa	31.62	5.52±3.17Aa	57.47	2.34±0.75Aa	32.23
合计	根区	20	0.38±0.12Aa	31.96	6.62±2.02Aa	30.57	2.31±0.87Aa	37.5
	非根区	20	0.37±0.13Aa	35.03	5.87±2.43Aa	41.32	2.41±0.78Aa	32.19

注：同列不同小写字母表示在 0.05 水平差异显著，不同大写字母表示在 0.01 水平差异极显著

2. 土壤养分对土壤酶活性的影响

对贵州何首乌产地土壤养分含量与土壤酶活性进行相关性分析，结果见表 5-1-24。

表 5-1-24　土壤养分含量与土壤酶活性之间的相关系数

土壤酶	pH	有机质	全氮	碱解氮	有效磷	速效钾
脲酶	0.37**	0.35*	0.56**	0.41**	–0.07	–0.05
磷酸酶	–0.50**	0.22	0.24	0.37**	0.31*	–0.03
过氧化氢酶	0.81**	0.16	0.41**	0.22	0	–0.14

*表示 0.05 水平上显著相关，**表示 0.01 水平上极显著相关

何首乌产地各养分含量与土壤酶活性之间存在不同程度的相关性。其中，土壤 pH 与三种酶的活性极显著相关，表明三种酶的活性强度影响着土壤中酸性物质的释放；土壤有机质含量与脲酶活性显著相关，脲酶活性强度影响着土壤有机质的积累；土壤全氮含量与脲酶、过氧化氢酶活性极显著相关，表明何首乌产地土壤全氮含量受脲酶和过氧化氢酶活性影响较大；土壤碱解氮含量与脲酶、磷酸酶活性极显著相关，表明土壤氮素的有效释放受土壤脲酶、磷酸酶活性强度控制；土壤有效磷含量与磷酸酶活性显著相关，而速效钾含量与三种酶活性之间没有显著相关性。

3. 土壤养分与土壤酶活性之间的通径分析

贵州何首乌产地土壤脲酶活性受土壤 pH 和土壤有机质、全氮、碱解氮含量影响。由表 5-1-25 可知，土壤 pH、全氮含量对土壤脲酶活性的直接作用为正，有机质和碱解氮为负，它们对土壤脲酶活性的决定系数由大到小依次为：全氮、pH、有机质、碱解氮，说明影响贵州何首乌产地土壤脲酶活性的主要因子是土壤全氮含量。

表 5-1-25　土壤 pH 及土壤有机质、全氮、碱解氮含量对土壤脲酶活性的通径系数

因子	直接作用	间接通径系数				间接作用
		→pH	→有机质	→全氮	→碱解氮	
pH	0.2147		–0.0142	0.1665	–0.0004	0.1519
有机质	–0.1683	0.0181		0.4998	–0.003	0.5149
全氮	0.6398	0.0559	–0.1315		–0.0031	–0.0787
碱解氮	–0.0037	0.0224	–0.1372	0.5258		0.4110

贵州何首乌产地土壤磷酸酶活性受土壤 pH 和土壤碱解氮、有效磷含量影响。由表 5-1-26 可知，土壤碱解氮、有效磷含量对土壤磷酸酶活性的直接作用为正，土壤 pH 为负，它们对土壤磷酸酶活性的决定系数由大到小依次为：pH、碱解氮、有效磷，说明影响贵州何首乌产地土壤磷酸酶活性的主要因子是土壤 pH。

表 5-1-26 土壤 pH 及土壤碱解氮、有效磷含量对土壤磷酸酶活性的通径系数

因子	直接作用	间接通径系数			间接作用
		→pH	→碱解氮	→有效磷	
pH	–0.5296		0.0399	–0.0117	0.0282
碱解氮	0.3828	–0.0551		0.0416	–0.0135
有效磷	0.1101	0.0561	0.1445		0.2006

贵州何首乌产地土壤过氧化氢酶活性受土壤 pH 和土壤全氮含量影响。由表 5-1-27 可知，土壤 pH 和土壤全氮含量对土壤过氧化氢酶活性的直接作用为正，对土壤过氧化氢酶活性的决定系数 pH＞全氮，说明影响贵州何首乌产地土壤过氧化氢酶活性的主要因子是土壤 pH。

表 5-1-27 土壤 pH 及土壤全氮含量对土壤过氧化氢酶活性的通径系数

因子	直接作用	间接作用	
		→pH	→全氮
pH	0.7546		0.0551
全氮	0.2118	0.1964	

通径分析结果显示，影响贵州何首乌产地土壤脲酶活性的主要因子是土壤全氮含量，其次为土壤 pH；影响土壤磷酸酶活性的主要因子是土壤 pH，其次为碱解氮含量；而影响土壤过氧化氢酶活性的主要因子是土壤 pH。分析结果表明，改善土壤酸碱度，为土壤微生物提供充足的氮源，更有利于土壤碳的腐殖化、有机质的矿化及土壤养分的有效释放。

综上所述，贵州何首乌不同产地土壤酶活性存在一定差异，其中脲酶活性都匀产区明显高于施秉产区，磷酸酶和过氧化氢酶活性在两个产区间差异不显著，且 3 种土壤酶活性在根区和非根区都没有显著差异。

六、贵州何首乌产地土壤限值因子及分级评价

1. 贵州何首乌产地土壤养分分级及评价

根据贵州何首乌产地土壤养分含量状况，参照全国第二次土壤普查土壤养分分级标准，结合土壤中各养分含量对何首乌中二苯乙烯苷和结合蒽醌含量的影响，选定土壤有机质、全氮、全磷、碱解氮、有效磷、速效钾和速效硫 7 个指标作为评价指标，并以每个指标对应何首乌中二苯乙烯苷、结合蒽醌含量进行系统聚类，将所得结果按从高到低分成 3 个等级，分别代表丰富、适宜、缺乏，具体分级标准（拟定）见表 5-1-28，并据此对贵州何首乌产地土壤肥力水平进行评价，评价结果见表 5-1-29（罗文敏等，2014b）。

表 5-1-28　贵州何首乌产地土壤养分含量分级（拟定）

分级	水平	有机质/（g/kg）	全氮/（g/kg）	全磷/（g/kg）	碱解氮/（mg/kg）	有效磷/（mg/kg）	速效钾/（mg/kg）	速效硫/（mg/kg）
Ⅰ	丰富	＞35	＞2.0	＞0.80	＞150	＞40	＞150	＞10
Ⅱ	适宜	30～35	1.5～2.0	0.50～0.80	100～150	20～40	100～150	5～10
Ⅲ	缺乏	＜30	＜1.5	＜0.50	＜100	＜20	＜100	＜5

表 5-1-29　贵州何首乌产地土壤肥力等级

产地	根区/非根区	有机质	全氮	全磷	碱解氮	有效磷	速效钾	有效硫
都匀	根区	Ⅰ	Ⅱ	Ⅱ	Ⅱ	Ⅱ	Ⅱ	Ⅱ
	非根区	Ⅲ	Ⅲ	Ⅱ	Ⅱ	Ⅲ	Ⅱ	Ⅱ
	合计	Ⅱ	Ⅰ	Ⅱ	Ⅱ	Ⅱ	Ⅱ	Ⅱ
施秉	根区	Ⅰ	Ⅱ	Ⅲ	Ⅱ	Ⅰ	Ⅰ	Ⅱ
	非根区	Ⅲ	Ⅲ	Ⅲ	Ⅱ	Ⅱ	Ⅰ	Ⅱ
	合计	Ⅱ	Ⅱ	Ⅲ	Ⅱ	Ⅱ	Ⅰ	Ⅱ
全产区	根区	Ⅰ	Ⅱ	Ⅱ	Ⅱ	Ⅰ	Ⅱ	Ⅱ
	非根区	Ⅲ	Ⅲ	Ⅱ	Ⅱ	Ⅱ	Ⅱ	Ⅱ
	合计	Ⅱ	Ⅱ	Ⅱ	Ⅱ	Ⅱ	Ⅱ	Ⅱ

从表 5-1-29 可以看出，总体上，何首乌产地土壤肥力适宜，根区土壤肥力水平中等偏高，非根区土壤肥力水平中等偏低。全产区根区土壤有机质和有效磷的肥力等级大多为Ⅰ级，其余指标为Ⅱ级，非根区土壤有机质、全氮肥力等级最低，为Ⅲ级。表明栽培何首乌的土壤在几年的栽培时间内，由于植株藤蔓覆盖、根区根系的生长，能促进有机质的积累和分解，提高土壤氮素供应能力。因此总体上来说，何首乌产地根区土壤养分较非根区含量丰富。

从不同产地来说，都匀产区各养分指标等级大多为Ⅱ级，根区除有机质为Ⅰ级外，其余指标均为Ⅱ级，表明根区养分含量丰富，整体供应水平均衡。有机质、全氮和有效磷在非根区等级低于根区；施秉产区土壤速效钾肥力等级高，但全磷低，各养分供应较不均衡。根区有机质、有效磷和速效钾肥力水平都为Ⅰ级，养分供应水平高，非根区有机质、全氮、全磷肥力等级为Ⅲ级，养分供应水平低，有机质、全氮、有效磷表现为根区等级高于非根区。两地根区土壤比较显示，施秉种植土壤根区钾素供应水平优于都匀。非根区土壤肥力较差，甚至达到缺乏水平。尽管根区土壤肥力（除全磷外）均是Ⅱ级以上水平，整体适宜，但需要注意适量增施有机肥、复合肥，保证何首乌整个生长期内养分的充足供应，特别应注重都匀基地磷、钾肥的增施。

2. 贵州何首乌产地土壤适宜性条件

结合土壤物理、化学、酶等因子对何首乌品质影响的分析结果，提出贵州何首乌产地主要的土壤限值因子，并拟定各土壤因子适宜性范围，具体指标适宜性范围（拟定）见表 5-1-30。

表 5-1-30 贵州何首乌产地土壤因子适宜性范围（拟定）

土壤因子	适宜性范围	土壤因子	适宜性范围
土壤质地	重壤土、轻黏土	有效硫含量/（mg/kg）	＞5
团聚体稳定度/%	45～55	有效态 Fe 含量/（mg/kg）	＞10.00
pH	4.5～6.5	有效态 Mn 含量/（mg/kg）	＞10.00
有机质含量/（g/kg）	＞30	有效态 Cu 含量/（mg/kg）	＞1.50
全氮含量/（g/kg）	＞1.5	有效态 Zn 含量/（mg/kg）	＞1.00
有效磷含量/（mg/kg）	＞20	Cd 含量/（mg/kg）	＜0.30
速效钾含量/（mg/kg）	＞100	Hg 含量/（mg/kg）	＜0.30

第二节 贵州何首乌品质特征

一、何首乌品质特征

对贵州产地何首乌块根总灰分、二苯乙烯苷和蒽醌类成分进行含量测定，考察贵州不同产地何首乌的质量状况，结果见表 5-2-1。

表 5-2-1 贵州何首乌品质成分含量统计（%）

产地	样品数	特征值	总灰分	二苯乙烯苷	游离蒽醌			总蒽醌			结合蒽醌		
					大黄素	大黄素甲醚	合计	大黄素	大黄素甲醚	合计	大黄素	大黄素甲醚	合计
都匀	13	平均值	3.04	2.32	0.08	0.06	0.14	0.19	0.14	0.33	0.11	0.08	0.19
		标准差	0.45	0.61	0.05	0.04	0.06	0.09	0.05	0.13	0.05	0.04	0.09
		CV	14.73	26.51	62.57	59.33	45.52	44.87	35.71	38.08	45.65	44.22	43.75
施秉	6	平均值	3.08	1.97	0.06	0.06	0.12	0.14	0.12	0.26	0.08	0.06	0.14
		标准差	0.72	0.53	0.04	0.03	0.07	0.08	0.06	0.15	0.04	0.03	0.07
		CV	23.41	26.89	66.81	53.85	60.16	60.16	50.41	55.61	56.09	48.27	51.96
合计	19	平均值	3.05	2.21	0.07	0.06	0.13	0.18	0.14	0.32	0.10	0.08	0.18
		标准差	0.53	0.60	0.05	0.03	0.07	0.09	0.05	0.13	0.05	0.03	0.08
		CV	17.30	27.05	62.94	56.37	48.68	49.49	39.48	43.02	50.41	46.00	47.39

结果表明，两产地所产何首乌中总灰分含量差异不大，平均含量为3.05%，其中都匀产区平均含量（3.04%）＜施秉产区平均含量（3.08%），所有样品平均总灰分含量＜5%，满足《中国药典》要求；二苯乙烯苷含量差别较大，都匀产区高于施秉产区，但差异不明显，平均含量为2.21%（《中国药典》中规定不得低于1.0%），满足《中国药典》要求；结合蒽醌的含量差别较大，都匀产区平均含量（0.19%）＞施秉产区（0.14%），且都匀和施秉分别有两个样品结合蒽醌含量未达到《中国药典》要求。研究结果表明，都匀产区所产何首乌品质优于施秉产区。

由于何首乌中二苯乙烯苷和蒽醌类成分含量之间没有显著相关性，在药理活性上也不相同，因此本节分别以二苯乙烯苷含量和蒽醌类成分含量为指标，对何首乌样品进行了系统聚类分析。

由二苯乙烯苷聚类分析结果可知（图5-2-1），19个何首乌样品按照二苯乙烯苷的含量值可分成4类，分别是：第一类1个样品，为G-6，其二苯乙烯苷含量最高，达到3.215%；第二类7个样品，分别为G-1、G-13、G-12、G-11、G-9、S-1和S-6，二苯乙烯苷含量在2.486%～3.008%，平均为2.751%；第三类9个样品，分别为G-2、S-5、G-5、S-3、G-7、G-8、G-10、G-3和S-2含量在1.510%～2.152%，平均值为1.872%；第四类2个样品，分别为G-4和S-4，含量较低，在1.274%～1.333%，但都高于《中国药典》规定的二苯乙烯苷的含量（1.0%）标准。

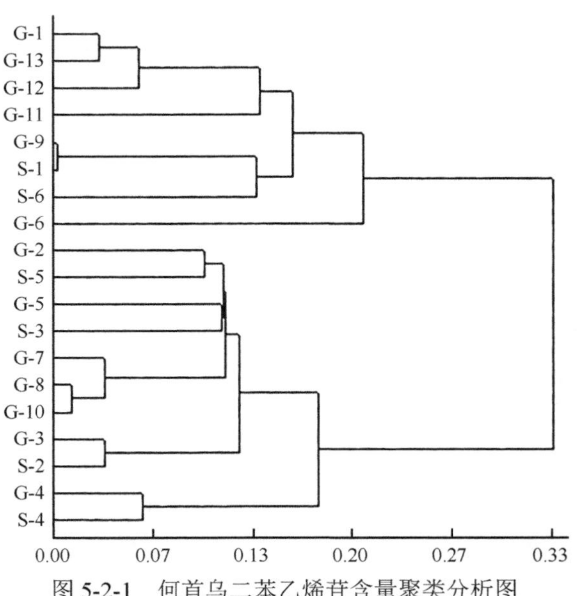

图5-2-1　何首乌二苯乙烯苷含量聚类分析图

G为都匀样品；S为施秉样品

由蒽醌类成分聚类分析结果可知（图5-2-2），19个何首乌药材样品按照蒽醌类成分的含量值被分成 4 类，分别是：第一类 1 个样品，为 G-1，且各产地何首乌中结合蒽醌和游离蒽醌含量都很高；第二类 10 个样品，分别为 G-2、G-3、G-9、S-5、G-10、S-4、G-13、G-8、S-3 和 G-5，其特点是游离蒽醌成分含量很高，结合蒽醌含量也相对较高；第三类 4 个样品，分别为 G-4、G-12、G-11 和 S-6，其特点是游离蒽醌成分含量很高，结合蒽醌含量相对较低；第四类为其余样品，特点是游离蒽醌含量、结合蒽醌含量均较低。

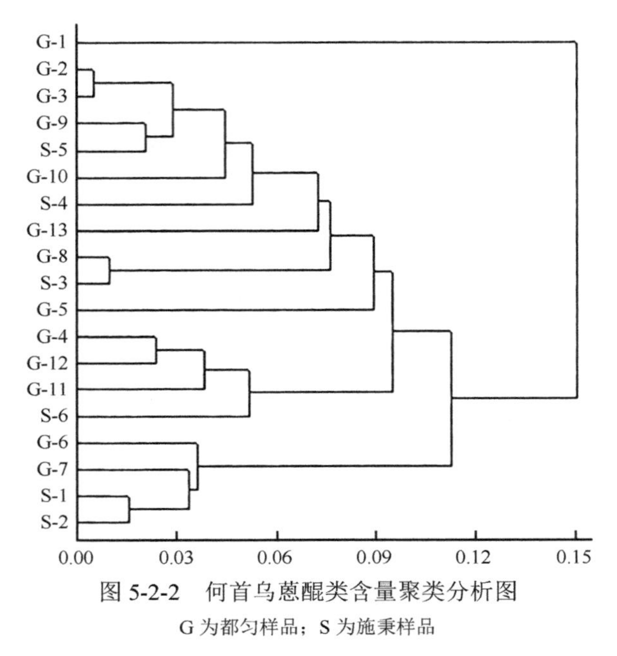

图 5-2-2　何首乌蒽醌类含量聚类分析图

G 为都匀样品；S 为施秉样品

因药材生长环境的不同而造成的何首乌质量差异也明显存在，产地气候、土壤等自然环境对何首乌 2,3,5,4′-四羟基二苯乙烯-2-O-β-D-葡萄糖苷含量以及蒽醌含量有影响（马超等，2008）。19 个何首乌药材中二苯乙烯苷和蒽醌类成分的含量差异较大，可能是由于其产地、田间管理不同而使各种成分的含量产生差异。

二、何首乌块根微量元素含量

测定的 19 个何首乌块根样品中微量元素含量，结果如表 5-2-2 所示。可以看出，贵州何首乌块根中微量元素，Ca、Fe、Mn 3 种元素含量较高，分别为 1124.57 mg/kg、209.60 mg/kg、13.25 mg/kg，可为人体提供身体必需的 Ca、Fe、Mn 元素，另外还含有 Zn、Se、Mo、Co 等对人体有益的元素，长期服用，可达到强身健体的效果。两产地所产何首乌微量元素含量差异不大，各微量元素含量表现出都匀产区高于施秉产区的趋势。

表 5-2-2 不同产地何首乌块根微量元素含量

产地	样品数	特征值	Mn/（mg/kg）	Fe/（mg/kg）	Co/（mg/kg）	Zn/（mg/kg）	Se/（mg/kg）	Mo/（mg/kg）	Ca/（mg/kg）
都匀	13	平均值	15.46	202.12	0.31	10.49	1.92	0.33	1072.98
		标准差	5.99	74.56	0.13	2.08	0.26	0.09	346.95
		CV/%	38.73	36.89	42.67	19.86	13.44	28.10	32.34
施秉	6	平均值	9.69	203.21	0.28	9.25	1.93	0.40	1200.58
		标准差	5.32	27.65	0.09	2.77	0.17	0.08	325.54
		CV/%	54.92	13.61	32.45	29.92	8.64	19.80	27.12
合计	13	平均值	13.25	209.60	0.28	9.99	1.95	0.35	1124.57
		标准差	6.11	69.74	0.13	2.22	0.22	0.09	327.88
		CV/%	46.13	33.27	45.05	22.25	11.50	24.69	29.16

三、何首乌块根重金属含量

本研究测定了 19 个何首乌样品重金属含量，并计算了何首乌块根对应根区土壤中各重金属元素的富集率，结果如表 5-2-3 所示。可以看出，按照《药用植物及制剂进出口绿色行业标准》（WM 2—2001）要求，Cu、As、Cd、Pb 4 种重金属在何首乌块根中的含量均未超标，Hg 元素含量有两个样品超过限值，超标率 10.00%，两个样品都在都匀产区，各元素在何首乌块根中的富集率 Pb＞Hg＞Cu＞Cd＞As，富集率分别为 28.83%、23.00%、6.71%、5.45%和 0.10%，表明何首乌块根对土壤中 Pb、Hg 富集性强，对 As 的富集率极低。各重金属元素富集率表现出施秉＞都匀。综合以上分析结果，控制土壤中 Hg 的含量是降低何首乌块根中重金属污染的关键。

贵州何首乌品质优良，含有丰富的药用成分和微量元素。参照《中国药典》要求，两产地所产何首乌中总灰分含量为 3.05%，比《中国药典》要求低 2%，二苯乙烯苷含量为 2.21%，高于《中国药典》要求 2.21 倍，结合蒽醌含量为 0.18%，高于《中国药典》要求 1.8 倍，其中除两个样品结合蒽醌含量未能达到《中国药典》要求外，其余样品均优于《中国药典》要求，且都匀产区所产何首乌品质优于施秉产区。聚类分析显示，何首乌药材中二苯乙烯苷和蒽醌类成分含量差异较大，有明显的优劣之分，可进行分等定级。另外，何首乌块根中还含有丰富的微量元素，以 Ca、Fe、Mn 3 种元素含量较大，另外还含有 Zn、Se、Mo、Co 等对人体有益的元素。

按照《药用植物及制剂进出口绿色行业标准》（WM 2—2001）要求，Cu、As、Cd、Pb、Hg 5 种重金属元素含量在何首乌块根中只有 Hg 元素含量超标，超标率为 10.00%，块根对土壤中 Hg、Pb 元素吸收能力较强，富集率分别为 23.00%、

28.83%，对 As 的富集能力弱，富集率为 0.10%。虽然产地土壤中 As、Cd、Hg 含量超标，但 Hg 的高富集率导致何首乌块根中只有 Hg 的含量超标。

表 5-2-3　不同产地何首乌块根中重金属含量

产地	样品数	特征值	Cu/（mg/kg）	As/（mg/kg）	Cd/（mg/kg）	Hg/（mg/kg）	Pb/（mg/kg）
都匀	13	平均值	2.88	0.00	0.12	0.20	0.63
		标准差	1.49	0.00	0.06	0.06``	0.25
		CV/%	51.75	—	53.04	8.22	39.39
		富集率/%	5.85	0.00	3.73	26.01	26.44
施秉	6	平均值	1.13	0.03	0.11	0.41	0.34
		标准差	0.18	0.07	0.08	0.13	0.24
		CV/%	16.29	244.95	69.52	32.30	72.47
		富集率/%	8.95	0.37	9.91	15.18	35.03
合计	19	平均值	1.41	0.01	0.12	0.18	0.55
		标准差	1.49	0.04	0.07	0.03	0.28
		CV/%	62.12	469.04	55.95	16.39	0.00
		富集率/%	6.71	0.10	5.45	23.00	28.83

注：—表示无数据

第三节　贵州何首乌产地土壤性质与药材品质

一、土壤物理性质对何首乌品质的影响

将 19 个何首乌样品的品质指标含量与其对应的根区土壤物理性质进行相关性分析，结果如表 5-3-1 所示。①块根总灰分含量与各个土壤物理指标没有显著或极显著相关关系，与其正相关性较大的三个指标依次为：土壤非毛管孔隙度、总孔隙度、比重，与其负相关性较大的三个指标依次为：＞0.25 mm 团聚体稳定率、细砂（0.05～0.25 mm）含量、土壤容重，这表明，土壤疏松状况及土壤矿物组成可直接影响何首乌灰分元素的积累，因细土粒中各植物养分含量要比粗土粒中多得多（黄昌勇，2000），因此土粒细、结构不稳定的土壤会增加何首乌块根中灰分元素的含量而影响何首乌品质。②何首乌中二苯乙烯苷含量与土壤团聚体稳定率呈显著负相关关系，与各级土粒含量表现出土粒越细含量越高的规律，表明土粒细、结构稳定性差的土壤有利于二苯乙烯苷的合成。③何首乌中结合蒽醌的含量与各土壤物理指标没有显著相关性，其含量高低主要受土壤毛管孔隙度和黏粒（＜0.001 mm）含量的控制，表明疏松细致的土壤有利于何首乌块根中结合蒽醌的合成和积累。另外，3 个品质指标之间呈正相关关系，表明 3 者受到的环境

影响条件相同。

表 5-3-1 何首乌产地土壤物理性质与何首乌品质的相关性

		相关系数		
		总灰分	二苯乙烯苷	结合蒽醌
容重		–0.12	–0.03	–0.16
比重		0.16	–0.27	0.04
土壤孔隙度	总孔隙度	0.17	–0.05	0.19
	毛管孔隙度	–0.17	–0.04	0.20
	非毛管孔隙度	0.31	0.02	–0.14
>0.25 mm 团聚体稳定率		–0.31	–0.53*	0.10
土壤机械组成	0.25～1 mm	0.03	–0.32	–0.36
	0.05～0.25 mm	–0.20	–0.17	–0.01
	0.01～0.05 mm	0.01	–0.30	–0.18
	0.005～0.01 mm	0.10	0.16	–0.31
	0.001～0.005 mm	0.08	0.25	0.02
	<0.001 mm	–0.03	0.16	0.32
	<0.01 mm	0.03	0.32	0.22
何首乌品质指标	总灰分	1		
	二苯乙烯苷	0.32	1	
	结合蒽醌	0.26	0.19	1

*表示 0.05 水平上显著相关

二、土壤养分及酶活性对何首乌品质的影响

对 19 个何首乌样品的品质指标含量与其对应的根区土壤各养分含量进行相关性分析，结果如表 5-3-2 所示：①块根中总灰分含量与土壤有效磷含量呈显著正相关，与土壤 pH 的相关系数达到 0.23，与氮素、钾素含量呈负相关关系，表明碱性且含磷量高的土壤会使何首乌灰分含量提高；②何首乌中二苯乙烯苷含量与磷素含量呈显著或极显著正相关关系，与氮素、钾素、硫素含量呈负相关，表明二苯乙烯苷的合成需要土壤提供丰富的磷素，土壤氮和钾过多不利于二苯乙烯苷的合成；③何首乌中结合蒽醌的含量与土壤各养分含量没有显著相关性，其含量高低主要受土壤有效硫含量控制，磷、钾素过高不利于结合蒽醌的转化积累。

对何首乌样品的品质指标含量与其对应的根区土壤各酶活性进行相关性分析，结果表明：①块根中总灰分含量与土壤酶活性相关性不大；②何首乌中二苯乙烯苷含量与各酶活性呈正相关关系，其中受磷酸酶活性影响最大；③何首乌中

蒽醌含量与各酶活性相关性不大，其中受磷酸酶活性影响较大，呈负相关。

表 5-3-2 何首乌产地土壤养分及酶活性与何首乌品质的相关性

项目	总灰分	二苯乙烯苷	结合蒽醌
pH	0.23	0.00	0.06
有机质	–0.18	–0.14	0.15
全氮	–0.17	–0.08	0.17
全磷	0.02	0.71**	–0.16
全钾	–0.03	0.34	–0.02
碱解氮	0.01	–0.13	0.13
有效磷	0.54*	0.48*	–0.11
速效钾	–0.13	–0.29	–0.36
缓效钾	–0.23	0.13	0.24
有效硫	0.00	–0.42	0.30
脲酶活性	0.1	0.03	0.04
磷酸酶活性	–0.19	0.26	–0.11
过氧化氢酶活性	–0.07	0.18	0.02

*表示 0.05 水平上显著相关，**表示 0.01 水平上极显著相关

三、土壤中微量元素对何首乌品质的影响

将 19 个何首乌样品的品质指标含量与其对应的根区土壤各微量元素有效态含量进行相关性分析，结果如表 5-3-3 所示：①块根总灰分含量受土壤有效态 Fe、有效态 Mn 含量影响较大，但相关性都不显著；②何首乌中二苯乙烯苷含量受土壤有效态 Fe、有效态 Mn 和有效态 Cu 含量的影响较大，有效态 Fe、有效态 Mn 和有效态 Cu 的含量可促进二苯乙烯苷的积累，但有效态 Zn 含量对其有一定的抑制作用；③何首乌中结合蒽醌的含量受到各微量元素有效态含量的抑制，其中有效态 Mn、有效态 Zn 的抑制作用较大。

表 5-3-3 何首乌产地土壤中有效态微量元素与何首乌品质的相关性

	总灰分含量	二苯乙烯苷含量	结合蒽醌含量
有效态 Mn	0.28	0.23	–0.38
有效态 Fe	0.29	0.18	–0.14
有效态 Cu	–0.07	0.14	–0.01
有效态 Zn	0.04	–0.02	–0.31

*表示 0.05 水平上显著相关，**表示 0.01 水平上极显著相关

四、土壤与何首乌中各微量、重金属元素含量的关系

将 19 个何首乌样品中各微量、重金属元素含量与其对应的根区土壤元素含量进行相关性分析，结果如表 5-3-4 所示。除 As 外，何首乌块根中各元素含量与土壤中该元素含量之间都呈正相关关系，其中 Mn 的相关系数为 0.41，Fe 为 0.24，Cu 为 0.59，Zn 为 0.23，Co 为 0.32，As 为–0.48，Cd 为 0.33，Hg 为 0.33，Pb 为 0.50，Cr 为 0.15，其中 Cu 在土壤-块根中相关性极显著、As 和 Pb 在土壤-块根中相关性显著，表明何首乌块根对土壤中 Cu、Pb 的吸收较强，对 As 吸收较弱。土壤中其他元素与块根中 Cu、Pb 含量的相关性多呈显著或极显著正相关，与 As 含量负相关，表明土壤中各重金属元素含量对块根吸收 Cu、Pb 元素有协同作用，对 As 的吸收有抑制作用。

表 5-3-4　何首乌产地土壤与何首乌块根中微量、重金属元素含量的相关性

土壤中元素含量	块根中各元素									
	Mn	Fe	Cu	Zn	Co	As	Cd	Hg	Pb	Cr
Mn	0.41	–0.23	0.68**	0.16	0.20	–0.38	–0.52*	–0.26	0.32	–0.22
Fe	0.11	0.24	0.55*	0.03	0.08	–0.68**	–0.32	0.15	0.48*	–0.09
Cu	0.14	–0.09	0.59**	0.09	0.12	–0.48*	–0.29	0.12	0.43	–0.18
Zn	–0.11	–0.20	0.26	0.23	0.30	–0.31	0.38	0.44	0.60**	0.08
Co	–0.29	–0.14	0.53*	0.07	0.32	–0.60**	–0.52*	–0.15	0.33	–0.24
As	0.23	–0.04	0.62**	–0.04	0.03	–0.48*	–0.19	0.17	0.59**	–0.08
Cd	–0.01	0.06	0.43	–0.27	–0.10	–0.79**	0.33	0.15	0.35	0.03
Hg	0.30	–0.03	0.48*	0.14	0.01	–0.28	0.09	0.33	0.00	–0.15
Pb	0.02	–0.16	0.65**	–0.12	–0.02	–0.51*	–0.35	–0.03	0.50*	–0.1
Cr	–0.22	0.03	0.25	–0.08	0.00	–0.81**	–0.31	0.17	0.52*	0.15

*表示 0.05 水平上显著相关；**表示 0.01 水平上极显著相关

五、贵州何首乌产地土壤养分评价

结合土壤中各养分含量对何首乌品质影响的分析，选定土壤有机质、全氮、全磷、有效磷、速效钾和有效硫 6 个指标作为评价指标，并以每个指标对应何首乌品质进行系统聚类，将所得结果按从高到低分成丰富、中等、缺乏 3 个等级。评价结果为：何首乌产地土壤肥力适宜，根区土壤肥力水平中等偏高，非根区土壤肥力水平中等偏低。根区土壤有机质和有效磷的肥力等级大多为 I 级，其余指标为Ⅱ级，非根区土壤有机质、全氮肥力等级较低，为Ⅲ级。从不同产地来说，都匀产区各养分指标等级大多为Ⅱ级，根区除有机质为 I 级外，其余指标均为Ⅱ级，表明根区养分含量丰富，整体供应水平均衡。施秉产区土壤速效钾肥力等级

高，但全磷低，各养分供应较不均衡。

结合各土壤物理、化学、酶等因子对何首乌品质影响分析结果，提出贵州何首乌产地主要土壤限制因子的适宜范围。

土壤物理性质、土壤疏松状况以及土壤矿物组成在一定程度上影响何首乌灰分的积累，但影响不显著；何首乌二苯乙烯苷含量与土壤团聚体稳定率呈显著负相关关系，与各级土粒含量表现出土粒越细含量越高的规律，表明土粒细、结构稳定性差的土壤有利于二苯乙烯苷和结合蒽醌的合成与积累，即土壤团聚体稳定性和土粒大小是影响何首乌品质的主要因素。

土壤养分与酶活性相关性研究结果显示，呈碱性且含磷量高的土壤会使何首乌灰分含量提高；丰富的土壤磷素有利于二苯乙烯苷的积累；何首乌结合蒽醌的含量与各土壤养分没有显著相关性，其含量高低主要受土壤中有效硫含量影响。土壤各酶活性与何首乌品质关系不大，二苯乙烯苷和结合蒽醌含量受磷酸酶活性影响较大，即何首乌适宜生长在偏酸、磷素和硫素含量高的土壤中。

土壤有效态微量元素含量与何首乌品质没有显著相关性。其中块根总灰分含量受土壤有效态 Mn 含量影响较大，土壤中丰富的 Fe、Mn 含量可促进二苯乙烯苷的积累，结合蒽醌的含量则受到各微量元素含量的抑制，其中 Mn、Zn 的抑制作用较强，即 Fe、Cu 含量高的土壤所产何首乌品质较好。

土壤-何首乌系统中微量、重金属元素相关性研究表明，除 As 外，何首乌块根中各元素含量与土壤中该元素含量都呈正相关关系，相关系数 Cu＞Pb＞Mn＞Cd/Hg＞Co＞Fe＞Zn＞Cr，其中根中与土壤中 Cu 之间相关性极显著，Pb 之间相关性显著，表明何首乌块根对土壤 Cu、Pb 的吸收性较强，对 As 吸收性最弱，且土壤中各金属元素含量对块根吸收 Cu、Pb 元素有协同作用，对 As 的吸收有抑制作用。

第六章　贵州半夏种植基地土壤环境特征与其药材品质

第一节　贵州半夏种植基地土壤环境特征

一、贵州半夏种植基地土壤物理特性

1. 半夏土壤容重分布

由表6-1-1可知，赫章与施秉土壤容重平均值相差0.04 g/cm^3。赫章土壤容重变异系数为15.01%，属于中等程度变异，施秉土壤容重变异系数为12.53%，属于中等程度变异。由此可见，贵州半夏产地土壤容重差异不大，土壤熟化程度较高，满足作物生长发育所需的土壤容重条件。

表6-1-1　贵州半夏产地土壤容重分布

产地	最大值/（g/cm^3）	最小值/（g/cm^3）	平均值/（g/cm^3）	标准差/（g/cm^3）	变异系数/%
赫章	1.37	0.76	1.03	0.16	15.01
施秉	1.30	0.81	1.07	0.13	12.53

如表6-1-2所示，舍虎土壤容重最大值与最小值相差0.16 g/cm^3；威奢土壤容重最大值与最小值相差0.45 g/cm^3；中山土壤容重最大值与最小值相差0.48 g/cm^3；长凹土壤容重最大值与最小值相差0.49 g/cm^3；双井土壤容重最大值与最小值相差0.27 g/cm^3；白垛土壤容重最大值与最小值相差0.32 g/cm^3。由此可知，贵州半夏种植基地土壤容重分布较为均匀，差异不大，其中以舍虎半夏种植基地土壤容重较高，威奢半夏种植基地土壤容重较低，最大值出现在中山种植基地，最小值出现在威奢种植基地。

表6-1-2　不同种植基地土壤容重分布（g/cm^3）

种植基地	最大值	最小值	平均值
舍虎	1.20	1.04	1.12
威奢	1.21	0.76	0.98
中山	1.37	0.89	1.07
长凹	1.30	0.81	1.04
双井	1.24	0.97	1.06
白垛	1.27	0.95	1.10

由表 6-1-3 可知，不同生态环境下半夏土壤容重差异不大，为 0.14 g/cm^3。种植基地中土壤容重最大值为 1.37 g/cm^3，最小值为 0.76 g/cm^3，平均值为 1.05 g/cm^3，变异系数为 13.72%，属于中等程度变异；在野生林地土壤中，土壤容重最大值为 1.11 g/cm^3，最小值为 0.81 g/cm^3，平均值为 0.91 g/cm^3，变异系数为 11.79%，属于中等程度变异。

表 6-1-3　不同生态环境土壤容重分布

生态环境	最大值/（g/cm^3）	最小值/（g/cm^3）	平均值/（g/cm^3）	标准差/（g/cm^3）	变异系数/%
种植基地	1.37	0.76	1.05	0.14	13.72
野生林地	1.11	0.81	0.91	0.11	11.79

2. 半夏土壤含水量分布

如表 6-1-4 所示，舍虎种植基地土壤含水量最大值与最小值相差 5.49%；威奢土壤含水量最大值与最小值相差 4.67%；中山土壤含水量最大值与最小值相差 7.51%；长凹土壤含水量最大值与最小值相差 5.22%；白垛土壤含水量最大值与最小值相差 5.21%；双井土壤含水量最大值与最小值相差 2.15%。

表 6-1-4　不同种植基地土壤含水量分布（%）

项目	舍虎	威奢	中山	长凹	白垛	双井
最大值	33.75	28.98	27.87	26.58	25.59	23.91
最小值	28.26	24.31	20.36	21.36	20.38	21.76
平均值	32.61	27.29	25.08	24.1	23.6	22.97

水分是半夏生长发育的必要条件之一。土壤含水量的大小对半夏的产量和品质影响较大。作为根部入药中药材，土壤含水量在 20%为宜（皮莉等，2007）。贵州半夏种植基地土壤含水量范围在 20.36%～33.75%，基本达到半夏最适生长含水量，其中个别地区含水量很高，如舍虎土壤含水量高达 33.75%，达到半夏最适生长发育所需土壤含水量条件。

由表 6-1-5 可知，贵州半夏种植基地土壤含水量为 20.36%～33.75%，均值为 25.94%，野生林地土壤含水量为 20.36%～26.92%，均值为 23.53%。在不同生态环境中，土壤含水量差异较大，种植基地与野生林地平均含水量相差 2.41%。

表 6-1-5　不同生态环境下半夏土壤含水量分布（%）

生态环境	最大值	最小值	平均值
种植基地	33.75	20.36	25.94
野生林地	26.92	20.36	23.53

二、贵州半夏种植基地土壤理化性质及养分含量特征

1. 半夏土壤 pH 与有机质含量

由表 6-1-6 可知，舍虎土壤 pH 最大值与最小值相差 1.73，变异系数为 7.29%，属于低等程度变异；威奢土壤 pH 最大值与最小值相差 1.47，变异系数为 5.31%，属于低等程度变异；中山地区土壤 pH 最大值与最小值相差 1.79，变异系数为 7.95%，属于低等程度变异；双井土壤 pH 最大值与最小值相差 1.50，变异系数为 6.97%，属于低等程度变异；白垛土壤 pH 最大值与最小值相差 1.17，变异系数为 4.65%，属于低等程度变异；长凹土壤 pH 最大值与最小值相差 2.77，变异系数为 12.71%，属于中等程度变异。由此可知，贵州半夏土壤 pH 在 4.73～7.50，平均为 6.29，其中，pH 在 6～7 的土壤居多，pH 在 6～7 时，半夏产量较高，粒径较大，这与半夏生长发育所需土壤 pH 为 6～7 相符。

表 6-1-6　不同种植基地土壤 pH 分布

种植基地	最大值	最小值	平均值	标准差	变异系数/%
舍虎	6.88	5.15	6.21	0.453	7.29
威奢	7.15	5.68	6.48	0.34	5.31
中山	6.83	5.04	6.25	0.50	7.95
双井	7.15	5.65	6.53	0.46	6.97
白垛	7.10	5.93	6.45	0.30	4.65
长凹	7.50	4.73	5.84	0.74	12.71

由表 6-1-7 可知，不同生态环境下半夏种植基地土壤 pH 最大值与最小值相差 2.77，变异系数为 8.27%，属于低等程度变异；野生林地半夏土壤 pH 最大值与最小值相差 1.58，变异系数为 6.98%，属于低等程度变异。

表 6-1-7　不同生态环境土壤 pH 分布

生态环境	最大值	最小值	平均值	标准差	变异系数/%
野生林地	7.03	5.45	6.23	0.44	6.98
种植基地	7.50	4.73	6.30	0.52	8.27

由表 6-1-8 可知，舍虎土壤有机质含量最大值与最小值相差 27.09 g/kg，变异系数为 23.60%，属于中等程度变异；威奢土壤有机质含量最大值与最小值相差 19.75 g/kg，变异系数为 16.72%，属于中等程度变异；中山土壤有机质含量最大值与最小值相差 21.28 g/kg，变异系数为 16.71%，属于中等程度变异；双井土壤有机质含量最大值与最小值相差 20.61 g/kg，变异系数为 15.81%，属于中等程度

变异；白垛土壤有机质含量最大值与最小值相差 25.92 g/kg，变异系数为 19.14%，属于中等程度变异；长凹土壤有机质含量最大值与最小值相差 23.86 g/kg，变异系数为 18.99%，属于中等程度变异。

表 6-1-8　不同种植基地有机质含量分布

种植基地	最大值/（g/kg）	最小值/（g/kg）	平均值/（g/kg）	标准差/（g/kg）	变异系数/%
舍虎	45.50	18.41	32.16	7.59	23.60
威奢	41.51	21.76	32.47	5.43	16.72
中山	45.05	23.77	33.82	5.65	16.71
双井	43.98	23.37	30.67	4.85	15.81
白垛	45.27	19.35	33.96	6.50	19.14
长凹	49.31	25.45	33.54	6.37	18.99

土壤有机质含量是种植基地土壤熟化程度和肥力水平的重要指标，对半夏生长、半夏品质具有重要影响。由以上研究结果可知，贵州半夏种植基地土壤有机质含量较为丰富，在 18.41～49.31 g/kg，平均 32.77 g/kg。贵州半夏种植基地土壤有机质含量的变异系数为 18.91%，属中等程度变异，各地区之间差异较大，与半夏种植基地枯枝落叶的输入和土壤腐殖质分解速度有关，同时，与半夏种植基地中的人为因素有着直接、紧密的联系。

由表 6-1-9 可知，贵州半夏野生林地土壤有机质含量最大值与最小值相差 17.82 g/kg，变异系数为 15.39%，属于中等程度变异；种植基地土壤有机质含量最大值与最小值相差 30.90 g/kg，变异系数为 18.82%，属于中等程度变异。

表 6-1-9　不同生态环境半夏土壤有机质含量分布

生态环境	最大值/（g/kg）	最小值/（g/kg）	平均值/（g/kg）	标准差/（g/kg）	变异系数/%
野生林地	41.54	23.72	34.37	5.29	15.39
种植基地	49.31	18.41	32.77	6.17	18.82

2. 半夏土壤营养元素含量分布

由表 6-1-10 可知，贵州半夏种植基地舍虎土壤全氮含量为 1.13～2.23 g/kg，最大值为最小值的 1.97 倍，均值为 1.88 g/kg，变异系数为 17.76%，属于中等程度变异；威奢种植基地土壤全氮含量为 1.51～2.43 g/kg，最大值为最小值的 1.61 倍，均值为 1.95 g/kg，变异系数为 12.85%，属于中等程度变异；中山种植基地土壤全氮含量为 1.02～2.53 g/kg，最大值为最小值的 2.48 倍，均值为 1.92 g/kg，变异系数为 19.90%，属于中等程度变异；双井种植基地土壤全氮含量为 1.34～2.40 g/kg，最大值为最小值的 1.79 倍，均值为 1.82 g/kg，变异系数为 17.57%，属于中等程度变异；白垛种植基地土壤全氮含量为1.37～2.56 g/kg，最大值为最小值的1.87倍，均值为2.03 g/kg，变异系数为17.63%，属于中等程度变异；长凹种植基地土壤全氮含量为1.01～2.58 g/kg，最大值为最小值的2.55倍，均值为1.82 g/kg，变异系数为26.72%，属于中等程度变异，由以上研究结果可知，贵州半夏种植基地土壤全氮含量分布较为均匀，差异不大，其中差异最大的是长凹种植基地，这有可能是种植期间氮肥施用量不均而引起的。

表 6-1-10　不同种植基地土壤全氮含量分布

种植基地	最大值/（g/kg）	最小值/（g/kg）	平均值/（g/kg）	标准差/（g/kg）	变异系数/%
舍虎	2.23	1.13	1.88	0.33	17.76
威奢	2.43	1.51	1.95	0.25	12.85
中山	2.53	1.02	1.92	0.38	19.90
长凹	2.58	1.01	1.82	0.49	26.72
白垛	2.56	1.37	2.03	0.36	17.63
双井	2.40	1.34	1.82	0.32	17.57

由表6-1-11可知，贵州半夏种植基地土壤碱解氮含量分布较为均匀，差异不大。舍虎种植基地土壤碱解氮含量为91.00～191.80 mg/kg，最大值为最小值的2.11倍，均值为150.50 mg/kg，变异系数为16.43%，属于中等程度变异；威奢种植基地土壤碱解氮含量为128.80～210.50 mg/kg，最大值为最小值的1.63倍，均值为163.39 mg/kg，变异系数为12.52%，属于中等程度变异；中山种植基地土壤碱解氮含量为102.20～231.00 mg/kg，最大值为最小值的2.26倍，均值为149.95 mg/kg，变异系数为20.43%，属于中等程度变异；长凹种植基地土壤碱解氮含量为99.40～212.30 mg/kg，最大值为最小值的2.14倍，均值为156.10 mg/kg，变异系数为15.03%，属于中等程度变异；白垛种植基地土壤碱解氮含量为84.00～203.00 mg/kg，最大值为最小值的2.42倍，均值为149.85 mg/kg，变异系数为16.26%，属于中等程度变异；双井种植基地土壤碱解氮含量为113.40～212.80 mg/kg，最大值为最小值的1.88倍，均值为157.17 mg/kg，变异系数为19.42%，属于中等程度变异。

表 6-1-11　不同种植基地土壤碱解氮含量分布

种植基地	最大值/（mg/kg）	最小值/（mg/kg）	平均值/（mg/kg）	标准差/（mg/kg）	变异系数/%
舍虎	191.80	91.00	150.50	24.72	16.43
威奢	210.50	128.80	163.39	20.45	12.52
中山	231.00	102.20	149.95	30.64	20.43
长凹	212.30	99.40	156.10	23.46	15.03
白垛	203.00	84.00	149.85	24.37	16.26
双井	212.80	113.40	157.17	30.52	19.42

由表 6-1-12 可知，舍虎种植基地土壤速效钾含量为 81.76～238.19 mg/kg，最大值为最小值的 2.91 倍，均值为 147.58 mg/kg，变异系数为 27.59%，属于中等程度变异；威奢种植基地土壤速效钾含量为 42.90～211.29 mg/kg，最大值为最小值的 4.93 倍，均值为 138.07 mg/kg，变异系数为 34.80%，属于中等程度变异；中山种植基地土壤速效钾含量为 80.76～227.23 mg/kg，最大值为最小值的 2.81 倍，均值为 137.91 mg/kg，变异系数为 29.75%，属于中等程度变异；长凹种植基地土壤速效钾含量为 73.79～266.09 mg/kg，最大值为最小值的 3.61 倍，均值为 168.81 mg/kg，变异系数为 19.83%，属于中等程度变异；白垛种植基地土壤速效钾含量为 62.83～238.19 mg/kg，最大值为最小值的 3.79 倍，均值为 165.26 mg/kg，变异系数为 31.70%，属于中等程度变异；双井种植基地土壤速效钾含量为 81.73～216.27 mg/kg，最大值为最小值的 2.65 倍，均值为 128.93 mg/kg，变异系数为 44.06%，属于中等程度变异。

表 6-1-12　不同种植基地土壤速效钾含量分布

种植基地	最大值/（mg/kg）	最小值/（mg/kg）	平均值/（mg/kg）	标准差/（mg/kg）	变异系数/%
舍虎	238.19	81.76	147.58	40.72	27.59
威奢	211.29	42.90	138.07	48.04	34.80
中山	227.23	80.76	137.91	41.03	29.75
长凹	266.09	73.79	168.81	33.47	19.83
白垛	238.19	62.83	165.26	52.39	31.70
双井	216.27	81.73	128.93	56.80	44.06

由表 6-1-13 可知，舍虎种植基地土壤缓效钾含量为 101.49～378.70 mg/kg，最大值为最小值的 3.73 倍，均值为 257.72 mg/kg，变异系数为 28.96%，属于中等程度变异；威奢种植基地土壤缓效钾含量为 85.54～392.64 mg/kg，最大值为最小值的 4.59 倍，均值为 247.35 mg/kg，变异系数为 34.39%，属于中等程度变异；中山种植基地土壤缓效钾含量为 83.69～376.73 mg/kg，最大值为最小值的 4.50 倍，均值为 202.68 mg/kg，变异系数为 36.62%，属于中等程度变异；长凹种植基地土壤缓效钾含量为 86.41～404.65 mg/kg，最大值为最小值的 4.68 倍，均值为 210.15 mg/kg，变异系数为 37.06%，属于中等程度变异；白垛种植基地土壤缓效钾含量为 58.61～479.39 mg/kg，最大值为最小值的 8.18 倍，均值为 269.82 mg/kg，变异系数为 28.07%，属于中等程度变异；双井种植基地土壤缓效钾含量为 75.52～332.81 mg/kg，最大值为最小值的 4.41 倍，均值为 281.15 mg/kg，变异系数为 30.27%，属于中等程度变异。

表 6-1-13　不同种植基地土壤缓效钾含量分布

种植基地	最大值/（mg/kg）	最小值/（mg/kg）	平均值/（mg/kg）	标准差/（mg/kg）	变异系数/%
舍虎	378.70	101.49	257.72	74.62	28.96
威奢	392.64	85.54	247.35	85.07	34.39
中山	376.73	83.69	202.68	74.21	36.62
长凹	404.65	86.41	210.15	77.87	37.06
白垛	479.39	58.61	269.82	75.74	28.07
双井	332.81	75.52	281.15	85.10	30.27

由表 6-1-14 可知，舍虎种植基地土壤速效磷含量为 5.28～24.31 mg/kg，最大值为最小值的 4.60 倍，均值为 12.88 mg/kg，变异系数为 34.86%，属于中等程度变异；威奢种植基地土壤速效磷含量为 6.22～26.54 mg/kg，最大值为最小值的 4.27 倍，均值为 12.94 mg/kg，变异系数为 48.22%，属于中等程度变异；中山种植基地土壤速效磷含量为 5.30～20.35 mg/kg，最大值为最小值的 3.84 倍，均值为 12.37 mg/kg，变异系数为 27.73%，属于中等程度变异；长凹种植基地土壤速效磷含量为 4.82～34.93 mg/kg，最大值为最小值的 7.25 倍，均值为 11.84 mg/kg，变异系数为 30.38%，属于中等程度变异；白垛种植基地土壤速效磷含量为 5.24～24.18 mg/kg，最大值为最小值的 4.61 倍，均值为 13.23 mg/kg，变异系数为 46.48%，属于中等程度变异；双井种植基地土壤速效磷含量为 5.34～17.48 mg/kg，最大值为最小值的 3.27 倍，均值为 11.99 mg/kg，变异系数为 50.89%，属于中等程度变异。

表 6-1-14　不同种植基地土壤速效磷含量分布

种植基地	最大值/（mg/kg）	最小值/（mg/kg）	平均值/（mg/kg）	标准差/（mg/kg）	变异系数/%
舍虎	24.31	5.28	12.88	4.49	34.86
威奢	26.54	6.22	12.94	6.24	48.22
中山	20.35	5.30	12.37	3.43	27.73
长凹	34.93	4.82	11.84	3.60	30.38
白垛	24.18	5.24	13.23	5.68	46.48
双井	17.48	5.34	11.99	6.10	50.89

由表 6-1-15 可知，贵州半夏不同种植基地土壤中营养元素含量不同，土壤碱解氮含量在 84.00～231.00 mg/kg，平均值为 154.27 mg/kg。贵州半夏种植基地土壤速效钾含量在 4.83～34.93 mg/kg，平均值为 12.58 mg/kg。缓效钾含量在 58.60～479.40 mg/kg，平均值为 244.98 mg/kg。总体上看，贵州半夏种植基地土壤钾含量较为丰富，能为半夏生长提供充足的钾营养元素，碱解氮和速效磷含量欠佳，在管理过程中应加大氮肥和磷肥的施用量。

表 6-1-15　不同种植基地营养元素含量分布

营养元素	样品数	最小值	最大值	平均值	标准差	变异系数
碱解氮	160	84.00 mg/kg	231.00 mg/kg	154.27 mg/kg	26.01 mg/kg	16.86%
速效磷	160	4.82 mg/kg	34.93 mg/kg	12.58 mg/kg	4.79 mg/kg	38.08%
速效钾	160	42.90 mg/kg	266.09 mg/kg	147.63 mg/kg	47.33 mg/kg	32.06%
全氮	160	1.01 g/kg	2.58 g/kg	1.91 g/kg	0.36 g/kg	18.88%
缓效钾	160	58.61 mg/kg	479.39 mg/kg	244.98 mg/kg	82.56 mg/kg	33.70%

贵州半夏种植基地土壤碱解氮含量的变异系数为 16.86%，属中等程度变异；全氮的变异系数为 18.88%，属于中等程度变异；速效磷、速效钾和缓效钾含量变异系数分别为 38.08%、32.06%、33.70%，属中等程度变异。表明，贵州半夏不同种植基地氮肥、钾肥、磷肥施用量差异较大，在管理中应根据基地土壤的实际情况合理施肥。

由表 6-1-16 可知，半夏种植基地土壤与野生林地土壤碱解氮含量平均值差异较小，为 2.35 mg/kg，最小值野生林地高于种植基地 18.30 mg/kg，最大值野生林地低于种植基地 51.40 mg/kg；半夏种植基地土壤与野生林地土壤速效磷含量平均值相差 0.41 mg/kg，最小值野生林地高于种植基地 3.63 mg/kg，最大值野生林地低于种植基地 19.25 mg/kg；半夏种植基地土壤与野生林地土壤速效钾含量平均值相差 0.71 mg/kg，最小值野生林地高于种植基地 76.60 mg/kg，最大值野生林地低于种植基地 78.99 mg/kg；半夏种植基地土壤与野生林地土壤全氮含量相差 0.22 g/kg，最小值野生林地高于种植基地 0.36 g/kg，最大值野生林地低于种植基地 0.53 g/kg；半夏种植基地土壤与野生林地土壤缓效钾含量相差 45.87 mg/kg，最小值野生林地高于种植基地 63.70 mg/kg，最大值野生林地低于种植基地 128.90 mg/kg。

表 6-1-16　不同生态环境半夏土壤营养元素含量分布

生态环境	项目	碱解氮/（mg/kg）	速效磷/（mg/kg）	速效钾/（mg/kg）	全氮（g/kg）	缓效钾/（mg/kg）
种植基地	最大值	231.00	34.93	266.09	2.58	479.39
	最小值	84.00	4.82	42.90	1.01	58.61
	平均值	154.27	12.58	147.63	1.91	244.98
野生林地	最大值	179.60	15.68	187.10	2.05	350.50
	最小值	102.30	8.46	119.50	1.37	122.30
	平均值	151.92	12.17	148.34	1.69	199.11

三、贵州半夏种植基地土壤重金属含量分布特征

Cr 含量为 32.901～91.024 mg/kg，均值为 48.672 mg/kg，最高含量为最低含量

的 2.77 倍，最高值出现在舍虎；Cd 含量为 0.108～0.276 mg/kg，均值为 0.158 mg/kg，最高含量为最低含量的 2.56 倍，最高值出现在舍虎；Cu 含量为 21.535～110.4 mg/kg，均值为 45.123 mg/kg，最高含量为最低含量的 5.13 倍，最高值出现在双井；As 含量为 11.9～17.622 mg/kg，最高含量为最低含量的 1.48 倍，平均值为 15.091 mg/kg，最高值出现在白垛；Hg 含量为 0.096～0.294 mg/kg，平均值为 0.174 mg/kg，最高含量为最低含量的 3.06 倍，最高值出现在中山；Pb 含量为 42.646～109.4 mg/kg，平均值为 69.158 mg/kg，最高含量为最低含量的 2.57 倍，最高值出现在舍虎；Zn 含量为 14.55～125.6 mg/kg，平均值为 67.093 mg/kg，最高含量为最低含量的 8.63 倍，最高值出现在舍虎。

第二节　贵州半夏品质特征

一、贵州半夏有效成分含量分布

半夏的成分非常复杂，生物碱和鸟苷是其药理作用的主要有效成分。本研究选取贵州赫章和施秉不同种植基地中同一采收期的半夏进行测试研究。

由表 6-2-1 可知，贵州不同种植基地半夏鸟苷含量平均值为 0.036%，含量范围在 0.031%～0.041%，高低相差 0.010%，赫章半夏鸟苷含量较施秉鸟苷含量高。贵州半夏生物碱含量范围在 0.019%～0.028%，高低相差 0.009%，含量相差较大。其中，赫章半夏生物碱含量较高。由表 6-2-1 可知，贵州赫章（威奢、中山、舍虎）半夏有效成分含量大多低于施秉（双井、白垛）半夏有效成分含量。

表 6-2-1　不同种植基地半夏有效成分含量分布（%）

种植基地	长凹	白垛	双井	中山	威奢	舍虎	平均值
鸟苷	0.037	0.031	0.039	0.035	0.032	0.041	0.036
生物碱	0.019	0.021	0.028	0.023	0.025	0.027	0.024

由表 6-2-2 可知，不同生态环境中，半夏中生物碱含量为种植基地＞野生林地，野生林地半夏生物碱含量比种植基地低 0.005%；半夏鸟苷含量为种植基地＞野生林地，种植基地半夏中鸟苷含量高于野生林地半夏鸟苷含量 0.005%。由以上研究结果可知，种植基地半夏中鸟苷与生物碱含量高于野生林地半夏中鸟苷、生物碱含量。

表 6-2-2　不同生态环境半夏有效成分含量分布（%）

有效成分	种植基地	野生林地
生物碱	0.024	0.019
鸟苷	0.033	0.028

综上所述，通过对贵州不同种植基地半夏进行测试研究，了解到贵州半夏鸟苷含量平均值为 0.036%，范围在 0.031%～0.041%，含量相差较小。其中，赫章种植区半夏中鸟苷含量较施秉种植区鸟苷含量高。贵州半夏生物碱含量范围在 0.019%～0.028%，平均值为 0.024%，含量相差不大。其中，赫章半夏生物碱含量较高。不同生态环境中，种植基地半夏有效成分含量均高于野生林地半夏，这可能与耕作方式有关。

二、贵州半夏重金属含量分布

由表 6-2-3 可知，Cr 含量为 0.054～0.462 mg/kg，最大值出现在舍虎，Cd 含量为 0.017～0.609 mg/kg，最大值出现在中山，Cu 含量为 0.013～0.112 mg/kg，最大值出现在威奢，As 含量为 0.039～0.285 mg/kg，最大值出现在威奢，Hg 含量为 0.023～0.092 mg/kg，最大值出现在舍虎，Pb 含量为 0.027～0.605 mg/kg，最大值出现在威奢，Zn 含量为 0.136～1.058 mg/kg，最大值出现在舍虎。

表 6-2-3 不同种植基地半夏重金属含量分布（mg/kg）

种植基地	Cr	Cd	Cu	As	Hg	Pb	Zn
舍虎	0.462	0.257	0.073	0.039	0.092	0.027	1.058
威奢	0.133	0.031	0.112	0.285	0.049	0.605	0.973
中山	0.251	0.609	0.077	0.101	0.039	0.046	0.136
长凹	0.082	0.105	0.038	0.087	0.037	0.243	0.256
双井	0.054	0.017	0.046	0.034	0.026	0.169	0.482
白垛	0.249	0.036	0.013	0.127	0.023	0.042	0.179

由表 6-2-4 可知，不同生态环境半夏 Cr 含量野生林地高出种植基地 0.111 mg/kg，不同生态环境半夏 Cd 含量野生林地高出种植基地 0.299 mg/kg，不同生态环境半夏 Cu 含量野生林地高出种植基地 0.024 mg/kg，不同生态环境半夏 As 含量种植基地高出野生林地 0.006 mg/kg，不同生态环境半夏 Hg 含量种植基地高出野生林地 0.010 mg/kg，不同生态环境半夏 Pb 含量种植基地高出野生林地 0.127 mg/kg，不同生态环境半夏 Zn 含量种植基地高出野生林地 0.085 mg/kg。

表 6-2-4 不同生态环境半夏重金属含量分布（mg/kg）

生态环境	Cr	Cd	Cu	As	Hg	Pb	Zn
种植基地	0.205	0.176	0.060	0.112	0.044	0.189	0.514
野生林地	0.316	0.475	0.084	0.106	0.034	0.062	0.429

土壤重金属含量在一定程度上影响了作物对重金属的吸收与积累，中药材中重金属含量过高时对人体造成的危害是无法预计的，对于中药材而言，半夏种植环境中重金属含量的高低对半夏重金属含量有着重要影响，其中，当土壤中重金属 Cu 含量过高时，半夏中重金属 Cu 含量也随之升高；土壤重金属 As、Pb、Zn 对半夏对 As、Pb、Zn 的吸收无明显影响；土壤中重金属 Cd、Hg 含量升高时，半夏中重金属 Cd、Hg 含量在一定程度上随之降低，表现出一定的抗性。

第三节　贵州半夏品质与土壤环境分析

一、贵州半夏品质与土壤物理性质

本研究表明（表 6-3-1），土壤容重不应太高，土壤容重最适在 1.1～1.4 g/cm^3，土壤容重小，土壤疏松多孔，透气、透水性良好，保肥性强，半夏生长较好。土壤容重大，土壤相对紧实，透气、透水性较差，保水保肥性较差，作物的生长较差。相对而言，赫章地区鸟苷含量和生物碱含量均高于施秉地区。

表 6-3-1　半夏品质与土壤物理性质分布

项目	威奢	双井	长凹	中山	舍虎	白垛
土壤容重/（g/cm^3）	0.98	1.06	1.04	1.07	1.12	1.1
含水量/%	27.29	22.97	24.1	25.08	32.61	23.6
鸟苷含量/%	0.041	0.039	0.036	0.035	0.032	0.031
生物碱含量/%	0.028	0.025	0.024	0.027	0.021	0.023

由图 6-3-1 可知：半夏中鸟苷含量随着土壤容重的增加，总体呈减小趋势，但不规律，有可能受到别的因素如 pH、有机质、营养元素等的影响；半夏中生物碱含量变化极不规律。威奢种植基地土壤容重最小，其半夏中鸟苷、生物碱含量最高；舍虎种植基地土壤容重最大，其半夏所含鸟苷、生物碱含量均为倒数第二，白垛种植基地土壤容重第二大，其半夏所含鸟苷、生物碱含量相对较低。

土壤容重不仅直接影响到土壤孔隙度与孔隙大小分配、土壤的穿透阻力及土壤水肥气热变化，还对土壤物理性质如土壤通气、持水性质，坚实度等影响显著。在半夏中鸟苷、生物碱含量变化的过程中，土壤容重对半夏品质有一定的影响，随着土壤容重的增加，鸟苷含量呈现不规则下降，生物碱含量变化极不规律。总的来说，土壤容重较小的地区，半夏中鸟苷含量较高，土壤容重较大的地区，半夏中鸟苷含量较低，生物碱含量变化极不规律。由图 6-3-1 可以看出，贵州半夏适宜生长的土壤容重为 1.0～1.1 g/cm^3，这也有可能与土壤其他性状有关。总之，半夏所含鸟苷与土壤容重有一定相关性，半夏适宜种植于土壤容重较小的地区。

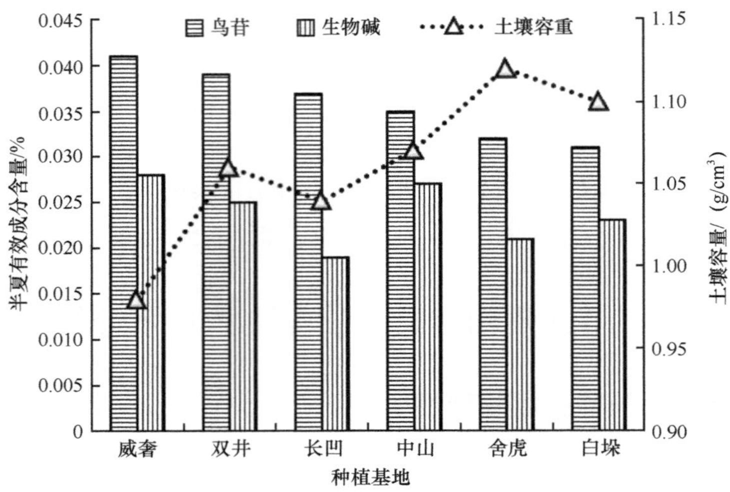

图 6-3-1　不同种植基地土壤容重与半夏有效成分含量

水分对作物的生长发育具有极其重要的作用，对中药材的产量和品质影响很大，尤其是根茎类药材的生长和有效成分的形成及积累与土壤含水量关系更为密切，药用植物的主要价值在于其有效成分。半夏是一种耐阴植物，其对土壤含水量的要求较高，一般适宜含水量在 20%～30%，当土壤含水量过高时，半夏易出现倒伏，甚至烂根。半夏主要入药部位为块茎，块茎的大小也是衡量半夏品质的标准之一，土壤含水量过高时，半夏块茎产生萎缩，其品质受到很大影响。

由图 6-3-2 可知，在土壤含水量最大时，半夏中鸟苷含量最低。舍虎种植区半夏中鸟苷含量最低，生物碱含量第二低，其土壤含水量为 32.61%。长凹种植区半夏中鸟苷、生物碱含量均最高，其土壤含水量为 24.10%。当土壤含水量过高，超出 30%时，半夏品质受到较大影响，其有效成分含量较低，这一研究结果与半

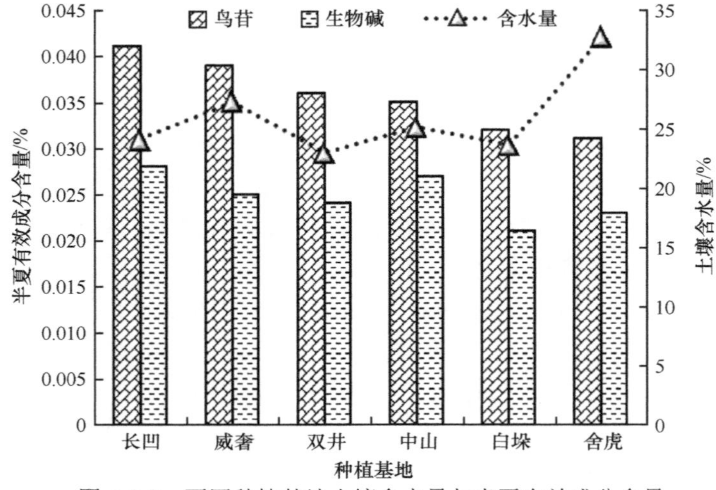

图 6-3-2　不同种植基地土壤含水量与半夏有效成分含量

夏最适种植土壤含水量20%～30%相符。半夏中鸟苷、生物碱含量在土壤含水量为20%～30%时，不随着含水量的增大呈现规律性变化，这有可能与土壤其他性质，如pH、有机质含量相关。因此，在半夏灌溉期间，应适当浇水，既不能过多淹死，也不能过少枯死。

综上所述，贵州半夏产地土壤容重在0.98～1.12 g/cm^3，变异系数较小，属于低等程度变异，不同种植基地之间的容重差异为0.04 g/cm^3，土壤熟化程度较高，拥有适宜半夏生长发育的条件。半夏作为根部入药的中药材，土壤含水量的高低直接影响着半夏的产量和品质。通过研究测试了解到，贵州半夏产地土壤含水量分布较为均匀，在20.38%～33.75%，平均含水量25.72%，舍虎种植基地土壤含水量相对于其他基地较高。当土壤含水量过高时，半夏易出现倒伏和烂根现象，在舍虎种植基地采收的半夏相对于其他基地半夏长势较差。由此可见，土壤含水量对半夏品质有着直接而重要的影响。

二、贵州半夏品质与土壤养分研究

土壤酸碱度对土壤肥力及植物生长影响很大，同时对养分的有效性影响也很大，由图6-3-3可知，贵州半夏种植基地土壤pH为5.84～6.53，土壤偏酸性，随着土壤pH增大，半夏所含鸟苷呈不规则变化，当土壤pH为最大（6.53）时，半夏所含鸟苷含量为0.039%，当土壤pH为6.21时，半夏所含鸟苷含量为最大值（0.041%），当土壤pH为6.45时，半夏中鸟苷含量最低（0.031%）；随着土壤pH的增大，半夏所含生物碱呈不规则变化，当土壤pH为最小值（5.84）时，半夏中生物碱含量最低（0.019%），当土壤pH为最大值（6.53）时，半夏所含生物碱含量最高（0.028%）（表6-3-2）。

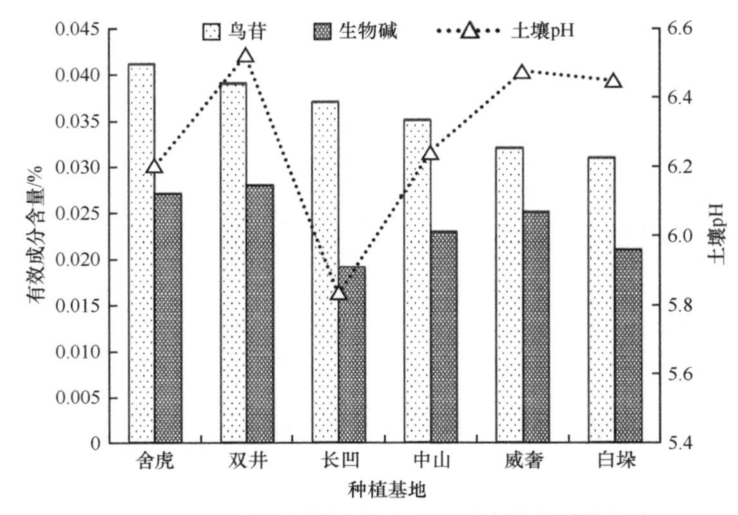

图6-3-3　不同种植基地土壤pH对半夏品质的影响

表 6-3-2　土壤酸碱度及养分含量对半夏品质的影响

项目	舍虎	双井	长凹	中山	威奢	白垛
土壤 pH	6.21	6.53	5.84	6.25	6.48	6.45
有机质/（g/kg）	32.16	30.67	33.54	33.82	32.47	33.96
全氮/（g/kg）	1.95	1.82	1.82	1.92	1.88	2.03
碱解氮/（mg/kg）	163.39	157.17	156.10	149.95	150.50	149.85
缓效钾/（mg/kg）	247.35	281.15	210.15	202.68	257.72	269.82
速效钾/（mg/kg）	138.07	128.93	168.81	137.91	147.58	165.26
速效磷/（mg/kg）	12.88	11.99	11.84	12.37	12.94	13.23
鸟苷/%	0.041	0.039	0.037	0.035	0.032	0.031
生物碱/%	0.027	0.028	0.019	0.023	0.025	0.021

由此可见，半夏所含鸟苷与土壤 pH 没有明显相关性，半夏所含鸟苷随着土壤 pH 增大呈现不规律变化，当 pH 最小时，半夏中生物碱含量最低，当土壤 pH 最大时，半夏中生物碱含量也最高，因此得出，半夏所含生物碱与土壤 pH 相关性不明显。由于半夏不同化学成分所特有的药效不同，因此，在种植过程中可通过控制土壤的酸碱度来控制半夏中的生物碱含量。

由图 6-3-4 可知，随着土壤有机质含量的增加，半夏中鸟苷含量呈不规则变化，当土壤有机质含量为最大值（33.96 g/kg）时，半夏中鸟苷含量为最小值（0.031%），当土壤有机质含量为最小值（30.67 g/kg）时，半夏中鸟苷含量为 0.039%，当土壤有机质含量为 32.16 g/kg 时，半夏中鸟苷含量为最大值（0.041%）；当土壤有机质含量为最大值时，半夏中生物碱含量为 0.021%，当土壤有机质含量为最小值时，

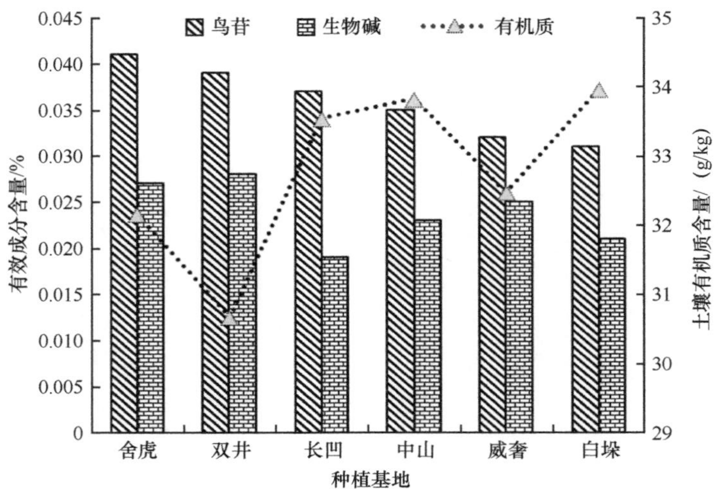

图 6-3-4　不同种植基地半夏品质与土壤有机质含量

半夏中生物碱含量为最大值（0.028%），当土壤有机质含量为33.54 g/kg时，半夏中生物碱含量为最小值（0.019%）。

由图6-3-4可知，半夏中鸟苷含量与土壤有机质含量相关性不明显，在一定程度上随着土壤有机质含量的增加，半夏中鸟苷与生物碱含量呈递减趋势。因此，在施肥过程中，应适量控制有机肥的施用。

由图6-3-5可知，随着土壤全氮含量的增加，半夏中鸟苷含量与生物碱含量呈不规律变化，当土壤全氮含量为最大值（2.03 g/kg）时，鸟苷含量为最小值（0.031%），生物碱含量为0.023%；当土壤全氮含量为最小值（1.82 g/kg）时，半夏中鸟苷含量为0.037%，生物碱含量为最小值（0.019%）；当土壤全氮含量为1.95 g/kg时，半夏中鸟苷含量为最大值（0.041%），半夏所含生物碱为最大值（0.028%）。由此可见，半夏品质与土壤全氮含量无明显相关性，半夏所含生物碱与鸟苷不随土壤全氮含量的增加而增加或降低，随着土壤全氮含量的增加，半夏所含鸟苷与生物碱变化极不规律。

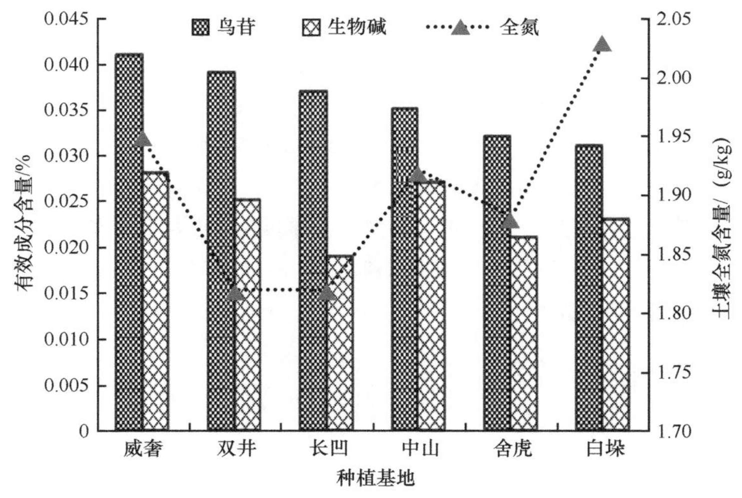

图6-3-5　不同种植基地半夏品质与土壤全氮含量

由图6-3-6可知，当土壤碱解氮含量为最大值（163.39 mg/kg）时，半夏中鸟苷含量为最大值（0.041%），半夏中生物碱含量为最大值（0.028%）；当土壤碱解氮含量为最小值（149.85 mg/kg）时，半夏中鸟苷含量为最小值（0.031%），生物碱含量为0.023%；当土壤碱解氮含量为156.1 mg/kg时，半夏中生物碱含量为最小值（0.019%）。

综上所述，半夏中鸟苷含量基本上随着土壤碱解氮含量的减少而减少，在威奢种植基地半夏中鸟苷、生物碱含量均最高，其土壤碱解氮含量也最高，但是，半夏所含生物碱并不随土壤碱解氮的变化呈规律性变化。因此，在半夏种植过程中，可通过增施氮肥来提高半夏中鸟苷含量。

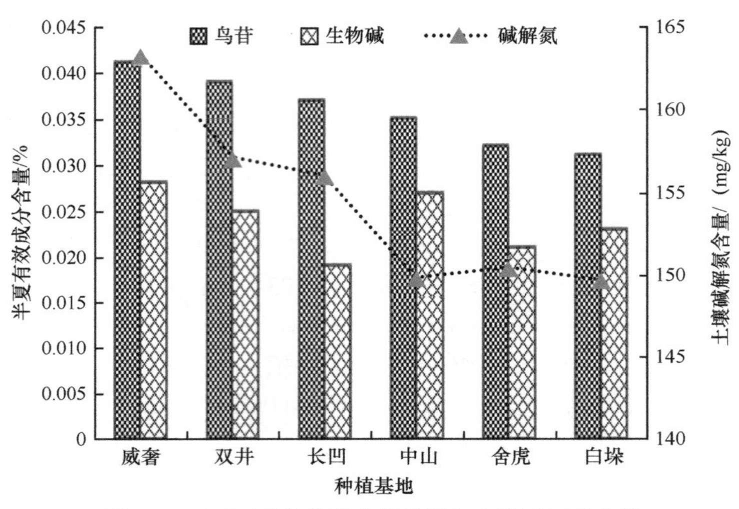

图 6-3-6　不同种植基地半夏品质与土壤碱解氮含量

由图 6-3-7 可知，当土壤缓效钾含量为最大值（281.15 mg/kg）时，半夏中鸟苷含量为 0.039%，生物碱含量为 0.025%；当土壤缓效钾含量为最小值（202.68 mg/kg）时，半夏中鸟苷含量为 0.035%，生物碱含量为 0.027%；当土壤缓效钾含量为 247.35 mg/kg 时，半夏中鸟苷含量为最大值（0.041%），生物碱含量为最大值（0.028%），当土壤缓效钾含量为 269.82 mg/kg 时，半夏中鸟苷含量为最小值（0.031%）；当土壤缓效钾含量为 210.15 mg/kg 时，半夏中生物碱含量为最小值（0.019%）。

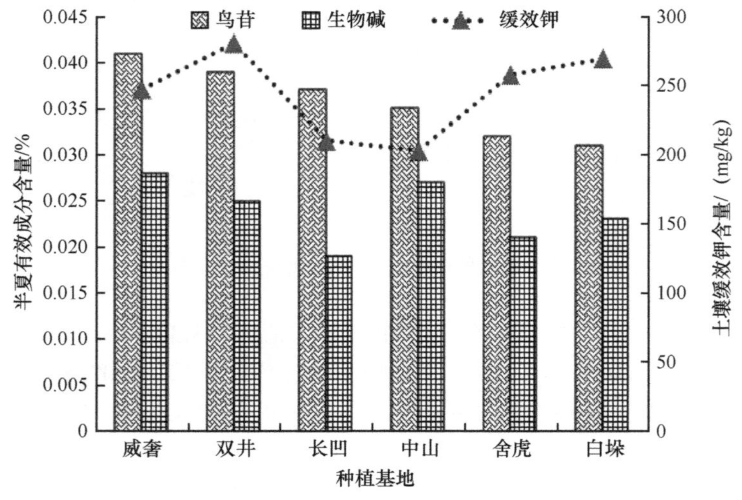

图 6-3-7　不同种植基地半夏品质与缓效钾含量

综上所述，半夏中鸟苷含量与生物碱含量并不随土壤缓效钾含量的增加而增加或减少，土壤缓效钾含量增加过程中，半夏中鸟苷与生物碱含量变化极不规律，由此可见，半夏品质与土壤缓效钾含量无明显相关性。

由图 6-3-8 可知，当土壤速效钾含量为最大值（168.81 mg/kg）时，半夏中鸟苷含量为 0.037%，生物碱含量为最小值（0.019%）；当土壤速效钾含量为最小值（128.93 mg/kg）时，半夏中鸟苷含量为 0.039%，生物碱含量为 0.025%；当土壤速效钾含量为 138.07 mg/kg 时，半夏中鸟苷含量为最大值（0.041%），当土壤速效钾含量为 165.26 mg/kg 时，半夏中鸟苷含量为最小值（0.031%）；当土壤速效钾含量为 138.07 mg/kg 时，半夏中生物碱含量为最大值（0.028%）。

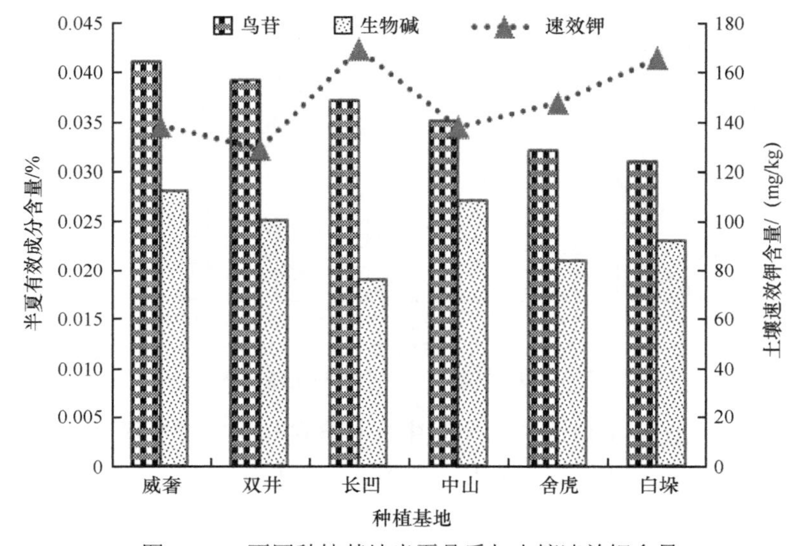

图 6-3-8 不同种植基地半夏品质与土壤速效钾含量

如图 6-3-8 所示，半夏中鸟苷含量与生物碱含量并不随土壤速效钾含量的增加而增加或减少，土壤速效钾含量增加过程中，半夏中鸟苷与生物碱含量变化极不规律，由此可见，半夏品质与土壤速效钾含量无明显相关性。当土壤速效钾含量为 128.93～138.07 mg/kg 时，半夏中鸟苷含量与生物碱含量较高。因此，在施肥过程中不能过多施用钾肥，也不能过少施用。

由图 6-3-9 可知，当土壤速效磷含量为最大值（13.23 mg/kg）时，半夏中鸟苷含量为最小值（0.031%），生物碱含量为 0.023%；当土壤速效磷含量为最小值（11.84 mg/kg）时，半夏中鸟苷含量为 0.037%，生物碱含量为最小值（0.019%）；当土壤速效磷含量为 12.88 mg/kg 时，半夏中鸟苷含量为最大值（0.041%），生物碱含量为最大值（0.028%）。

如图 6-3-9 所示，半夏中鸟苷含量与生物碱含量并不随土壤速效磷含量的增加而增加或减少，土壤速效磷含量增加过程中，半夏中鸟苷与生物碱含量变化极不规律，由此可见，半夏品质与土壤速效磷含量无明显相关性。当土壤速效磷含量为 11.84～12.88 mg/kg 时，半夏中生物碱含量与速效磷含量在威奢、中山、双井、长凹中为正相关，在长凹、舍虎、白垛中为负相关，当土壤速效磷含量为 11.99～

12.88 mg/kg 时，半夏中鸟苷含量较高。由以上研究结果可知，不同生态环境半夏品质与土壤速效磷含量无明显相关性。因此，在施肥过程中应综合考虑当地生态环境等因素来适当施用磷肥，以提高半夏有效成分的积累。

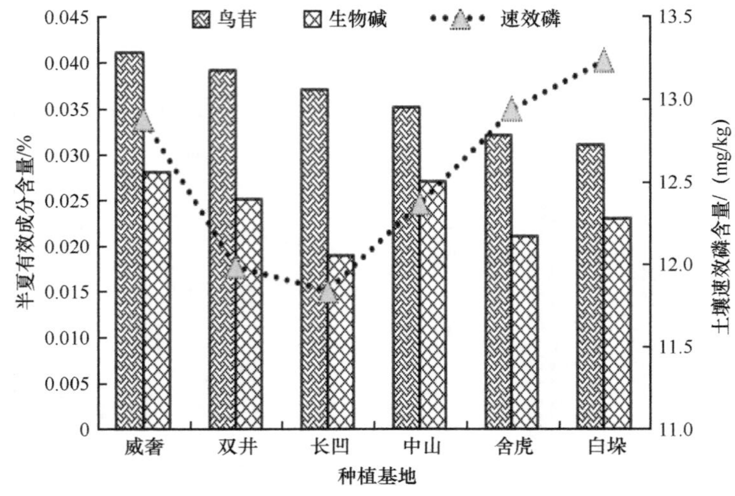

图 6-3-9　不同种植基地半夏品质与土壤速效磷含量

由图 6-3-10～图 6-3-18 可知，半夏中鸟苷含量与生物碱含量为种植基地＞野生林地。不同生态环境中，种植基地土壤容重、含水量、pH，以及全氮、碱解氮、缓效钾、速效磷含量都高于野生林地土壤，野生林地土壤有机质、速效钾含量则高于种植基地土壤。由此可见，在不同生态环境中，随着土壤容重、含水量、pH，以及全氮、碱解氮、缓效钾、速效磷含量的升高，半夏中有效成分含量升高，随着土壤有机质与速效钾含量的升高，半夏有效成分含量降低。影响半夏品质的因素是多方面的，其中包括气候、温度、海拔等，这些因素的综合作用，在一定程度上影响了半夏有效成分的积累。

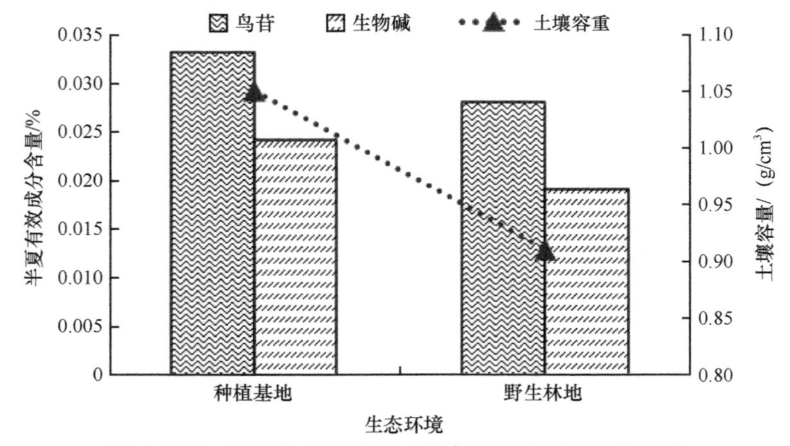

图 6-3-10　不同生态环境中土壤容重对半夏品质的影响

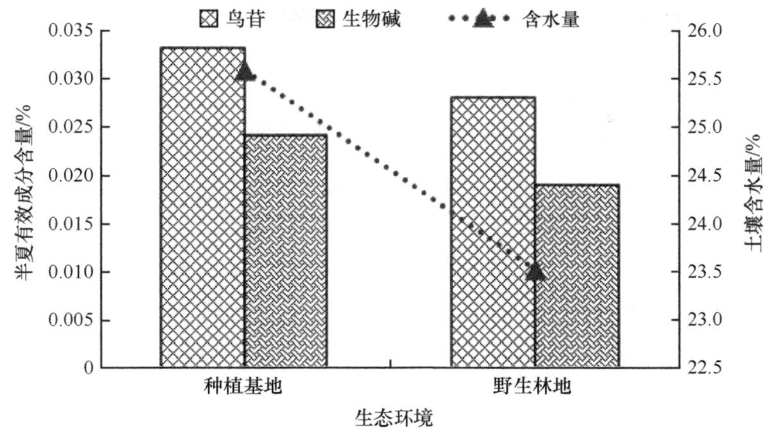

图 6-3-11　不同生态环境中土壤含水量对半夏品质的影响

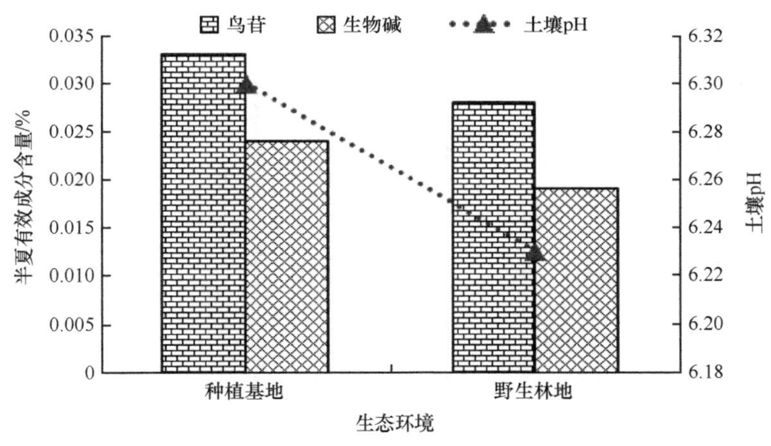

图 6-3-12　不同生态环境中土壤 pH 对半夏品质的影响

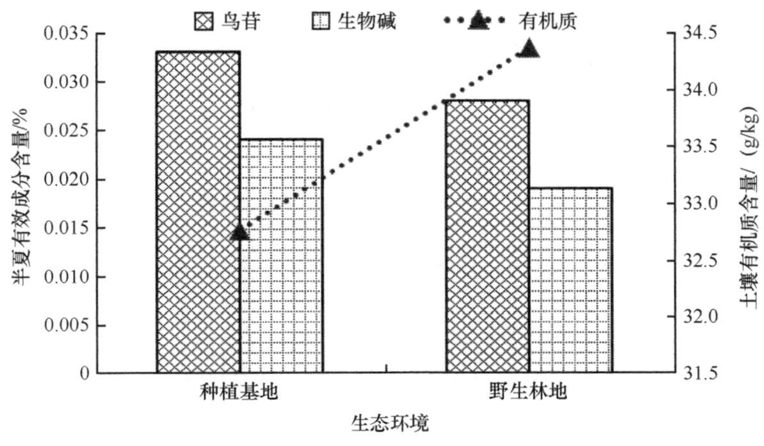

图 6-3-13　不同生态环境中土壤有机质含量对半夏品质的影响

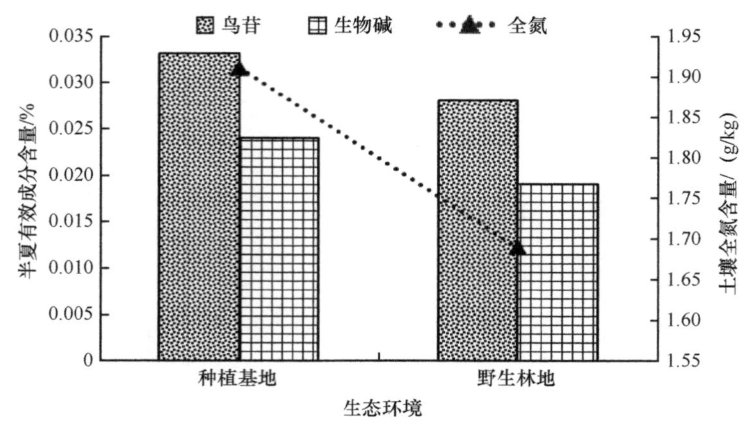

图 6-3-14　不同生态环境中土壤全氮含量对半夏品质的影响

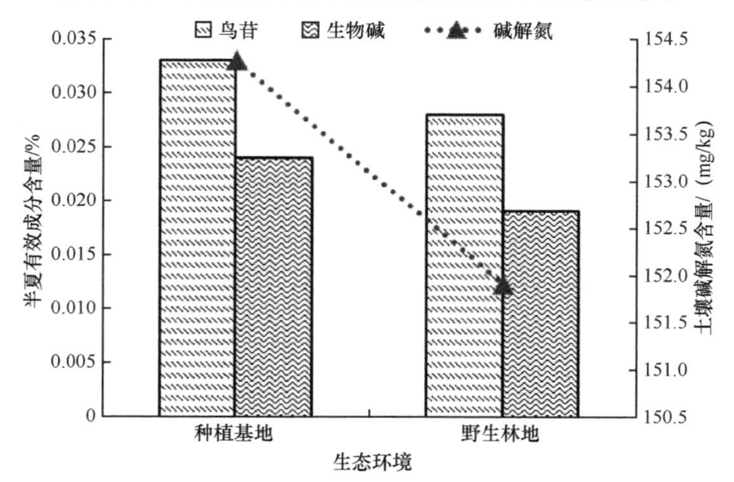

图 6-3-15　不同生态环境中土壤碱解氮含量对半夏品质的影响

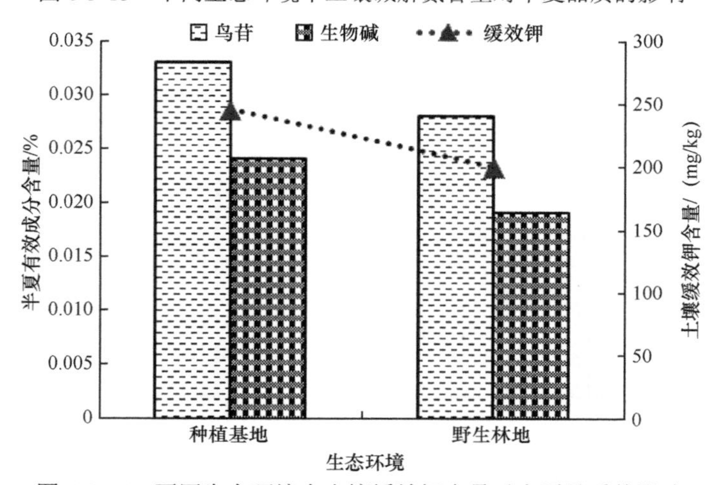

图 6-3-16　不同生态环境中土壤缓效钾含量对半夏品质的影响

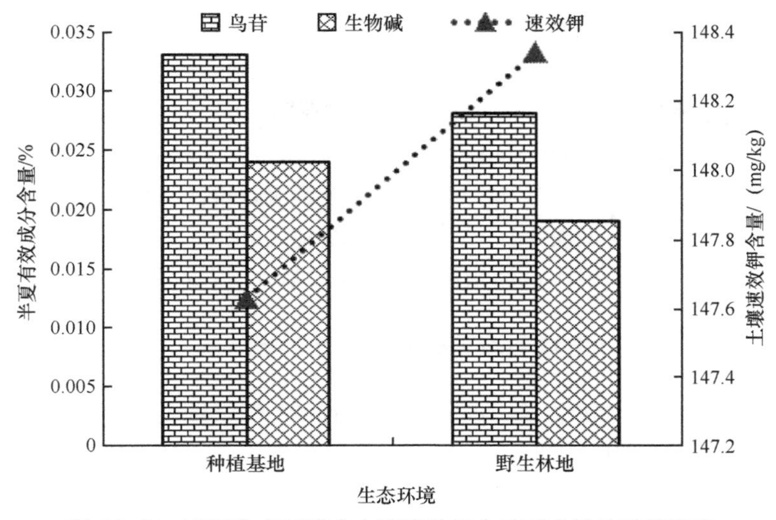

图 6-3-17　不同生态环境中土壤速效钾含量对半夏品质的影响

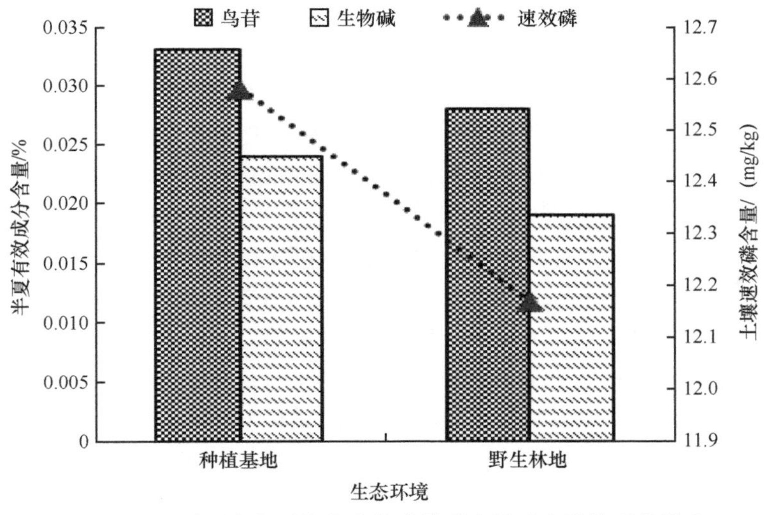

图 6-3-18　不同生态环境中土壤速效磷含量对半夏品质的影响

综上所述，贵州半夏产地土壤 pH 在 4.73～7.50，平均 6.30（见表 6-1-7），其中，pH 在 6～7（半夏生长发育最适土壤 pH）的土壤居多，pH 在 6～7 时，半夏品质较好，粒径较大。贵州半夏种植基地土壤 pH 变异系数为 8.27%，变异系数较小，这可能与半夏种植土壤类型有关。由此可见，土壤酸碱度对半夏的生长有着重要影响。土壤有机质含量是种植基地土壤熟化程度和肥力水平的重要指标，对半夏生长、半夏品质具有重要影响。贵州半夏种植基地土壤有机质含量较为丰富，在 18.41～49.31 g/kg，平均 32.77 g/kg，贵州半夏种植基地土壤有机质含量的变异系数为 18.82%（见表 6-1-9），各种植基地之间差异较大，这与半夏种植基地枯枝落叶的输入和土壤腐殖质的分解速度有关，同时，与半夏种植基地中的人为因素有着直接而紧密的联系。贵州半夏种植基地土壤全氮含量在 1.01～2.58 mg/kg，平均值为 1.91 g/kg，土壤碱解氮含量在 84.00～231.00 mg/kg，平均值为 154.27 mg/kg，速效钾含量在 42.90～266.09 mg/kg，平均值为 147.63 mg/kg，土壤缓效钾含量在 58.61～479.39 mg/kg，平均值为 244.98 mg/kg，土壤速效磷含量在 4.82～34.93 mg/kg，平均值为 12.58 mg/kg（见表 6-1-16），各种植基地之间营养元素含量差异较大，分布不均匀，在种植过程中应适当增施氮、磷、钾肥，减少高残留化肥的施用。

三、贵州半夏品质与土壤理化性质相关性分析

影响半夏品质的因素很多，各因素互相影响，每个因素都有适宜的范围，且大多处于被动变化之中。因此，要使半夏品质得到提高，各个因素必须处于互相调谐状态。土壤理化性质对半夏品质影响较大，通过适当的土壤管理措施，可以为半夏提供良好的土壤环境，从而提高半夏品质。土壤容重与含水量直接影响半夏块茎的生长与有效成分的积累，土壤容重在 1.0～1.1 g/cm^3 时，随着土壤容重的降低，半夏有效成分中鸟苷含量逐渐降低，因此在耕作过程中可通过深翻改土来降低土壤容重；土壤含水量超出 30%时，半夏有效成分含量较土壤含水量为 20%～30%时的半夏低，因此在耕作过程中应控制灌溉；贵州半夏种植基地土壤 pH 为 4.73～7.50，土壤偏酸性，在这个范围内，半夏生物碱含量随着土壤 pH 增大而增大，因此，可以在种植过程中适当掺入石灰粉或草木灰；贵州半夏种植基地土壤有机质含量较为丰富，在 18.41～49.31 g/kg，平均 32.77 g/kg，半夏有效成分含量与土壤有机质含量呈负相关关系，这可能与耕作方式、耕作年限有关，但土壤有机质可与土壤中的磷发生反应，可增加磷的溶解度，从而提高土壤中磷的有效性和磷肥的利用率，因此，在耕作过程中可采用秸秆还田、增施有机肥来提高土壤有机质含量以促进半夏对磷肥的吸收；土壤速效磷对半夏生物碱的积累有促进作用，因此，在耕作过程中可适当增施氮肥、磷肥以提高半夏有效成分的积累量。

四、贵州半夏品质与土壤重金属分布研究

1. 不同种植基地土壤重金属与半夏重金属含量分布

由图 6-3-19 可知，贵州半夏所含重金属 Cr 与土壤所含 Cr 存在一定的相关性，舍虎种植基地土壤中 Cr 含量与半夏中 Cr 含量均为最高，中山种植基地土壤、半夏中 Cr 含量次之，除白垛种植基地外，其余几个种植基地半夏中 Cr 含量均表现为随着土壤中 Cr 含量的增减而增减，白垛种植基地半夏所含 Cr 与土壤 Cr 含量没有显著相关性，这可能与别的因素有关，如耕作方式、种植年限等。

由图 6-3-20 可知，贵州半夏所含重金属 Cd 与土壤所含重金属 Cd 基本呈正相关，半夏所含重金属 Cd 随着土壤 Cd 含量的变化而变化，但其涨跌幅度没有明显

的规律性，这有可能与半夏的种植方式或耕作年限有关。由此可见，土壤 Cd 含量的高低在一定程度上影响了半夏中 Cd 含量的高低，土壤 Cd 含量的高低会直接影响半夏的品质。

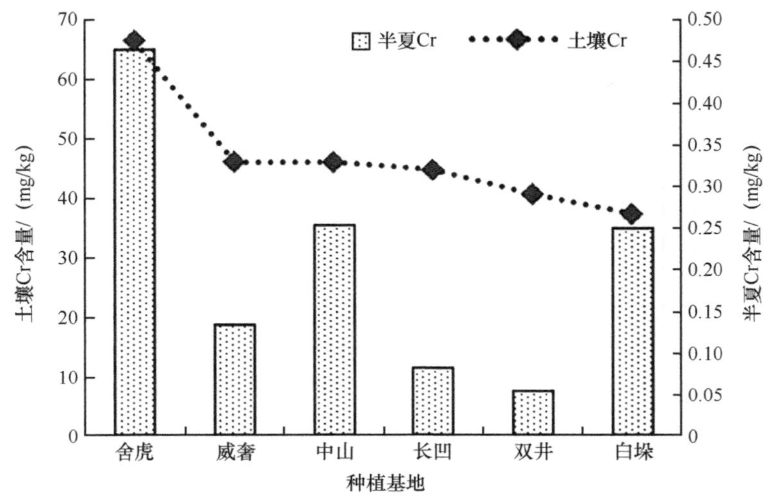

图 6-3-19 不同种植基地土壤与半夏中 Cr 含量分布

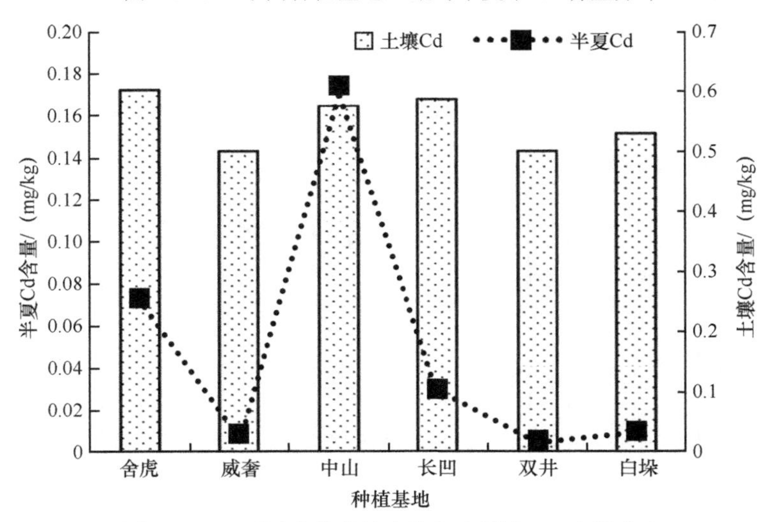

图 6-3-20 不同种植基地土壤与半夏中 Cd 含量分布

由图 6-3-21 可知，贵州半夏所含重金属 Cu 与土壤所含重金属 Cu 基本呈正相关，半夏所含重金属 Cu 随着土壤中 Cu 含量的变化而变化，土壤中重金属 Cu 含量高时，半夏中重金属 Cu 含量也随之升高，土壤中重金属 Cu 的含量降低时，半夏中重金属 Cu 含量也随之降低，由图 6-3-21 可知，除了中山种植基地半夏中重金属 Cu 含量变化不规律外，其余种植基地半夏中重金属 Cu 含量都与土壤重金属 Cu 含量呈正相关，这有可能与耕作方式或种植年限相关。

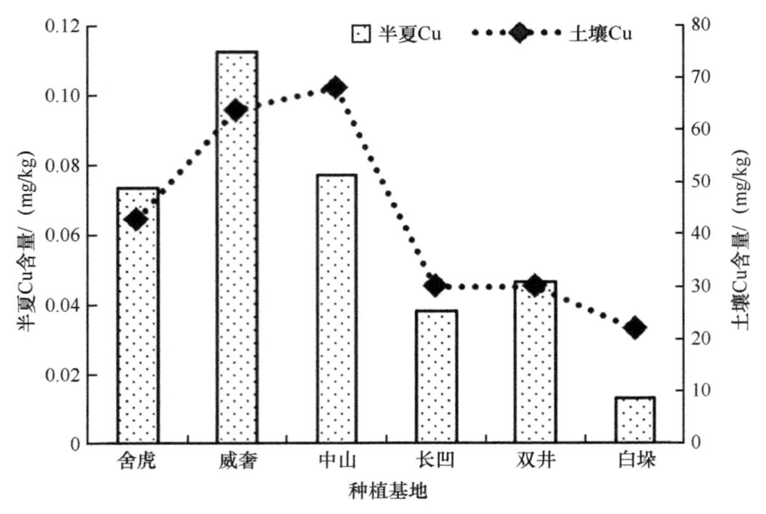

图 6-3-21　不同种植基地半夏与土壤中 Cu 含量分布

由图 6-3-22 可知，贵州半夏中重金属 As 含量与土壤中重金属 As 含量无明显相关性，当土壤中重金属 As 含量最高时，半夏中重金属 As 含量最低，土壤中重金属 As 含量最低时，半夏中重金属 As 含量处于中间，半夏中重金属 As 含量不随土壤中重金属 As 含量的变化呈规律性变化。由此可见，半夏中重金属 As 含量与土壤中重金属 As 含量没有显著相关性，土壤中重金属 As 含量的高低对半夏中重金属 As 含量的高低没有影响。

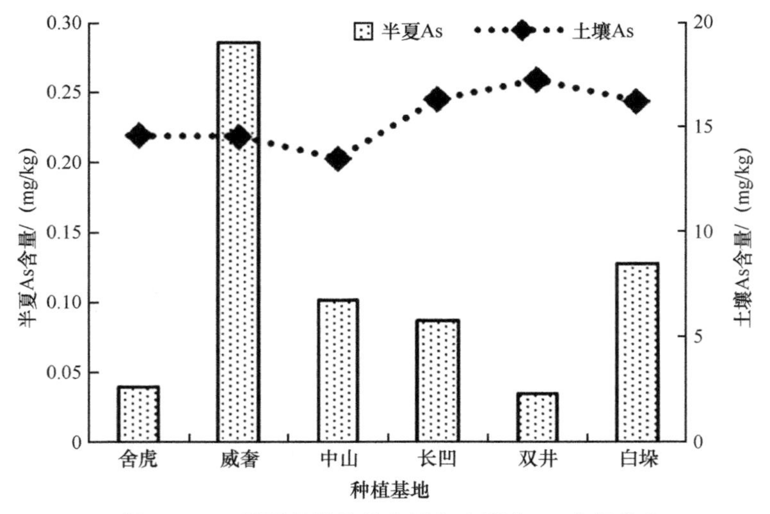

图 6-3-22　不同种植基地半夏与土壤中 As 含量分布

由图 6-3-23 可知，在舍虎、威奢、中山三个种植基地，随着土壤中重金属 Hg 含量的升高，半夏中重金属 Hg 含量降低；长凹、双井种植基地，随着土壤中重金属 Hg 含量的升高，半夏中重金属 Hg 含量降低。由此可见，半夏对重金属 Hg 的吸收与土壤中重金属 Hg 含量之间具有拮抗性，由于土壤环境的复杂性，半夏吸收重金属 Hg 的多少有可能与土壤酸碱度、含水量等有关。

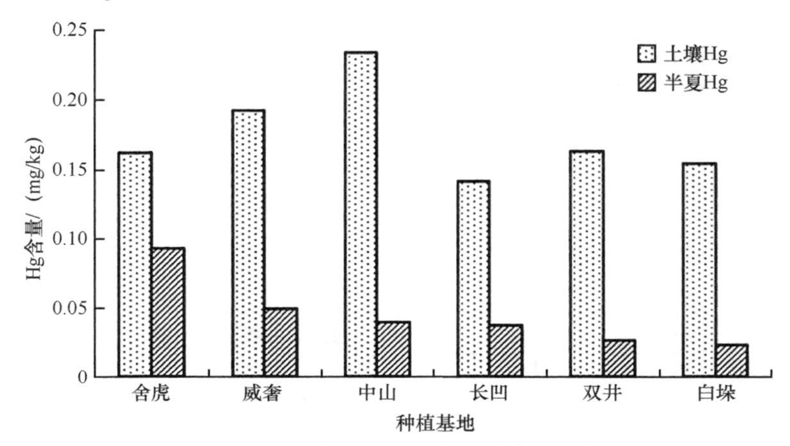

图 6-3-23 不同种植基地半夏与土壤中 Hg 含量分布

由图 6-3-24 可知，贵州半夏中重金属 Pb 含量与土壤中重金属 Pb 含量无明显相关性，随着土壤中重金属 Pb 含量的增减，半夏中重金属 Pb 含量变化极不规律。由此可见，土壤中重金属 Pb 含量的高低对半夏中重金属 Pb 含量无明显影响。

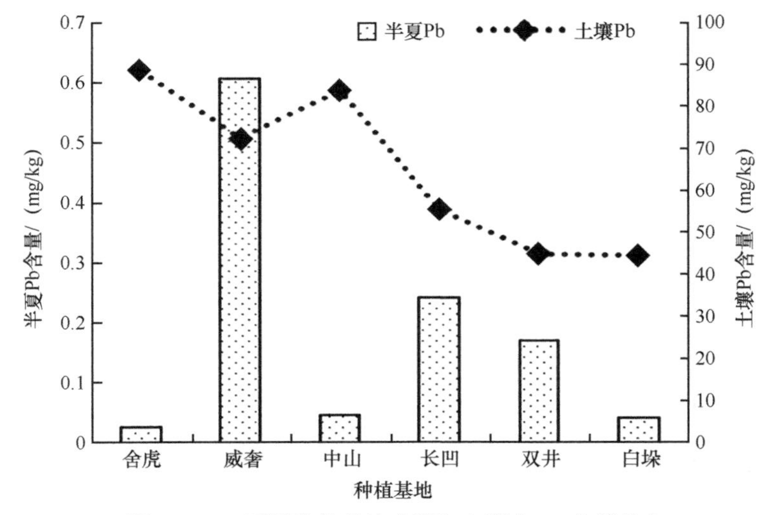

图 6-3-24 不同种植基地半夏与土壤中 Pb 含量分布

由图 6-3-25 可知，贵州半夏中重金属 Zn 含量与土壤中重金属 Zn 含量无明显相关性，当土壤中重金属 Zn 含量最高时，半夏中重金属 Zn 含量也最高，当土壤中重金属 Zn 含量低于 60 mg/kg 时，半夏中重金属 Zn 含量则无明显变化规律。由此可见，土壤中重金属 Zn 含量与半夏中重金属 Zn 含量相关性不明显，但当土壤中重金属 Zn 含量过高时，半夏中重金属 Zn 含量会随之增高，当土壤中重金属 Zn 含量低于 60 mg/kg 时，土壤中重金属 Zn 含量对半夏中重金属 Zn 含量无明显影响。

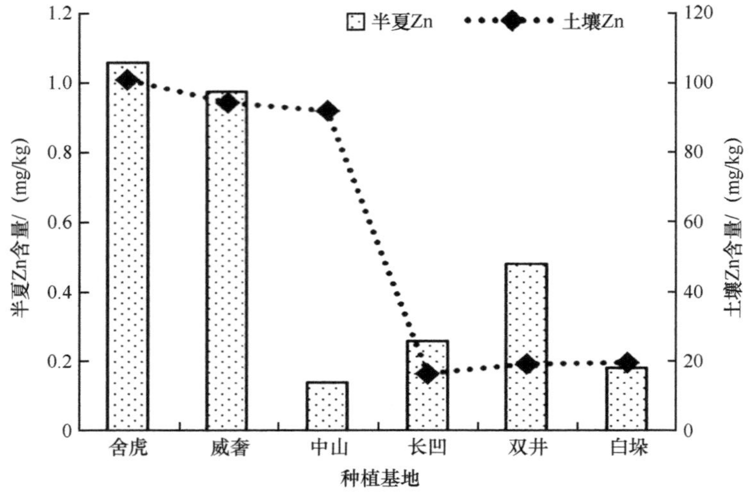

图 6-3-25　不同种植基地半夏与土壤中 Zn 含量分布

近年来，土壤重金属污染逐渐加剧，生活中重金属汞污染主要来自含 Hg 废水，Cd、Pb 污染主要来自工业排放和废气沉降，As 则被大量用作杀虫剂、杀菌剂、杀鼠剂和除草剂等。过量重金属会引起作物生理功能紊乱、营养不平衡等。因此，在半夏种植过程中，应注意农药的施用，应适量减少杀虫剂、杀菌剂、除草剂等的施用，加强对工业废水废气、固体废弃物等的综合治理和利用，多施用低毒、低残留农药，适量增施有机肥。

由图 6-3-26、图 6-3-27 可知，当土壤中重金属 Cr 与 Zn 含量升高时，半夏中

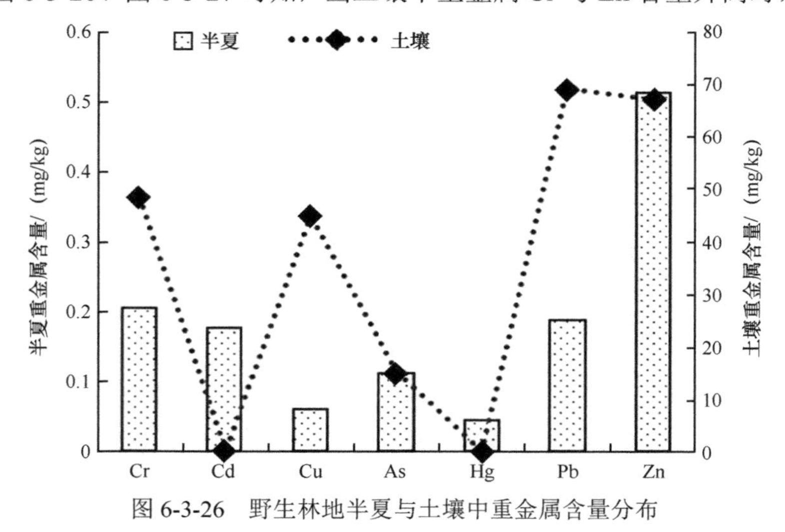

图 6-3-26　野生林地半夏与土壤中重金属含量分布

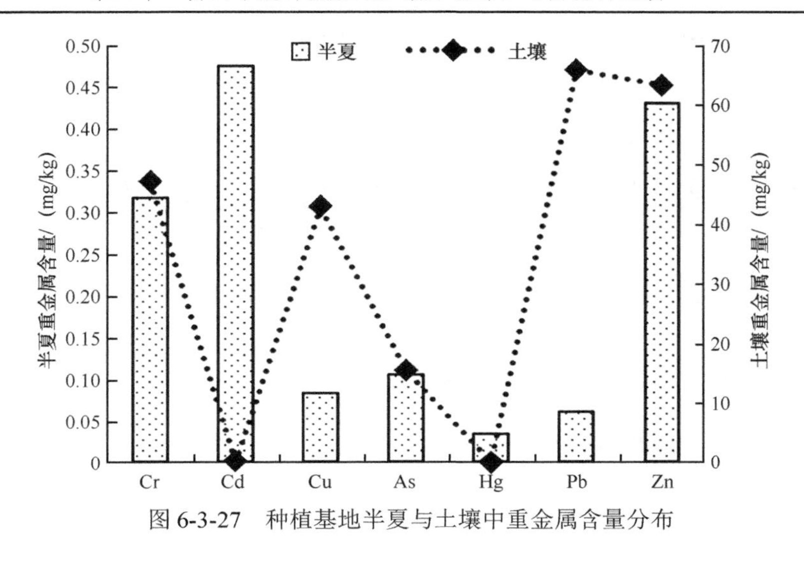

图 6-3-27　种植基地半夏与土壤中重金属含量分布

重金属 Cr 与 Zn 含量随之升高，土壤中重金属 Cd、Cu、As、Hg、Pb 的含量与半夏中重金属 Cd、Cu、As、Hg、Pb 的含量无明显相关性。

2. 不同生态环境下半夏与土壤中重金属含量分析

近年来，中药材安全越来越受到人们的关注，土壤中重金属含量越来越高，中药材中重金属污染形势也越来越严峻，重金属 As、Hg、Pb、Cd 等是对人体有害的元素，当其在体内蓄积至一定量时可引起免疫系统障碍和多种功能损害。目前，我国仅制定了部分中药材和中药制剂中 Pb、As、Hg 的限量标准，本实验中检测的半夏中重金属含量，既为药材的质量评价提供了依据，也为制定药材中重金属限量标准提供了参考。

贵州半夏中重金属 Cr 含量均值为 0.205 mg/kg、Cd 含量均值为 0.176 mg/kg、Cu 含量均值为 0.060 mg/kg、As 含量均值为 0.112 mg/kg、Hg 含量均值为 0.044 mg/kg、Pb 含量均值为 0.189 mg/kg、Zn 含量均值为 0.514 mg/kg。依据《药用植物及制剂外经贸绿色行业标准》（WM/T 2—2004）对重金属的限量指标（mg/kg）：Pb≤5.0、Cd≤0.3、Hg≤0.2、As≤2.0，除了中山种植区半夏中重金属 Cd 含量超出限量指标，其他种植基地半夏中重金属含量均未超标，贵州半夏尚未受到重金属严重污染。

第七章　贵州钩藤产地土壤环境特征与其药材品质

第一节　贵州钩藤产地土壤环境特征

一、贵州钩藤产地土壤物理性状特征

1. 钩藤产地土壤容重分布

根区：由表 7-1-1 可知，钩藤基地土壤容重平均值 1.27 g/cm^3，变异系数为 3.84%，为低等程度变异；林地土壤容重平均值 1.36 g/cm^3，变异系数为 59.56%，为中等程度变异；荒地土壤容重平均值 1.45 g/cm^3，变异系数为 2.57%，为低等程度变异。荒地土壤容重最大，与钩藤基地差异极显著，比钩藤基地高出 14.17%；与林地的土壤容重差异达到极显著水平，比林地的土壤容重高出 6.62%。

表 7-1-1　贵州钩藤产地土壤容重

钩藤产地	根区/非根区	最小值/（g/cm^3）	最大值/（g/cm^3）	平均值/（g/cm^3）	标准差/（g/cm^3）	变异系数/%
钩藤基地	根区	1.20	1.37	1.27Cc	0.05	3.84
	非根区	1.30	1.44	1.35Bb	0.04	2.86
林地	根区	1.34	1.38	1.36Bb	0.81	59.56
	非根区	1.34	1.43	1.40Bb	0.60	43.33
荒地	根区	1.41	1.48	1.45Aa	0.04	2.57
	非根区	1.44	1.49	1.46Aa	0.03	1.72

注：同列不同小写字母表示在 0.05 水平差异显著，不同大写字母表示在 0.01 水平差异极显著，下同

非根区：钩藤基地非根区土壤容重平均值 1.35 g/cm^3，变异系数为 2.86%，为低等程度变异；林地非根区土壤容重平均值 1.40 g/cm^3，变异系数为 43.33%，为中等程度变异；荒地非根区土壤容重平均值 1.46 g/cm^3，变异系数为 1.72%，为低等程度变异。非根区和根区的土壤容重差异性一样，均是荒地＞林地＞钩藤基地，荒地土壤容重最高，与钩藤基地差异极显著，比钩藤基地高出 8.15%；与林地的土壤容重差异达到极显著水平，比林地的土壤容重高出 4.29%。

由以上数据对比分析可见，3 种不同土壤环境下钩藤产地根区和非根区土壤容重值均表现为荒地＞林地＞钩藤基地，这是因为钩藤基地常年人工翻耕，通透

性增强，容重值最低，不易板结；林地具有根系发达的灌木，其具有很强的穿透力，根系生长过程中松动了土壤，使土壤容重降低，土壤总孔隙度提高，固相率降低，气相率提高（牛西午等，2003）。而荒地土壤长期生长杂草，受人和牲畜踩踏，所以容重值最高。

由此可见，贵州不同土壤环境下钩藤土壤容重存在差异，人工翻耕、林药套作模式，有利于土壤容重的降低，满足钩藤生长发育所需的土壤容重条件。

2. 钩藤产地土壤比重

土壤比重反映了土壤中各种成分的含量和密度，土壤 pH 和有机质含量影响矿质养分的释放与转化，使土壤比重更加适合植物根系的生长发育。在同一土壤中，不同利用方式下土粒中腐殖质的组成和含量不同，因而造成土壤的比重不同。

根区：由表 7-1-2 可知，钩藤基地根区土壤比重平均值 2.60 g/cm^3，变异系数为 1.77%，为低等程度变异；林地根区土壤比重平均值 2.68 g/cm^3，变异系数为 28.23%，为中等程度变异；荒地根区土壤比重平均值 2.62 g/cm^3，变异系数为 5.88%，为低等程度变异；钩藤基地、荒地、林地土壤比重差异不显著，土壤比重大小林地＞荒地＞钩藤基地，林地分别比荒地和钩藤基地高出 2.29%与 3.08%，变异程度较小。

表 7-1-2　贵州钩藤产地土壤比重

钩藤产地	根区/非根区	最小值/（g/cm^3）	最大值/（g/cm^3）	平均值/（g/cm^3）	标准差/（g/cm^3）	变异系数/%
钩藤基地	根区	2.49	2.68	2.60Aa	0.05	1.77
	非根区	2.56	3.23	2.68Aa	0.16	5.88
林地	根区	2.50	3.13	2.68Aa	0.76	28.23
	非根区	2.48	3.04	2.66Aa	1.25	47.07
荒地	根区	2.45	2.76	2.62Aa	0.15	5.88
	非根区	2.59	2.65	2.62Aa	0.03	1.22

非根区：钩藤基地土壤比重平均值 2.68 g/cm^3，变异系数为 5.88%，为低等程度变异；林地土壤比重平均值 2.66 g/cm^3，变异系数为 47.07%，为中等程度变异；荒地土壤比重平均值 2.62 g/cm^3，变异系数为 1.22%，为低等程度变异。土壤比重平均值变化趋势为钩藤基地＞林地＞荒地，钩藤基地分别比林地和荒地高出 0.75%与 2.29%，荒地变异程度相对于其他两种土壤环境较低。

由此可见，钩藤产地不同利用方式下的根区和非根区土壤比重差异不显著，总体来看，贵州钩藤产地的土壤在较适宜的土壤比重范围内。根区土壤比重值比非根区低，主要是因为根区土壤受植物根系的作用较强，一方面根系的生长可促进土壤孔隙度的增大，使其紧密度降低；另一方面根区土壤由于根系的代谢作用，促进了根区土壤小环境中生物的活动，有利于矿质成分的分解。

3. 钩藤产地土壤孔隙度

根区：由表 7-1-3 可知，钩藤基地土壤总孔隙度平均值 51.05%，变异系数为 4.53%，为低等程度变异；林地土壤总孔隙度平均值 48.71%，变异系数为 36.54%，为中等程度变异；荒地土壤总孔隙度平均值 44.48%，变异系数为 9.27%，为低等程度变异；荒地土壤总孔隙度与钩藤基地差异极显著，林地土壤总孔隙度与荒地和钩藤基地差异不显著，土壤孔隙度变化趋势表现为钩藤基地＞林地＞荒地，钩藤基地分别比林地和荒地高出 4.80%与 14.77%，钩藤基地的变异系数最小。

表 7-1-3　贵州钩藤产地土壤总孔隙度（%）（林绍霞等，2020）

钩藤产地	根区/非根区	最小值	最大值	平均值	标准差	变异系数
钩藤基地	根区	46.51	54.61	51.05Aa	2.31	4.53
	非根区	46.10	55.47	49.62Aa	2.32	4.68
林地	根区	45.40	56.41	48.71ABab	17.80	36.54
	非根区	43.17	53.45	47.30ABab	18.22	38.53
荒地	根区	39.73	47.04	44.48Bb	4.12	9.27
	非根区	42.49	45.20	44.29Bb	1.56	3.52

非根区：钩藤基地土壤总孔隙度平均值 49.62%，变异系数为 4.68%，为低等程度变异；林地土壤总孔隙度平均值 47.30%，变异系数为 38.53%，为中等程度变异；荒地土壤总孔隙度平均值 44.29%，变异系数为 3.52%，为低等程度变异。荒地土壤总孔隙度与钩藤基地差异极显著，林地土壤总孔隙度与荒地和钩藤基地差异不显著，土壤孔隙度变化趋势表现为钩藤基地＞林地＞荒地，钩藤基地分别比林地和荒地高出 4.90%与 12.03%，荒地的变异系数最小。

综上所述，钩藤产地土壤孔隙度能达到壤土孔隙度的要求，根区的土壤孔隙度＞非根区的土壤孔隙度。人为翻耕土壤，增加了其通透性，提高了土壤通气状况，增强了需氧性微生物的活动频率，进而增强了土壤腐殖质的腐熟速度，最终提高了土壤质量。

4. 钩藤产地土壤毛管孔隙度

根区：由表 7-1-4 可知，钩藤基地根区土壤毛管孔隙度平均值 45.04%，变异系数为 6.90%，为低等程度变异；林地根区土壤毛管孔隙度平均值 31.36%，变异系数为 46.16%，为中等程度变异；荒地根区土壤毛管孔隙度平均值 22.51%，变异系数为 29.33%，为中等程度变异。钩藤基地与林地和荒地的土壤毛管孔隙度差异极显著，土壤毛管孔隙度变化趋势表现为钩藤基地＞林地＞荒地，钩藤基地分别比林地和荒地高出 43.62%与 100.09%，钩藤基地的变异系数最小。

表 7-1-4　贵州钩藤产地土壤毛管孔隙度（%）（林绍霞等，2020）

钩藤产地	根区/非根区	最小值	最大值	平均值	标准差	变异系数
钩藤基地	根区	40.05	50.25	45.04Aa	3.11	6.90
	非根区	27.92	47.95	49.62Aa	5.23	14.18
林地	根区	24.88	36.49	31.36Bb	14.48	46.16
	非根区	20.05	32.81	47.30Aa	11.67	47.91
荒地	根区	17.67	30.03	22.51Cc	6.60	29.33
	非根区	19.25	28.52	44.29Aa	4.76	20.47

非根区：钩藤基地非根区土壤毛管孔隙度平均值 49.62%，变异系数为 14.18%，为中等程度变异；林地非根区土壤毛管孔隙度平均值 47.30%，变异系数为 47.91%，为中等程度变异；荒地非根区土壤毛管孔隙度平均值 44.29%，变异系数为 20.47%，为中等程度变异。荒地与林地和钩藤基地土壤毛管孔隙度差异性不显著，土壤毛管孔隙度变化趋势表现为钩藤基地＞林地＞荒地，钩藤基地分别比林地和荒地高出 4.90%与 12.03%，钩藤基地的变异系数最小。

钩藤基地和林地满足壤土的通透性要求，单从毛管孔隙度这个角度分析，荒地由于无人管理，植物种类以杂草为主，加之人为踩踏和牲畜践踏，使其土壤毛管孔隙度降低，与前期调查结果——荒地表土层浅薄，土壤板结相一致，同时也表明，植被和人为参与对土壤毛管孔隙度影响较大。

5. 钩藤产地土壤非毛管孔隙度

根区：由表 7-1-5 可知，钩藤基地根区土壤非毛管孔隙度平均值 6.01%，变异系数为 53.89%，为中等程度变异；林地根区土壤非毛管孔隙度平均值 17.34%，变异系数为 78.75%，为中等程度变异；荒地根区土壤非毛管孔隙度平均值 21.97%，变异系数为 22.40%，为中等程度变异；荒地和林地分别与钩藤基地的差异性显著，土壤非毛管孔隙度变化趋势表现为荒地＞林地＞钩藤基地，荒地分别比林地和钩藤基地高出 26.70%与 265.56%，荒地的变异系数最小。

表 7-1-5　贵州钩藤产地土壤非毛管孔隙度（%）

钩藤产地	根区/非根区	最小值	最大值	平均值	标准差	变异系数
钩藤基地	根区	0.36	10.84	6.01Bc	3.24	53.89
	非根区	3.02	22.03	12.71Bb	5.28	41.53
林地	根区	10.15	21.14	17.34Ab	13.66	78.75
	非根区	20.64	25.70	22.95Aa	10.00	43.59

续表

钩藤产地	根区/非根区	最小值	最大值	平均值	标准差	变异系数
荒地	根区	17.01	26.86	21.97Aa	4.92	22.40
	非根区	16.68	25.93	21.03ABa	4.65	22.11

非根区：钩藤基地土壤非毛管孔隙度平均值 12.71%，变异系数为 41.53%，为中等程度变异；林地非根区土壤非毛管孔隙度平均值 22.95%，变异系数为 43.59%，为中等程度变异；荒地非根区土壤非毛管孔隙度平均值 21.03%，变异系数为 22.11%，为中等程度变异。由此可见，贵州不同利用方式下钩藤土壤非毛管孔隙度存在显著性差异。荒地和林地分别与钩藤基地的差异性显著，土壤非毛管孔隙度变化趋势为林地＞荒地＞钩藤基地，林地分别比荒地和钩藤基地高出 9.13%和 80.57%，荒地的变异系数最小。

综上所述，钩藤产地不同利用方式下的土壤非毛管孔隙度，钩藤基地最小，这主要与钩藤基地人工培肥和翻耕，土壤发育较成熟有关。

6. 钩藤产地土壤含水量

根区：由表 7-1-6 可知，钩藤基地根区土壤自然含水量平均值 21.09%，变异系数为 30.09%，为中等程度变异；林地根区土壤自然含水量平均值 20.19%，变异系数为 39.86%，为中等程度变异；荒地根区土壤自然含水量平均值 19.19%，变异系数为 13.47%，为中等程度变异。钩藤基地与林地和荒地土壤自然含水量差异不显著，土壤自然含水量变化趋势表现为钩藤基地＞林地＞荒地，钩藤基地分别比林地和荒地高出 4.46%与 9.90%，荒地的变异系数最小。

表 7-1-6　贵州钩藤产地土壤自然含水量分布（%）

钩藤产地	根区/非根区	最小值	最大值	平均值	标准差	变异系数
钩藤基地	根区	15.89	41.68	21.09Aa	6.35	30.09
	非根区	14.58	30.81	21.08Aa	4.33	20.54
林地	根区	18.47	21.28	20.19Aa	8.05	39.86
	非根区	19.99	27.50	22.99Aa	7.17	31.18
荒地	根区	16.21	20.76	19.19Aa	2.58	13.47
	非根区	14.21	21.73	18.68Aa	3.96	21.19

非根区：钩藤基地土壤自然含水量平均值 21.08%，变异系数为 20.54%，为中等程度变异；林地非根区土壤自然含水量平均值 22.99%，变异系数为 31.18%，为中等程度变异；荒地非根区土壤自然含水量平均值 18.68%，变异系数为 21.19%，为中等程度变异。钩藤基地与林地和荒地土壤自然含水量差异不显著，土壤自然

含水量变化趋势表现为林地＞钩藤基地＞荒地，林地分别比钩藤基地和荒地高出9.06%与23.07%，钩藤基地的变异系数最小。

以上结果表明：荒地土壤自然含水量最低，这是由于荒地土壤植物较为单一，根系不够发达，加之人为活动的干扰，不仅使生物量减少，还使土壤理化性质发生了明显改变，土壤容重增加，土壤变得紧实甚至板结，团粒结构被破坏，渗透性和持水能力降低。

二、贵州钩藤产地土壤化学性状特征

1. 钩藤产地土壤 pH

由表 7-1-7 可知，不同利用方式下根区与非根区土壤 pH 存在差异。根区土壤 pH 小于非根区土壤 pH。根区和非根区土壤 pH：林地＜钩藤基地＜荒地。钩藤基地根区土壤 pH 平均值 5.60，变异系数为 11.79%，属于中等程度变异；林地根区土壤 pH 平均值 5.36，变异系数为 6.54%，属于低等程度变异；荒地根区土壤 pH 平均值 6.01，变异系数为 4.85%，属于低等程度变异。钩藤基地非根区土壤 pH 平均值 5.95，变异系数为 11.05%，属于中等程度变异；林地非根区土壤 pH 平均值 5.72，变异系数为 5.80%，属于低等程度变异；荒地非根区土壤 pH 平均值 6.17，变异系数为 5.92%，属于低等程度变异。其中，pH 在 5～6 的土壤居多。

表 7-1-7　不同利用方式土壤 pH

利用方式	根区/非根区	最小值	最大值	平均值	标准差	变异系数/%
钩藤基地	根区	4.81	6.80	5.60Aa	0.66	11.79
	非根区	4.99	6.94	5.95Aa	0.66	11.05
林地	根区	4.97	5.93	5.36Aab	0.35	6.54
	非根区	5.22	6.04	5.72Aa	0.33	5.80
荒地	根区	5.8	6.34	6.01Ab	0.29	4.85
	非根区	5.82	6.55	6.17Aa	0.37	5.92

2. 钩藤产地土壤营养元素含量

由表 7-1-8 可知，贵州钩藤不同利用方式下的土壤养分含量是存在差异的，且根区土壤养分含量要普遍高于非根区土壤养分含量，结合全国第二次土壤普查养分分级标准，贵州钩藤产地土壤养分含量多在 3 级水平。①有机质含量：土壤有机质含量是种植基地土壤熟化程度和肥力水平的重要指标，对钩藤生长、钩藤品质具有重要影响。钩藤基地根区土壤有机质含量在 13.23～44.31 g/kg，平均值 29.44 g/kg，变异系数为 30.71%，为中等程度变异；钩藤基地非根区土壤有机质

表 7-1-8　不同利用方式下钩藤土壤营养元素含量

利用方式	根区/非根区	描述性统计	有机质/（g/kg）	全氮/（g/kg）	碱解氮/（mg/kg）	有效磷/（mg/kg）	速效钾/（mg/kg）	缓效钾/（g/kg）
钩藤基地	根区	范围	13.23～44.31	1.06～2.58	89.08～177.46	4.39～10.86	48.72～308.72	36.48～664.57
		平均值	29.44Aa	1.84Aa	130.32Aa	5.91Aa	107.65Aa	261.17Aa
		养分等级	3	2	2	4	3	3
		变异系数/%	30.71	27.42	19.70	36.83	69.66	91.34
	非根区	范围	10.01～36.91	0.91～2.52	76.36～142.11	4.34～10.23	30.72～148.72	70.40～631.72
		平均值	23.58Aa	1.57Aa	103.36Aa	5.62Aa	79.39Aa	268.73Aa
		养分等级	3	2	3	4	4	3
		变异系数/%	36.73	34.25	20.45	31.71	35.29	84.41
林地	根区	范围	21.82～26.88	1.37～1.61	101.10～113.83	4.39～5.81	83.72～148.72	95.01～142.05
		平均值	24.31Aab	1.48Aab	109.02Aa	4.98Aa	121.72Aa	114.40Aa
		养分等级	3	3	3	5	3	3
		变异系数/%	8.40	6.08	5.09	10.97	21.27	16.53
	非根区	范围	20.57～26.17	1.27～1.58	97.57～113.12	4.70～12.54	70.72～143.72	63.49～120.21
		平均值	22.03Aa	1.42Aa	105.34Aa	8.09Aa	107.12Aa	100.34Aa
		养分等级	3	3	3	4	3	3
		变异系数/%	10.60	8.16	6.66	42.90	30.90	22.46

续表

利用方式	根区/非根区	描述性统计	有机质/（g/kg）	全氮/（g/kg）	碱解氮/（mg/kg）	有效磷/（mg/kg）	速效钾/（mg/kg）	缓效钾/（g/kg）
荒地	根区	范围	15.90～17.15	0.92～1.14	74.94～94.74	5.12～6.65	78.72～158.72	94.92～151.86
		平均值	16.62Ab	1.02Bb	82.72Aa	6.00Aa	117.05Aa	114.03Aa
		养分等级	4	3	4	4	3	3
		变异系数/%	3.88	10.79	12.76	13.13	34.26	28.74
	非根区	范围	10.79～17.18	0.86～1.91	71.41～94.03	5.70～8.07	48.72～123.72	95.40～149.82
		平均值	14.26Aa	1.25Aa	80.36Aa	5.62Aa	77.05Aa	116.87Aa
		养分等级	4	3	4	4	4	3
		变异系数/%	22.67	45.81	14.96	18.29	52.85	24.79

注：养分等级划分参考全国第二次土壤普查养分分级标准

含量在 10.01～36.91 g/kg，平均值 23.58 g/kg，变异系数为 36.73%，为中等程度变异；林地根区土壤有机质含量在 21.82～26.88 g/kg，平均值 24.31 g/kg，变异系数为 8.40%，为低等程度变异；林地非根区土壤有机质含量在 20.57～26.17 g/kg，平均值 22.03 g/kg，变异系数为 10.60%，为中等程度变异；荒地根区土壤有机质含量在 15.90～17.15 g/kg，平均值 16.62g/kg，变异系数为 3.88%，为低等程度变异；荒地非根区土壤有机质含量在 10.79～17.18 g/kg，平均值 14.26 g/kg，变异系数为 22.67%，为中等程度变异。不同利用方式下钩藤土壤的有机质含量之间差异较大，这与不同利用方式下钩藤种植环境有关，如与枯枝落叶的输入和土壤腐殖质分解速度有关，此外，还与人为因素有着直接紧密的联系，荒地根区土壤有机质含量与钩藤基地差异显著。

全氮含量：钩藤基地根区土壤全氮含量在 1.06～2.58 g/kg，平均值 1.84 g/kg，变异系数为 27.42%，为中等程度变异；钩藤基地非根区土壤全氮含量在 0.91～2.52 g/kg，平均值 1.57 g/kg，变异系数为 34.25%，为中等程度变异；林地根区土壤全氮含量在 1.37～1.61 g/kg，平均值 1.48 g/kg，变异系数为 6.08%，为低等程度变异；林地非根区土壤全氮含量在 1.27～1.58 g/kg，平均值 1.42 g/kg，变异系数为 8.16%，为低等程度变异；荒地根区土壤全氮含量在 0.92～1.14 g/kg，平均值 1.02 g/kg，变异系数为 10.79%，为中等程度变异；荒地非根区土壤全氮含量在 0.86～1.91 g/kg，平均值 1.25 g/kg，变异系数为 45.81%，为中等程度变异，荒地和林地根区土壤全氮含量与钩藤基地呈显著性差异，3 种利用方式下非根区土壤全氮含量差异不显著。

碱解氮含量：土壤碱解氮含量是土壤熟化程度和肥力水平的重要指标，对钩藤生长、钩藤品质具有重要影响。钩藤基地根区土壤碱解氮含量在 89.08～177.46 mg/kg，平均值 130.32 mg/kg，变异系数为 19.70%，为中等程度变异；钩藤基地非根区土壤碱解氮含量在 76.36～142.11 mg/kg，平均值 103.36 mg/kg，变异系数为 20.45%，为中等程度变异；林地根区土壤碱解氮含量在 101.10～113.83 mg/kg，平均值 109.02 mg/kg，变异系数为 5.09%，为低等程度变异；林地非根区土壤碱解氮含量在 97.57～113.12 mg/kg，平均值 105.34 mg/kg，变异系数为 6.66%，为低等程度变异；荒地根区土壤碱解氮含量在 74.94～94.74 mg/kg，平均值 82.72 mg/kg，变异系数为 12.76%，为中等程度变异；荒地非根区土壤碱解氮含量在 71.41～94.03 mg/kg，平均值 80.36 mg/kg，变异系数为 14.96%，为中等程度变异，3 种不同利用方式下根区和非根区土壤碱解氮含量差异均不显著。

有效磷含量：钩藤基地根区土壤有效磷含量在 4.39～10.86 mg/kg，平均值 5.91 mg/kg，变异系数为 36.83%，为中等程度变异；钩藤基地非根区土壤有效磷含量在 4.34～10.23 mg/kg，平均值 5.62 mg/kg，变异系数为 31.71%，为中等程度变异；林地根区土壤有效磷含量在 4.39～5.81 mg/kg，平均值 4.98 mg/kg，变异系数为 10.97%，为中等程度变异；林地非根区土壤有效磷含量在 4.70～12.54 mg/kg，平均值 8.09 mg/kg，变异系数为 42.90%，为中等程度变异；荒地根区土壤有效磷含量在 5.12～6.65 mg/kg，平均值 6.00 mg/kg，变异系数为 13.13%，为中等程度变异；荒地非根区土壤有效磷含量在 5.70～8.07 mg/kg，平均值 5.62 mg/kg，变异系数为 18.29%，为中等程度变异。

速效钾含量：钩藤基地根区土壤速效钾含量在 48.72～308.72 mg/kg，平均值 107.65 mg/kg，变异系数为 69.66%，为中等程度变异；钩藤基地非根区土壤速效钾含量在 30.72～148.72 mg/kg，平均值 79.39 mg/kg，变异系数为 35.29%，为中等程度变异；林地根区土壤速效钾含量在 83.72～148.72 mg/kg，平均值 121.72 mg/kg，变异系数为 21.27%，为中等程度变异；林地非根区土壤速效钾含量在 70.72～143.72 mg/kg，平均值 107.12 mg/kg，变异系数为 30.90%，为中等程度变异；荒地根区土壤速效钾含量在 78.72～158.72 mg/kg，平均值 117.05 mg/kg，变异系数为 34.26%，为中等程度变异；荒地非根区土壤速效钾含量在 48.72～123.72 mg/kg，平均值 77.05 mg/kg，变异系数为 52.85%，为中等程度变异。

缓效钾含量：钩藤基地根区土壤缓效钾含量在 36.48～664.57 mg/kg，平均值 261.17 mg/kg，变异系数为 91.34%，为中等程度变异；钩藤基地非根区土壤缓效钾含量在 70.40～631.72 mg/kg，平均值 268.73 mg /kg，变异系数为 84.41%，为中等程度变异；林地根区土壤缓效钾含量在 95.01～142.05 mg/kg，平均值 114.40 mg/kg，变异系数为 16.53%，为中等程度变异；林地非根区土壤缓效钾含量在 63.49～120.21 mg/kg，平均值 100.34 mg/kg，变异系数为 22.46%，为中等程度变异；荒地根区土壤缓效钾含量在 94.92～151.86 mg/kg，平均值 114.03 mg/kg，变异系数为 28.74%，为中等程度变异；荒地非根区土壤缓效钾含量在 95.40～149.82 mg/kg，平均值 116.87 mg/kg，变异系数为 24.79%，为中等程度变异。

贵州不同利用方式下钩藤土壤中营养元素含量不同。总体上看，贵州钩藤土壤产地中有效磷含量较低，补充磷肥能为钩藤生长提供充足营养。

三、贵州钩藤产地土壤酶含量

1. 不同利用方式下土壤过氧化氢酶含量

过氧化氢酶是参与土壤中物质和能量转化的一种重要氧化还原酶，能酶促水解过氧化氢分解为水和氧，解除过氧化氢对植物的毒害作用，在一定程度上可以表征土壤生物氧化过程的强弱，在土壤物质和能量的转化中占重要地位。

根区：由表 7-1-9 可知，钩藤基地土壤过氧化氢酶含量平均值 2.42 μmol/(d·g)，变异系数为 19.43%，为中等程度变异；林地土壤过氧化氢酶含量平均值 2.84 μmol/(d·g)，变异系数为 12.40%，为中等程度变异；荒地土壤过氧化氢酶含量平均值 1.38 μmol/(d·g)，变异系数为 28.76%，为中等程度变异；土壤过氧化氢酶活性以林地最高，钩藤基地和荒地分别比林地低 14.79%与 51.41%，土壤过氧化氢酶活性变化趋势表现为林地＞钩藤基地＞荒地，荒地与林地和钩藤基地过氧化氢酶活性差异极显著。

表 7-1-9　不同利用方式下钩藤土壤过氧化氢酶含量

不同利用方式	根区/非根区	最小值/[μmol/(d·g)]	最大值/[μmol/(d·g)]	平均值/[μmol/(d·g)]	标准差/[μmol/(d·g)]	变异系数/%
钩藤基地	根区	1.33	3.09	2.42Aa	0.47	19.43
	非根区	1.02	2.92	1.98Bb	0.49	25.03
林地	根区	2.36	3.26	2.84Aa	0.35	12.40
	非根区	2.27	3.11	2.75Aa	0.34	12.50
荒地	根区	0.97	1.75	1.38Bb	0.39	28.76
	非根区	0.92	1.71	1.35Bb	0.40	30.27

非根区：钩藤基地非根区土壤过氧化氢酶含量平均值 1.98 μmol/(d·g)，变异系数为 25.03%，为中等程度变异；林地土壤过氧化氢酶含量平均值 2.75 μmol/(d·g)，变异系数为 12.50%，为中等程度变异；荒地土壤过氧化氢酶含量平均值 1.35 μmol/(d·g)，变异系数为 30.27%，为中等程度变异。非根区土壤过氧化氢酶活性以林地最高，钩藤基地和荒地分别比林地低 28.00%与 50.91%，林地与钩藤基地和荒地差异极显著。

钩藤产地不同利用方式下土壤过氧化氢酶活性表现为林地＞钩藤基地＞荒地，过氧化氢酶属于氧化还原酶类，与土壤的氧化还原状况有密切关系。林地土壤表层有一层极厚的凋落物和腐殖质层，有机质含量多，促进了过氧化氢酶的活性。而荒地地表覆盖物较少，土壤中植物根系较少，过氧化氢酶来源减少，故过氧化氢酶活性较低。因此，林地过氧化氢酶活性高于荒地过氧化氢酶活性。

2. 不同利用方式下土壤磷酸酶含量

磷酸酶分为酸性磷酸酶、中性磷酸酶和碱性磷酸酶，由于该地区土壤呈酸性，故只测定其酸性磷酸酶活性。磷酸酶能促进土壤中有机磷化合物的水解，磷酸酶活性很大程度上取决于土壤中腐殖质含量、有效磷含量，以及能分解有机磷化合物的微生物数量等。

根区：由表 7-1-10 可知，钩藤基地根区土壤磷酸酶含量平均值 11.91 酚 mg/(g·d)，变异系数为 45.93%，为中等程度变异；林地根区土壤磷酸酶含量平均值 15.06 酚 mg/(g·d)，变异系数为 7.16%，为低等程度变异；荒地根区土壤磷酸酶含量平均值 14.03 酚 mg/(g·d)，变异系数为 10.84%，为低等程度变异；土壤磷酸酶活性以林地最高，钩藤基地和荒地分别比林地低 20.91%与 6.84%，土壤磷酸酶活性变化趋势表现为林地＞荒地＞钩藤基地。

非根区：钩藤基地土壤磷酸酶含量平均值 8.94 酚 mg/(g·d)，变异系数为 50.51%，为中等程度变异；林地非根区土壤磷酸酶含量平均值 13.00 酚 mg/(g·d)，变异系数为 16.27%，为中等程度变异；荒地非根区土壤磷酸酶含量平均值 12.54 酚 mg/(g·d)，变异系数为 10.34%，为低等程度变异；土壤磷酸酶活性以林地最高，钩藤基地和荒地分别比林地低 31.23%与 3.54%，土壤磷酸酶活性变化趋势表现为林地＞荒地＞钩藤基地。

表 7-1-10　不同利用方式下钩藤土壤磷酸酶含量

不同利用方式	根区/非根区	最小值/[酚 mg/(g·d)]	最大值/[酚 mg/(g·d)]	平均值/[酚 mg/(g·d)]	标准差/[酚 mg/(g·d)]	变异系数/%
钩藤基地	根区	5.26	23.34	11.91Aa	5.47	45.93
	非根区	2.74	15.68	8.94Aa	4.52	50.51
林地	根区	13.46	16.18	15.06Aa	1.08	7.16
	非根区	11.16	15.40	13.00Aa	2.12	16.27
荒地	根区	12.55	15.51	14.03Aa	1.52	10.84
	非根区	11.25	13.83	12.54Aa	1.30	10.34

钩藤产地不同利用方式下土壤磷酸酶活性变化趋势为林地＞荒地＞钩藤基地，林地土壤磷酸酶活性最高，这是因为林地植物凋落物和根系分泌物不仅使微生物大量繁殖，丰富了土壤磷酸酶的来源，同时这些凋落物的分解和根系的生理代谢过程也向土壤中释放磷酸酶。钩藤基地由于长期翻耕造成土壤表面覆被物稀疏甚至无覆被物，土壤养分含量减少，对土壤微生物的繁衍不利，其土壤磷酸酶活性也因此较低。

3. 不同利用方式下土壤脲酶含量

根区：由表 7-1-11 可知，钩藤基地土壤脲酶含量平均值 0.48 NH_3-N mg/(g·d)，变异系数为 45.87%，为中等程度变异；林地根区土壤脲酶含量平均值 0.77 NH_3-N mg/(g·d)，变异系数为 24.71%，为中等程度变异；荒地根区土壤脲酶含量平均值 0.69 NH_3-N mg/(g·d)，变异系数为 24.93%，为中等程度变异。土壤脲酶活性以林地最高，钩藤基地和荒地分别比林地低 60.42%与 11.59%，土壤脲酶活性变化趋势表现为林地＞荒地＞钩藤基地，钩藤基地与林地土壤脲酶活性差异显著，荒地与钩藤基地和林地土壤脲酶活性差异不显著。

非根区：钩藤基地土壤脲酶含量平均值 0.37 NH_3-N mg/(g·d)，变异系数为 34.57%，为中等程度变异；林地非根区土壤脲酶含量平均值 0.61 NH_3-N mg/(g·d)，变异系数为 17.25%，为中等程度变异；荒地非根区土壤脲酶含量平均值 0.54 NH_3-

N mg/(g·d)，变异系数为3.20%，为低等程度变异。由此可见，贵州不同利用方式下钩藤土壤脲酶含量均存在中、低等程度变异。非根区土壤脲酶活性以林地最高，钩藤基地和荒地分别比林地低 39.34%与 11.48%，土壤脲酶活性变化趋势表现为林地＞荒地＞钩藤基地，荒地和林地分别与钩藤基地为显著性差异。

表 7-1-11　不同利用方式下钩藤土壤脲酶含量

不同利用方式	根区/非根区	最小值/[NH_3-N mg/(g·d)]	最大值/[NH_3-N mg/(g·d)]	平均值/[NH_3-N mg/(g·d)]	标准差/[NH_3-N mg/(g·d)]	变异系数/%
钩藤基地	根区	0.21	0.87	0.48 Ab	0.22	45.87
	非根区	0.17	0.58	0.37 Aa	0.13	34.57
林地	根区	0.57	1.02	0.77 Aa	0.19	24.71
	非根区	0.46	0.70	0.61 ABa	0.10	17.25
荒地	根区	0.53	0.85	0.69 Aab	0.17	24.93
	非根区	0.52	0.56	0.54 Bb	0.02	3.20

林地土壤脲酶活性最高，这是因为林地植物凋落物和根系分泌物不仅使微生物大量繁殖，丰富了土壤脲酶的来源，同时这些凋落物的分解和根系的生理代谢过程也向土壤中释放脲酶。另外，林地土壤中有大量的土壤动物，它们对土壤脲酶活性的提高也有一定的贡献。

4. 土壤酶活性相关性

从表 7-1-12 可以看出，钩藤土壤中的酶活性存在一定的相关性。土壤过氧化氢酶与土壤磷酸酶、土壤脲酶相关性不显著，相关系数分别为 0.09、0.30；土壤磷酸酶与土壤脲酶呈显著正相关，相关系数达到了 0.53。因此，在种植钩藤的土壤中增施有机生物肥料有助于提高土壤中的酶活性，利于钩藤生长。3 种土壤酶活性之间不同程度的相关性表明，土壤酶在促进土壤有机质转化和参与土壤物质转化及能量交换中，不仅显示了其专有特性，还存在着共性关系，属于协同作用。这与前人研究结果一致。

表 7-1-12　钩藤土壤酶活性的相关性

土壤酶活性	土壤过氧化氢酶活性	土壤磷酸酶活性	土壤脲酶活性
土壤过氧化氢酶活性	1.00		
土壤磷酸酶活性	0.09	1.00	
土壤脲酶活性	0.30	0.53*	1.00

*表示在 0.05 水平显著相关

四、土壤中重金属元素与土壤利用类型间的关系

对于同一种土壤利用方式，钩藤产地的重金属含量表现为根区＞非根区，根区土壤中重金属 Cu、As、Pb、Cr 含量表现为钩藤基地＞林地＞荒地，Cd 含量表现为林地＞钩藤基地＞荒地，Hg 含量表现为钩藤基地＞荒地＞林地。而从同一区位因素上看，一般表现为钩藤基地重金属含量较高。不同利用方式下，钩藤根区和非根区土壤重金属 Cr、Cd、Cu、As、Hg、Pb 含量存在一定的相关性。3 种利用方式下钩藤土壤综合污染指数均小于 0.7，属于安全、清洁水平，土壤环境质量为一级，完全符合钩藤等中药材生产对土壤的要求（Zhang et al.，2016）。

第二节 贵州钩藤品质特征

一、钩藤有效成分含量

1. 不同利用方式下钩藤有效成分含量

钩藤为多源中药材，《中国药典》中收载的原植物品种有茜草科植物钩藤，入药部位为干燥带钩茎枝。钩藤的主要有效成分为生物碱，如钩藤碱（rhynchophylline）、异钩藤碱（isorhyncho-phylline）等（陈宁等，2019）。本研究基于剑河钩藤主产地，对同一采收期不同利用方式下的钩藤植株进行有效成分的测定分析（张珍明等，2015；屈小媛等，2016）。

由表 7-2-1 可知，不同利用方式下，从总量上来看，钩藤中钩藤碱含量为钩藤基地＞林地＞荒地，其中钩藤基地中钩藤碱含量分别比林地和荒地高出 36.67%和 53.33%；异钩藤碱含量为钩藤基地＞荒地＞林地，林地和荒地异钩藤碱含量均比钩藤基地中钩藤碱的含量低 33.33%（陈宁等，2019）。

叶：钩藤叶中钩藤碱含量为钩藤基地＞林地＞荒地，异钩藤碱含量为荒地＞钩藤基地＞林地，其中，钩藤基地种植的钩藤中，叶中钩藤碱和异钩藤碱含量分别为 0.01～0.20 mg/g 与 0.01～0.14 mg/g，平均值分别为 0.11 mg/g 和 0.05 mg/g，变异系数分别为 51.38%和 81.81%，为中等程度变异；林地种植的钩藤中，叶中钩藤碱和异钩藤碱含量分别为 0.03～0.14 mg/g 与 0.02～0.07 mg/g，平均值分别为 0.06 mg/g 和 0.04 mg/g，变异系数分别为 79.32%和 54.00%，为中等程度变异；荒地种植的钩藤中，叶中钩藤碱和异钩藤碱含量分别为 0.02～0.08 mg/g 与 0.02～0.08 mg/g，平均值分别为 0.04 mg/g 和 0.06 mg/g，变异系数分别为 94.24%和 57.36%，3 种不同利用方式下钩藤叶部位，荒地与钩藤基地和林地钩藤碱含量差异显著，后两者差异不显著。

表 7-2-1　不同利用方式下钩藤有效成分含量

品质指标	统计参数	钩藤基地			林地			荒地		
		叶	茎	钩	叶	茎	钩	叶	茎	钩
钩藤碱	范围 mg/g	0.01～0.20	0.10～0.57	0.27～0.78	0.03～0.14	0.16～0.33	0.22～0.33	0.02～0.08	0.17～0.24	0.15～0.23
	平均值 mg/g	0.11 Aa	0.27 Aa	0.51 Aa	0.06 Aa	0.23 Aa	0.29 Bb	0.04 Ab	0.20 Aa	0.19 Bb
	标准偏差 mg/g	0.06	0.14	0.15	0.05	0.07	0.05	0.04	0.04	0.04
	变异系数/%	51.38	51.70	28.86	79.32	29.47	17.37	94.24	17.93	21.59
异钩藤碱	范围 mg/g	0.01～0.14	0.00～0.17	0.00～0.06	0.02～0.07	0.00～0.04	0.00～0.06	0.02～0.08	0.00～0.02	0.00～0.02
	平均值 mg/g	0.05 Aa	0.03 Aa	0.02 Aa	0.04 Aa	0.01 Aa	0.02 Aa	0.06 Aa	0.01 Aa	0.01Aa
	标准偏差 mg/g	0.04	0.05	0.02	0.02	0.02	0.02	0.03	0.01	0.01
	变异系数/%	81.81	157.82	94.28	54.00	125.09	110.15	57.36	92.43	96.59

茎：钩藤茎中钩藤碱含量为钩藤基地＞林地＞荒地，异钩藤碱含量为钩藤基地＞林地=荒地，其中钩藤基地种植的钩藤中，茎中钩藤碱和异钩藤碱含量分别为 0.10～0.57 mg/g 和与 0.00～0.17 mg/g，平均值分别为 0.27 mg/g 和 0.03 mg/g，变异系数分别为 51.70%和 157.82%；林地种植的钩藤中，茎中钩藤碱和异钩藤碱含量分别为 0.16～0.33 mg/g 与 0.00～0.04 mg/g，平均值分别为 0.23 mg/g 和 0.01 mg/g，变异系数分别为 29.47%和 125.09%；荒地种植的钩藤中，茎中钩藤碱和异钩藤碱含量分别为 0.17～0.24 mg/g 和 0.00～0.02 mg/g，平均值分别为 0.20 mg/g 和 0.01 mg/g，变异系数分别为 17.93%和 92.43%，为中等程度变异，3 种不同利用方式下钩藤茎部钩藤碱和异钩藤碱含量差异性不明显。

钩：钩藤钩中钩藤碱含量为钩藤基地＞林地＞荒地，异钩藤碱含量为钩藤基地=林地＞荒地，其中钩藤基地种植的钩藤中，钩中钩藤碱和异钩藤碱含量分别为 0.27～0.78 mg/g 与 0.00～0.06 mg/g，平均值分别为 0.51 mg/g 和 0.02 mg/g，变异系数分别为 28.86%和 94.28%；林地种植的钩藤中，钩中钩藤碱和异钩藤碱含量分别为 0.22～0.33mg/g 与 0.00～0.06 mg/g，平均值分别为 0.29 mg/g 和 0.02 mg/g，变异系数分别为 17.37%和 110.15%；荒地种植的钩藤中，钩中钩藤碱和异钩藤碱含量分别为 0.15～0.23 mg/g 与 0.00～0.02 mg/g，平均值分别为 0.19 mg/g 和 0.01 mg/g，变异系数分别为 21.59%和 96.59%，为中等程度变异。3 种不同利用方式下钩藤中有效成分异钩藤碱含量在各部位差异不显著，但钩藤碱含量在钩部差异显著，表现为钩藤基地与林地和荒地差异极显著。

在同一利用方式下，钩藤中不同部位钩藤碱含量基本为钩＞茎＞叶，含量分别为 0.15～0.78 mg/g、0.10～0.57 mg/g 和 0.01～0.20 mg/g，平均值分别为 0.33 mg/g、0.23 mg/g 和 0.07 mg/g，变异系数分别为 44.51%、44.40%和 69.45%，属于中等程度变异。

本研究表明，钩藤中的钩、茎、叶均含有钩藤碱和异钩藤碱，含量表现为钩＞茎＞叶，这与黄瑞松等的研究结果一致（黄瑞松等，2013；黄瑞松等，2012）。同时，与有关钩藤类药材药用部位的记载契合，《本草纲目》记载“钩藤，状如葡萄藤而有钩，紫色。古方多用皮，后世多用钩，取其力锐尔”。历版《中国药典》均规定使用“带钩茎枝”入药，目前，商品流通的药材多习惯使用钩及上下 1 cm 左右的茎枝入药；广西壮瑶民间一直有使用钩藤植物的地上部分（包括主杆和叶）入药的习惯。

2. 不同利用方式对钩藤不同部位品质指标含量分布的影响

3 种利用方式下钩藤中钩藤碱含量为钩藤基地＞林地＞荒地，其中钩藤基地中钩藤碱含量分别比林地和荒地高出 36.67%和 53.33%；异钩藤碱含量为钩藤基地＞林地＞荒地，林地和荒地均比钩藤基地中钩藤碱的含量低 33.33%。3 种不同利用方式下钩藤钩中钩藤碱含量差异显著。不同利用方式下微量元素及重金属含量在钩藤叶、茎、钩中差异显著，分布不均。钩藤基地种植的钩藤叶片中的重金属含量较低。不同利用方式下钩藤叶片中重金属 Cd 元素极显著相关，其他重金属元素之间相关性不显著；不同利用方式下重金属在钩藤叶部富集系数最高，茎次之，钩最低，对钩藤品质产生的影响小。对于同一部位，不同利用方式下钩藤中微量元素的富集作用总体表现为荒地＞林地＞钩藤基地。

二、钩藤中微量元素含量

1. 钩藤不同部位中微量元素含量

从表 7-2-2 可以看出，不同利用方式下钩藤叶、茎、钩中的微量元素 Mg、Ca、Mn、Fe、Co、Zn、Mo 含量是存在较大差异的。①钩藤叶中的微量元素含量：林地叶中 Mg 含量分别比荒地、钩藤基地高 8.11%、44.18%；荒地叶中 Ca 含量分别比钩藤基地、林地高 37.19%、61.64%；荒地叶中 Mn 含量分别比钩藤基地、林地高 8.68%、14.72%；钩藤基地叶中 Fe 含量分别比荒地、林地高 29.73%、85.42%；钩藤基地叶中 Zn 含量分别比林地和荒地高 928.96%、504.43%；荒地叶中 Co 含量分别比钩藤基地、林地高 134.78%、200.00%。②茎中的微量元素含量：钩藤基地茎中 Mg 含量分别比林地、荒地高 5.90%、19.25%；荒地茎中 Ca 含量分别比钩藤基地、林地高 10.58%、15.97%；荒地茎中 Mn 含量分别比钩藤基地、林地高 32.04%、28.10%；荒地茎中 Fe 含量分别比钩藤基地、林地高 160.41%、24.55%；荒地茎中 Co 含量分别比钩藤基地、林地高 174.19%、77.08%；荒地茎中 Zn 含量分别比钩藤基地、林地高 11.36%、7.06%。③钩中的微量元素含量：林地钩中 Mg 含量分别比钩藤基地、荒地高 9.94%、32.65%；荒地钩中 Ca 含量分别比钩藤基地、林地高 10.05%、7.24%；钩藤基地钩中 Mn 含量分别比林地、荒地高 13.11%、19.53%；林地钩中 Fe 含量分别比钩藤基地、荒地高 29.27%、37.77%；荒地钩中 Co 含量分别比钩藤基地、林地高 17.14%、9.33%；荒地 Zn 含量分别比钩藤基地、林地高 53.79%、10.03%。不同利用方式下钩藤中微量元素含量差异很大。

表 7-2-2 钩藤不同部位的中微量元素含量

不同利用方式	部位	描述统计	Mg	Ca	Mn	Fe	Co	Zn	Mo
钩藤基地	叶	平均值/（mg/g）	111.36	90.10	90.56	167.92	0.23	26.65	0.01
		标准差/（mg/g）	33.02	31.31	25.25	113.48	0.11	24.70	0.03
		变异系数（CV）/%	29.65	34.75	27.89	67.58	45.62	92.70	232.88
	茎	平均值/（mg/g）	129.23	93.77	89.97	78.15	0.31	10.21	0.53
		标准差/（mg/g）	38.60	23.49	25.62	111.93	0.25	7.27	1.26
		变异系数（CV）/%	29.87	25.05	28.48	143.22	80.66	71.19	236.50

续表

不同利用方式	部位	描述统计	Mg	Ca	Mn	Fe	Co	Zn	Mo
钩藤基地	钩	平均值/（mg/g）	156.38	90.77	102.33	181.40	0.70	7.92	0.36
		标准差/（mg/g）	36.31	26.06	19.87	117.03	0.36	2.80	0.71
		变异系数（CV）/%	23.22	28.71	19.42	64.51	52.45	35.41	197.24
林地	叶	平均值/（mg/g）	160.56	76.47	85.79	90.56	0.18	2.59	0.13
		标准差/（mg/g）	54.47	11.91	12.08	170.70	0.11	2.13	0.16
		变异系数（CV）/%	33.92	15.57	14.08	188.48	58.53	82.27	129.99
	茎	平均值/（mg/g）	122.03	89.41	92.74	163.39	0.48	10.62	0.55
		标准差/（mg/g）	32.80	30.24	25.49	63.75	0.16	3.22	0.85
		变异系数（CV）/%	26.88	33.82	27.49	39.02	32.55	30.33	155.09
	钩	平均值/（mg/g）	171.93	93.15	90.47	234.49	0.75	11.07	0.02
		标准差/（mg/g）	43.68	31.23	25.83	51.03	0.63	4.71	0.02
		变异系数（CV）/%	25.40	33.52	28.55	21.76	83.91	42.53	97.23
荒地	叶	平均值/（mg/g）	148.52	123.61	98.42	129.44	0.54	4.41	0.18
		标准差/（mg/g）	70.95	18.91	13.05	71.06	0.23	1.10	0.17
		变异系数（CV）/%	47.77	15.30	13.26	54.90	43.18	24.84	97.31
	茎	平均值/（mg/g）	108.37	103.69	118.80	203.51	0.85	11.37	0.02
		标准差/（mg/g）	25.43	37.64	11.20	107.30	0.12	4.98	0.03
		变异系数（CV）/%	23.46	36.29	9.42	52.72	13.94	43.83	139.66
	钩	平均值/（mg/g）	129.61	99.89	85.61	170.20	0.82	12.18	0.11
		标准差/（mg/g）	37.47	40.87	25.78	43.92	0.49	3.65	0.10
		变异系数（CV）/%	28.91	40.91	30.11	25.80	59.59	30.00	89.18

2. 钩藤不同部位中微量元素之间的相关性研究

从表 7-2-3 可以看出，钩藤叶片中微量元素间的相关性不同，其中微量元素 Co 和 Fe 显著相关，Co 和 Mo 极显著正相关，Mg 和 Fe 显著负相关，其他重金属元素之间相关性不显著。

表 7-2-3　钩藤叶片中微量元素之间的相关性

微量元素	Mg	Ca	Mn	Fe	Co	Zn	Mo
Mg	1.00						
Ca	–0.16	1.00					
Mn	0.30	0.15	1.00				
Fe	–0.50*	0.07	–0.36	1.00			

续表

微量元素	Mg	Ca	Mn	Fe	Co	Zn	Mo
Co	–0.21	0.40	0.03	0.49*	1.00		
Zn	–0.41	0.22	–0.05	0.43	–0.01	1.00	
Mo	–0.24	0.10	0.01	0.31	0.58**	–0.34	1.00

*表示 0.05 水平显著相关，**表示 0.01 水平极显著相关；以表中对角线为分界线，右上方数据为根区钩藤土壤重金属相关性，左下方数据为非根区钩藤土壤重金属相关性，下同

从表 7-2-4 可以看出，不同利用方式下钩藤茎中微量元素 Co 和 Mn 显著相关，Mg 和 Zn 显著正相关，Ca 和 Fe 显著负相关，Mo 和 Mn 显著负相关，Fe 和 Co 极显著正相关，Co 和 Zn 显著正相关，其他重金属元素之间相关性不显著。

表 7-2-4　不同利用方式下钩藤茎中微量元素之间的相关性

相关系数	Mg	Ca	Mn	Fe	Co	Zn	Mo
Mg	1.00						
Ca	0.18	1.00					
Mn	–0.04	–0.26	1.00				
Fe	0.15	–0.51*	0.20	1.00			
Co	0.17	–0.20	0.49*	0.71**	1.00		
Zn	0.53*	0.08	0.45	0.14	0.46*	1.00	
Mo	0.02	0.29	–0.48*	-0.03	–0.12	–0.39	1.00

从表 7-2-5 可以看出，不同利用方式下钩藤钩中微量元素 Zn 和 Co 极显著正相关，其他重金属元素之间相关性不显著。

表 7-2-5　不同利用方式下钩藤钩中微量元素之间的相关性

相关系数	Mg	Ca	Mn	Fe	Co	Zn	Mo
Mg	1.00						
Ca	–0.08	1.00					
Mn	–0.28	–0.26	1.00				
Fe	0.01	0.16	–0.07	1.00			
Co	–0.34	0.00	–0.01	0.45	1.00		
Zn	–0.24	–0.19	–0.35	–0.04	0.61**	1.00	
Mo	–0.03	–0.14	0.21	–0.26	–0.22	0.05	1.00

第三节　贵州钩藤产地土壤特性对其品质的影响

一、钩藤品质与其产地土壤物理特性

1. 土壤物理特性与钩藤品质相关性

从表 7-3-1 中可以看出，钩藤不同部位与钩藤土壤物理指标之间存在一定的相关性。其中钩藤钩中的钩藤碱与土壤容重、毛管孔隙度极显著相关，相关系数分别达到–0.55、0.63；钩藤碱与土壤非毛管孔隙度呈显著负相关。

表 7-3-1　钩藤不同部位与钩藤土壤物理指标之间的相关性

土壤物理指标	钩		茎		叶	
	异钩藤碱	钩藤碱	异钩藤碱	钩藤碱	异钩藤碱	钩藤碱
土壤容重	–0.130	–0.55**	–0.260	–0.100	0.040	–0.330
总孔隙度	0.050	0.180	0.070	0.070	0.090	0.110
毛管孔隙度	0.120	0.63**	0.180	0.350	–0.210	0.400
非毛管孔隙度	–0.100	–0.51*	–0.140	–0.300	0.250	–0.330
土壤比重	–0.080	–0.310	–0.150	–0.020	0.150	–0.190
土壤自然含水量	0.210	–0.210	0.140	–0.090	0.190	–0.190

2. 不同利用方式钩藤根区与非根区土壤物理性状

不同利用方式下钩藤根区与非根区的土壤物理性状存在显著性差异。3 种不同利用方式下钩藤产地根区和非根区土壤容重均表现为荒地＞林地＞钩藤基地；钩藤根区土壤比重在钩藤基地、荒地、林地间差异不显著，根区土壤比重表现为林地＞荒地＞钩藤基地，林地分别比荒地和钩藤基地高出 2.29%与 3.08%，变异程度较小，非根区土壤比重变化趋势为钩藤基地＞林地＞荒地，钩藤基地分别比林地和荒地高出 0.75%与 2.29%，荒地变异程度相对于其他两种利用方式较低。土壤孔隙度变化趋势表现为钩藤基地＞林地＞荒地，钩藤基地根区分别比林地和荒地高出 4.80%与 14.77%，荒地的变异系数最低。钩藤基地与林地和荒地的土壤自然含水量变化差异性不显著，土壤自然含水量变化趋势表现为林地＞钩藤基地＞荒地，林地分别比钩藤基地和荒地高出 9.06%与 23.07%，钩藤基地的变异系数最低。

钩藤基地土壤容重和比重均最低，但土壤孔隙度最高，一方面是因为钩藤基地土壤有机物料相对于其他两种方式含量较高，有机物料本身质量较小，降低了容重和比重，另一方面是因为有机物料富含小孔隙，吸水性强，且吸水膨胀，能保持土壤长时间的疏松状态。

通过土壤实验室分析和实地调查得出，贵州钩藤产地的土壤容重在 1.20～1.37 g/cm^3、比重在 2.45～3.23 g/cm^3、土壤毛管孔隙度在 40.05%～50.25%，该土壤条件适宜钩藤生长，土壤容重大于 1.49 g/cm^3 时土壤出现板结，不利于钩藤根系的生长。

二、钩藤品质与其产地土壤化学特性

1. 土壤化学性质与钩藤品质相关性

从表 7-3-2 可以看出，钩藤碱和异钩藤碱存在一定的负相关性，呈现出此消彼长的态势。土壤养分与钩藤中的异钩藤碱、钩藤碱含量存在如下相关性。①异钩藤碱：土壤 pH 与叶中的异钩藤碱呈极显著负相关，相关系数高达–0.53，表明异钩藤碱适宜在酸性土壤中形成并在叶中富集，酸性土壤有利于异钩藤碱含量的增加，在钩中相关性不显著；土壤有机质、全氮与钩藤叶、茎、钩中的异钩藤碱含量相关性不明显；土壤碱解氮和缓效钾与钩藤叶和钩中异钩藤碱含量相关性不显著，土壤缓效钾与钩藤茎中异钩藤碱含量呈极显著负相关，碱解氮与钩藤茎中异钩藤碱含量呈显著正相关；土壤有效磷及速效钾与钩藤叶和茎中的异钩藤碱含量呈极显著正相关。因此，适度的土壤酸性范围，增施土壤有效磷、速效钾和碱解氮有利于异钩藤碱的积累。②钩藤碱：土壤 pH 与叶中钩藤碱含量呈极显著正相关性，相关系数达到 0.39，与茎和钩中钩藤碱含量相关性不显著；土壤全氮与钩藤叶、茎、钩中钩藤碱的含量相关性不显著；土壤有效磷、速效钾和缓效钾与钩藤叶、茎中钩藤碱的含量相关性不显著，而与钩中钩藤碱含量呈显著或极显著正相关；土壤碱解氮和有机质与叶中钩藤碱含量呈显著正相关，与钩中钩藤碱含量呈极显著正相关，与茎中钩藤碱含量则相关性不显著。表明，适度增施氮肥有利于钩藤碱的积累。

表 7-3-2　土壤化学性质与钩藤有效成分的相关性

有效成分	钩藤部位	异钩藤碱	钩藤碱	pH	有机质	全氮	碱解氮	有效磷	速效钾	缓效钾
异钩藤碱	叶	1.00	–0.47**	–0.53**	–0.25	–0.12	0.1	0.44**	0.53**	–0.26
	茎	1.00	–0.32*	–0.25	0.03	–0.05	0.34*	0.54**	0.73**	–0.41**
	钩	1.00	0.09	–0.12	0.01	–0.11	0.18	0.16	0.14	–0.15
钩藤碱	叶	–0.47**	1.00	0.39**	0.32*	–0.09	–0.29*	–0.13	–0.14	–0.26
	茎	–0.32*	1.00	0.13	0.14	–0.15	–0.21	–0.21	–0.16	–0.11
	钩	0.09	1.00	–0.09	0.53**	0.23	0.41**	0.37*	0.65**	–0.64**

2. 不同利用方式钩藤根区与非根区土壤化学特性

不同利用方式下钩藤根区与非根区土壤的 pH 与土壤养分的差异特征如下。

根区和非根区土壤 pH：林地＜钩藤基地＜荒地，pH 在 5～6 的土壤居多。钩藤根区与非根区土壤有机质、pH 有极显著差异（P＜0.01），全氮、碱解氮、有效磷、速效钾、缓效钾含量差异不显著。不同利用方式下钩藤土壤的有机质含量之间差异较大。总体来说，植物根系对土壤养分表现出明显的增加效应，在不同利用方式下根区和非根区土壤养分含量均有差异，但差异性各异。贵州钩藤产地不同利用方式下钩藤土壤中土壤有效磷含量均较低，适当补充磷肥，能为钩藤生长提供充足营养。土壤养分之间存在一定的相关性。其中，土壤 pH 与土壤全氮、缓效钾之间存在极显著正相关；土壤有机质与全氮、土壤速效钾极显著正相关；土壤全氮与土壤碱解氮、土壤缓效钾极显著正相关；土壤碱解氮与土壤速效钾、土壤缓效钾之间极显著正相关，土壤有效磷与土壤速效钾之间极显著正相关。

3. 钩藤土壤理化性质及养分之间的相关性

从表 7-3-3 可以看出，土壤养分之间存在一定的相关性。其中，土壤 pH 与土壤全氮、缓效钾之间存在极显著正相关性；土壤有机质与全氮、土壤碱解氮、土壤缓效钾极显著正相关性；土壤全氮与土壤碱解氮、土壤缓效钾极显著正相关；土壤碱解氮与土壤速效钾显著正相关、与土壤缓效钾极显著正相关；土壤有效磷与土壤速效钾极显著正相。说明增施有机肥料可以改变钩藤土壤中的各养分含量。

表 7-3-3　钩藤土壤理化性质及养分之间的相关性

理化性质及养分	pH	有机质	全氮	碱解氮	有效磷	速效钾	缓效钾
pH	1.00						
有机质	0.23	1.00					
全氮	0.41**	0.83**	1.00				
碱解氮	0.16	0.79**	0.81**	1.00			
有效磷	0.16	0.20	0.19	0.24	1.00		
速效钾	–0.14	0.25	0.10	0.33*	0.44**	1.00	
缓效钾	0.73**	0.48**	0.73**	0.47**	0.16	–0.17	1.00

综上所述，不同利用方式下钩藤土壤养分之间的相关性说明了各养分之间存在一定的联系，给不同利用方式下钩藤土壤人为增施有机肥，会相应增加其土壤养分含量，这对农民丰产增收起到了一定的促进作用。

三、钩藤品质与其产地土壤酶活性

1. 土壤酶活性与钩藤品质相关性

土壤酶是由微生物、动植物活体分泌及由动植物残体、遗骸分解释放于土壤中的一类具有催化能力的生物活性物质（宋海燕等，2007）。国内外近 20 年的大量研究资料表明，尽管积累在土壤中的酶以质量计的数量很小，但是作用颇大。土壤酶对元素的生物循环、腐殖质的合成与分解，以及有机化合物的分解起着重要的作用（吕国红等，2005）。因此，研究土壤酶与钩藤品质的相关性至关重要，找出它们之间的关系，有利于今后人工管理和高产钩藤基地的建设。

从表 7-3-4 中可以看出，土壤酶活性与钩藤叶、茎、钩中品质成分的含量相关性不显著。

表 7-3-4　土壤酶活性与钩藤品质成分含量的相关性

品质成分	不同部位	过氧化氢酶	磷酸酶	脲酶
异钩藤碱	叶	0.03	–0.06	0.11
	茎	–0.08	–0.04	0.17
	钩	0.12	–0.08	0.30
钩藤碱	叶	–0.37	0.10	–0.27
	茎	–0.13	0.07	0.17
	钩	–0.29	0.20	0.19

2. 不同利用方式钩藤根区与非根区土壤酶活性

土壤酶活性的分布规律，反映了土壤中进行的各种生物化学过程的动向和强度，是衡量土壤生物活性和土壤生产力的指标。荒地、林地与钩藤基地根区和非根区土壤过氧化氢酶活性差异显著，其趋势为林地＞钩藤基地＞荒地；不同利用方式下土壤磷酸酶活性变化趋势均为林地＞荒地＞钩藤基地，林地土壤磷酸酶活性最高；林地根区与非根区土壤脲酶活性均最高，变化趋势为林地＞荒地＞钩藤基地，荒地与林地和钩藤基地差异显著。土壤酶活性与土壤腐殖质关系密切，土壤有机物料的增加，有利于土壤酶活性的提高。

四、土壤环境特征与钩藤品质相关性

土壤 pH 与钩藤叶中的异钩藤碱呈极显著负相关性，相关系数高达–0.53，表明异钩藤碱适宜在酸性土壤中形成，并在钩藤叶片中富集，酸性土壤有利于异钩藤碱含量的增加，在钩中相关性不显著；土壤有机质、全氮与叶、茎、钩中异钩藤碱含量的相关性不显著；土壤碱解氮和缓效钾与叶、钩中异钩藤碱含量相关性不显著，土壤缓效钾与钩藤茎中异钩藤碱含量极显著负相关，碱解氮则与茎中异钩藤碱含量显著正相关；土壤有效磷和速效钾与钩藤叶、茎中的异钩藤碱含量极显著正相关。因此，适度的土壤酸性范围，增施磷肥、钾肥有利于异钩藤碱在钩藤钩中的积累。土壤微量元素与钩藤叶、茎、钩中品质成分的含量存在一定的相关性，增施微肥有利于钩藤品质指标含量的提高。

综上所述，本研究进行了不同利用方式下土壤理化性质、重金属、微量元素、微生物及土壤酶活性和钩藤品质相关性的研究，并对钩藤产地进行了土壤重金属及土壤质量评价，得出钩藤基地适宜种植钩藤，其为钩藤的优质高产提供了良好的生长环境，但是要注重控制钩藤基地土壤重金属含量的阈值。与此同时，本研究表明，土壤酸碱性、土壤有机质含量、土壤容重对钩藤品质影响较为显著，pH 在 4.8～6.8，有机质含量在 20.6～39.5 g/kg；土壤容重在 1.21～1.49 g/cm^3 更适宜钩藤生长，也更有利于钩藤品质和产量的提高，为贵州钩藤的优质栽培管理提供了科学依据（张家春等，2016）。

第八章 贵州山银花产地土壤环境特征与其药材品质

第一节 贵州山银花产地土壤环境特征

一、贵州山银花产地土壤物理性状特征

1. 土壤容重、比重和孔隙度

由表 8-1-1 可知，贵州山银花产地土壤容重为 1.35 g/cm^3，且为弱变异。根区土壤容重为 1.34 g/cm^3，非根区土壤容重为 1.35 g/cm^3，两者也呈弱变异。

土壤比重也称为土壤密度，是土壤中各种成分含量和密度的综合反映，其大小一般由矿物组成和腐殖质含量所决定。土壤 pH 与有机质对矿质养分的释放和转化均有影响，致使土壤比重更加适合植物根系的生长发育。由表 8-1-1 可知，贵州山银花产地土壤比重为 2.51 g/cm^3，为中等程度变异。根区土壤比重为 2.70 g/cm^3，非根区土壤比重为 2.32 g/cm^3，根区土壤为弱变异，非根区土壤为中等程度变异。

土壤孔隙度综合反映了土壤透水性、通气性和持水能力等基本物理性能。其分为土壤毛管孔隙度和土壤非毛管孔隙度，是土壤水、气循环的空间，土壤团粒间的非毛管孔隙主要起到透气作用，有利于好氧微生物的活动，使土壤养分迅速分解，及时为植物供肥，从而协调了土壤保肥与供肥的矛盾。具有良好孔隙度的土壤，有利于植物根系的呼吸以及土壤生物的生长，进而影响植物的生产状况和植物的产量水平。由表 8-1-1 可知，贵州山银花产地土壤总孔隙度为 55.84%，毛管孔隙度为 40.03%，非毛管孔隙度为 15.80%，变异程度各异，其中土壤毛管孔隙度和土壤总孔隙度为中等程度变异，而非毛管孔隙度为强变异，其变异系数高达 180.38%。

根区与非根区土壤性质多因植物根系的生长而呈现出一定的差异性。由表 8-1-1 可看出，土壤容重、总孔隙度和非毛管孔隙度均表现出非根区＞根区，土壤比重和毛管孔隙度表现出根区＞非根区。如图 8-1-1 所示，根区与非根区土壤容重、比重、总孔隙度和非毛管孔隙度的均值 t 检验结果显示其差异均不显著，即差异不大，而根区与非根区土壤毛管孔隙度差异显著。差异性分析结果表明，山银花根系的生长对立地土壤产生了明显的根区效应，由于山银花为多年生藤本植物，多年落叶堆积、根系分泌物作用，以及根系生长对土壤的松动，土壤通透性增强，

使根区土壤容重降低，土壤总孔隙度提高，土壤结构得到明显改善。

表 8-1-1　山银花产地土壤容重、比重、孔隙度

根区/非根区	样品数/个	特征值	容重/（g/cm³）	比重/（g/cm³）	总孔隙度/%	毛管孔隙度/%	非毛管孔隙度/%
根区	11	平均值	1.34Aa	2.70Aa	50.26Aa	42.69Aa	7.56Aa
		标准差	0.12	0.04	4.77	4.42	4.35
		CV/%	9.06	1.39	9.49	10.35	57.57
非根区	11	平均值	1.35Aa	2.32Aa	61.41Aa	37.37Ab	24.03Aa
		标准差	0.10	1.30	40.40	5.54	39.21
		CV/%	7.52	55.86	65.78	14.83	163.15
合计	22	平均值	1.35	2.51	55.84	40.03	15.80
		标准差	0.11	0.92	28.64	5.60	28.50
		CV/%	8.13	36.49	51.30	13.98	180.38

注：同列不同小写字母表示在 0.05 水平差异显著，不同大写字母表示在 0.01 水平差异极显著，下同

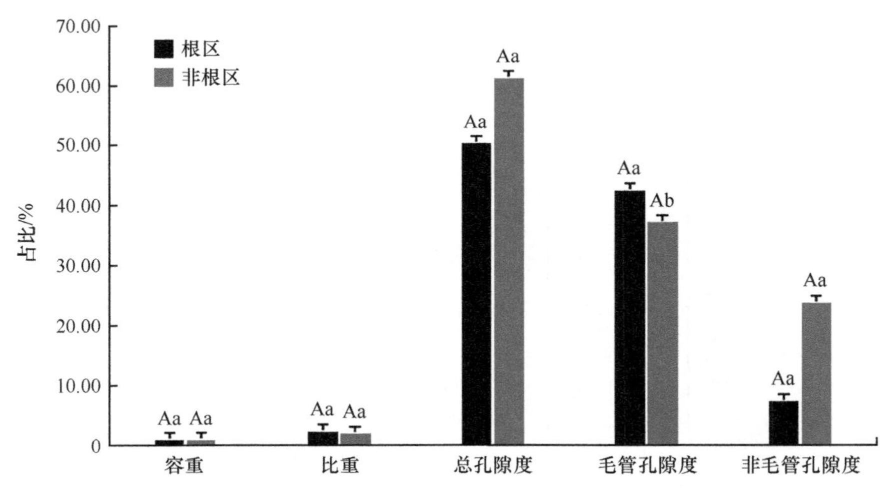

图 8-1-1　山银花产地根区/非根区土壤容重、比重、孔隙度 t 检验结果

2. 土壤机械组成特性

由表 8-1-2 可见，贵州山银花产地土壤多为轻黏土，重壤土和重黏土共占样品总数的 27.27%。产地土壤颗粒含量表现出黏粒＞粉砂粒＞砂粒，说明山银花产地土壤颗粒较为细密，保水保肥性较好，但较为黏重，且＜0.001 mm 黏粒含量所占比例不大，说明土壤矿质胶体缺乏，影响土壤团粒结构的形成。

表 8-1-2　山银花产地根区与非根区土壤机械组成特性（%）

根区/非根区	样品数/个	特征值	土壤颗粒组成					黏粒（＜0.001 mm）	物理性黏粒（＜0.01 mm）	质地（卡钦斯基制）
			粗砂及中砂（0.25～1 mm）	细砂（0.05～0.25 mm）	粗粉砂（0.01～0.05 mm）	中粉砂（0.005～0.01 mm）	细粉砂（0.001～0.005 mm）			
根区	11	平均值	2.30Aa	15.64Aa	14.32Aa	11.62Aa	18.68Aa	37.44Aa	67.20Aa	72.73%（轻黏土）
		标准差	0.41	8.74	5.91	1.65	1.77	6.11	7.79	
		CV/%	17.69	55.90	41.27	14.18	9.48	16.31	11.59	
非根区	11	平均值	2.30Aa	14.50Aa	15.84Aa	11.72Aa	19.62Aa	36.02Aa	67.24Aa	72.73（轻黏土）
		标准差	0.50	7.95	6.22	2.31	1.63	6.45	7.30	
		CV/%	21.78	54.78	39.28	19.74	8.30	17.90	10.86	
合计	22	平均值	2.30	15.07	15.08	11.67	19.15	36.73	67.22	72.73（轻黏土）
		标准差	0.45	8.17	5.97	1.96	1.73	6.17	7.37	
		CV/%	19.36	54.23	39.61	16.80	9.02	16.80	10.96	

根区与非根区土壤颗粒含量差异不同，根区与非根区土壤粗砂及中砂含量相同，除细砂表现出根区＞非根区外，其余粒级都表现出非根区＞根区，原因可能是，在山银花种植和管理的过程中，根区土壤起垄形成一定坡度，导致非根区形成洼地，经过长时间雨水冲刷淋洗，使得大部分细小颗粒沉积于低洼地带。如图 8-1-2 所示，根区与非根区土壤各粒级含量差异性均不显著，表明根区与非根区各土壤颗粒粒级没有受山银花的生长影响表现出明显的根区效应。这可能是由于种植基地人工翻耕，使得土壤颗粒较均匀，土壤颗粒没有明显的根区效应。

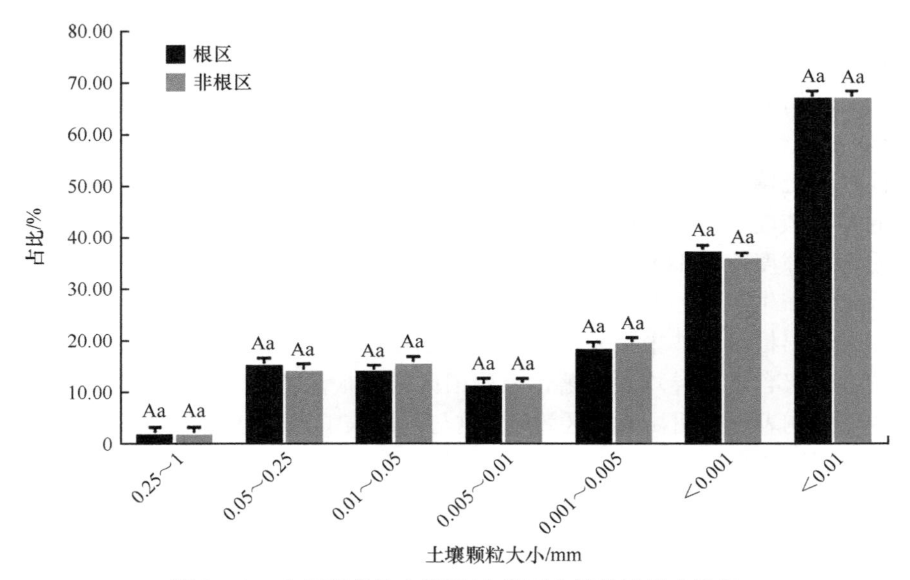

图 8-1-2　山银花产地土壤根/非根区土壤机械组成特征

3. 土壤团聚体

对贵州山银花产地不同粒径级别的团聚体数量进行统计（表 8-1-3）。由统计结果可知，经过干筛后，土壤中各粒级团聚体含量呈波浪式变动，根区与非根区均呈现出相同的趋势，其中根区与非根区＞0.25 mm 的团聚体含量分别占 91.28%和 92.51%，表明山银花产地土壤风干团聚体均以大团聚体为主，土壤团聚性好。经过湿筛后，不稳定的团聚体崩解为＜0.25 mm 的团聚体，＞0.25 mm 团聚体含量明显减少，其中＞5 mm 团聚体减少的幅度最大，根区与非根区同样呈现出相同的趋势。而根区与非根区之间团聚体稳定率差别很小，其粒径＞0.25 mm 团聚体稳定率分别为 7.54%和 7.77%，其原因可能是山银花种植年限较短以及山银花生长对团聚体形成的因素影响不够明显，包括团聚体多级形成学说和黏团学说涉及的有机质含量、土壤微生物数量、有机无机复合体等因素（张勃等，2007）。

表 8-1-3　山银花产地土壤结构状况（%）

根区/非根区	样品数/个	团聚体（干筛/湿筛）						＞0.25 mm 团聚体稳定率
		＞5 m	2～5 m	1～2 m	0.5～1 m	0.25～0.5 m	＜0.25 m	
根区	11	104.56/2.52	58.13/2.60	39.53/3.29	50.47/7.30	21.16/4.91	25.56/29.37	7.54
非根区	11	123.38/3.59	57.22/2.63	37.39/3.45	42.45/7.41	17.08/4.59	21.99/28.33	7.77
合计	22	113.97/3.06	57.68/2.62	38.46/3.37	46.46/7.36	19.12/4.75	23.78/28.85	7.66

整体而言，山银花产地土壤容重、比重均为弱变异，土壤总孔隙度 55.84%，毛管孔隙度大于非毛管孔隙度，土壤孔隙性适宜，质地多为轻黏土，风干团聚体中＞0.25 mm 的大团聚体占 90%以上，土壤团聚性好，＞0.25 mm 团聚体稳定率为 7.66%，稳定性差。根区与非根区土壤性质多因植物根系的生长而呈现出一定的差异性：①土壤容重、总孔隙度和非毛管孔隙度均表现出非根区＞根区，土壤比重和毛管孔隙度表现出根区＞非根区，根区与非根区土壤容重、比重、总孔隙度和非毛管孔隙度差异不大，而土壤毛管孔隙度差异显著，表明山银花根系的生长对立地土壤产生了明显的根区效应；②根区与非根区土壤粗砂及中砂含量相同，除细砂表现出根区＞非根区外，其余粒级都表现出非根区＞根区，且根区与非根区土壤各粒级含量差异均不显著，表明根区与非根区各土壤颗粒粒级没有受山银花的生长影响表现出明显的根区效应，这与基地人工翻耕有关；③经干筛后，土壤中各粒级团聚体含量呈波浪式变动，根区与非根区均呈现出相同的趋势，经过湿筛后，根区与非根区同样呈现出相同的趋势，且根区与非根区之间团聚体稳定率差别很小，表明山银花种植年限较短，山银花生长对团聚体形成的因素影响不够明显。

二、贵州山银花产地土壤肥力特性

1. 土壤酸碱度

由表 8-1-4 可知，山银花产地土壤 pH 为 4.54±0.19，均为酸性土壤，表现出非根区＞根区的趋势，但差异不显著，表明土壤 pH 有一定的根区效应。土壤 pH 非根区高于根区的原因可能有：阴、阳离子的吸收不平衡；植物吸收土壤中 K、Ca、Mg 等阳离子使土壤酸度降低；根系分泌有机酸；根系吸收植物呼吸产生的二氧化碳；根区微生物的活动产生有机酸、二氧化碳；根系主动分泌质子。根区 pH 的变化会将很多难溶性营养元素变得可被植物吸收利用（乐乐等，2013）。

表 8-1-4　山银花产地根区与非根区土壤 pH

根区/非根区	样品数/个	最小值	最大值	平均值	标准差	CV/%
根区	11	4.21	4.81	4.48Aa	0.18	3.98
非根区	11	4.28	4.91	4.60Aa	0.20	4.26
合计	22	4.24	4.86	4.54	0.19	4.24

2. 土壤有机质含量特征

由表 8-1-5 可知，山银花产地土壤有机质含量为 23.25 g/kg±9.02 g/kg，有机质含量较为丰富。根区土壤有机质含量为 23.52 g/kg±8.36 g/kg，非根区土壤有机质含量为 22.97 g/kg±10.04 g/kg，均为中等程度变异，且差异不显著。根区土壤有机质含量较非根区丰富，这主要与山银花的枯枝落叶、根系脱落物等有机物的腐化以及人为增施肥料有关。

表 8-1-5　山银花产地根区与非根区土壤有机质含量特征

根区/非根区	样品数/个	最小值/（g/kg）	最大值/（g/kg）	平均值/（g/kg）	标准差/（g/kg）	CV/%
根区	11	8.91	35.75	23.52Aa	8.36	35.54
非根区	11	13.58	48.27	22.97Aa	10.04	43.71
合计	22	8.91	48.27	23.25	9.02	38.80

3. 土壤各项养分指标

研究结果如表 8-1-6 所示，参照全国第二次土壤普查土壤养分分级标准可得，山银花产地全氮含量为 0.96 g/kg±0.30 g/kg，含量适宜；碱解氮含量为 104.72 mg/kg±75.15 mg/kg，含量最适宜；速效磷含量为 15.94 mg/kg±24.12 mg/kg，含量最适宜；速效钾含量 91.19 mg/kg±113.75 mg/kg，含量适宜。总的来看，山银花产地土壤各养分含量较为适宜，基本满足山银花生长需求。各指标含量变异程度各异，为中等至高等程度变异，呈现出速效磷＞速效钾＞碱解氮＞全氮，表明速效磷、速效钾受田间管理影响较大，变异性高，而氮素在山银花产地分布较为均匀。

表 8-1-6　山银花产地根区与非根区土壤养分含量特征

根区/非根区	样品数/个	特征值	全氮/（g/kg）	碱解氮/（mg/kg）	速效磷/（mg/kg）	速效钾/（mg/kg）
根区	11	平均值	0.98Aa	136.74Aa	27.58Aa	145.64Aa
		标准差	0.33	94.77	30.39	143.50
		CV/%	34.01	69.31	110.19	98.54
非根区	11	平均值	0.94Aa	72.69Ab	4.30Ab	36.73bAb
		标准差	0.27	24.91	0.61	7.54
		CV/%	28.83	34.27	14.17	20.52
合计	22	平均值	0.96	104.72	15.94	91.19
		标准差	0.30	75.15	24.12	113.75
		CV/%	30.96	71.76	151.31	124.76

由表 8-1-6 可知，全氮、碱解氮、速效磷、速效钾含量均表现出根区＞非根

区的特征，且除全氮外，其余指标根区与非根区土壤差异显著，其原因与根区积累较多的有机质、植物根系生长分泌的有机酸等促进养分的释放以及人为因素紧密相关。

4. 土壤理化指标及养分的相关性研究

由表 8-1-7 可以看出，山银花产地土壤养分之间存在一定的相关性。其中，土壤 pH 与土壤全氮、碱解氮、速效磷、速效钾以及有机质含量之间均呈负相关，表明酸性土壤有利于氮、磷、钾素的有效释放；全氮含量与速效钾含量呈显著正相关，与碱解氮和有机质含量都呈极显著正相关；碱解氮含量与速效磷和速效钾含量呈极显著正相关；速效磷含量与速效钾含量呈极显著正相关。此外，有机质与碱解氮含量的相关系数达到了 0.39，说明土壤有机质是土壤中氮、磷、钾等营养元素的重要共同来源，适宜增施有机肥料可以改变山银花土壤各养分含量，对农民丰产增收起到一定的促进作用。

表 8-1-7　山银花产地土壤理化指标及养分的相关性

理化指标及养分	PH	全氮	碱解氮	速效磷	速效钾	有机质
pH	1					
全氮	–0.23	1				
碱解氮	–0.29	0.64**	1			
速效磷	–0.18	0.37	0.62**	1		
速效钾	–0.28	0.43*	0.91**	0.82**	1	
有机质	–0.24	0.93**	0.39	0.19	0.15	1

*表示 0.05 水平显著相关，**表示 0.01 水平极显著相关，下同

整个产地土壤均为酸性土，pH 为弱变异；有机质含量较为丰富，土壤各养分含量较为适宜，均为中等程度变异，且呈现出速效磷＞速效钾＞碱解氮＞全氮，表明速效磷、速效钾受田间管理影响较大，变异性高，而氮素在山银花产地分布较为均匀；此外，土壤 pH 与土壤全氮、碱解氮、速效磷、速效钾以及有机质含量之间均呈负相关，全氮含量与速效钾含量呈显著正相关，与碱解氮和有机质含量都呈极显著正相关；碱解氮含量与速效磷和速效钾含量呈极显著正相关；速效磷含量与速效钾含量呈极显著正相关。根区与非根区土壤差异性表现为：①根区与非根区土壤 pH、有机质含量都表现出根区＞非根区的趋势，差异性均不显著，表明土壤 pH 和有机质含量有一定的根区效应；②全氮、碱解氮、速效磷、速效钾含量均表现出根区＞非根区的特征，且除全氮外，其余指标根区与非根区土壤差异显著，这与根区积累较多的有机质含量、植物根系生长分泌的有机酸等促进养分的释放以及人为因素有关。

三、贵州山银花产地土壤微量元素与重金属元素含量特征

1. 土壤微量元素的含量与分布

为了更全面地了解贵州山银花产地土壤中微量元素的分布特征，将其全量的平均值与中国及世界土壤微量元素全量的平均值进行对照分析（表 8-1-8），结果显示，除了微量元素 Co 以外，Cu、Zn、Mn 三者含量均低于全国或世界土壤平均含量，Cu、Zn、Co 含量的变异程度较大，Fe、Mn 含量的变异程度较小，表明 Cu、Zn、Co 含量可能受外源引入的影响较大，而 Fe、Mn 元素含量可能受地质背景下成土母质中两种元素含量的影响而出现较小变异（颜秋晓等，2015）。

表 8-1-8　山银花产地根区与非根区土壤微量元素全量特征

根区/非根区	样品数/个	特征值	Cu/（mg/kg）	Zn/（mg/kg）	Mn/（mg/kg）	Fe/（mg/kg）	Co/（mg/kg）
根区	11	平均值	3.31Aa	32.26Aa	55.88Aa	14 686.97Aa	2.85Aa
		标准差	1.80	16.92	19.82	3 792.05	1.95
		CV/%	54.26	52.44	35.48	25.82	68.20
非根区	11	平均值	4.31Aa	39.01Aa	67.94Aa	16 285.19Aa	2.95Aa
		标准差	2.00	21.03	24.52	4 312.31	1.68
		CV/%	46.36	53.92	36.09	26.48	57.12
合计	22	平均值	3.81	35.64	61.91	15 486.08	2.90
		标准差	1.92	18.94	22.62	4046.19	1.78
		CV/%	50.49	53.16	36.53	26.13	61.25
中国平均含量			22	100	710	—	1.7
世界平均含量			20	50	850	—	2

对根区和非根区土壤微量元素全量进行分析比较，结果显示，各微量元素全量均表现出根区低于非根区的趋势，但差异性均不显著，这与植物的吸收利用紧密相关。

2. 土壤重金属元素的含量与分布

土壤中重金属元素的含量，可直接反映土壤重金属污染状况，对贵州山银花产地土壤重金属元素含量进行统计，并将其与国家《土壤环境质量标准》（GB 15618—1995）中规定的各重金属元素含量限值进行比较分析，结果见表 8-1-9。

表 8-1-9 山银花产地土壤重金属元素含量

特征值	Cr	As	Cd	Hg	Pb	Cu
最小值/（mg/kg）	15.75	5.46	0.05	0.03	3.00	1.72
最大值/（mg/kg）	26.89	19.83	0.16	0.35	67.77	8.78
平均值/（mg/kg）	19.89±3.29	9.79±3.84	0.10±0.03	0.12±0.08	14.30±16.24	3.81±1.92
CV/%	16.53	39.26	29.85	65.32	113.57	50.49
《土壤环境质量标准》中的限值（pH＜6.5）	150	40	0.30	0.30	250	150

由表 8-1-9 可知，土壤中 Cr 的含量范围为 15.75～26.89 mg/kg，平均值为 19.89 mg/kg；As 的含量范围为 5.46～19.83 mg/kg，平均值为 9.79 mg/kg；Cd 的含量范围为 0.05～0.16 mg/kg，平均值为 0.10 mg/kg；Hg 的含量范围为 0.03～0.35 mg/kg，平均值为 0.12 mg/kg；Pb 的含量范围为 3.00～67.77 mg/kg，平均值为 14.30 mg/kg；Cu 的含量范围为 1.72～8.78 mg/kg，平均值为 3.81 mg/kg。土壤中 As、Pb、Cd、Cr 和 Cu 含量低于贵州土壤背景值，Hg 含量略高于贵州土壤背景值（中国环境监测总站，1990）；Cd 与 Hg 较中国土壤背景值分别高出 1.03 倍和 1.85 倍。

山银花产地土壤中 Cr、As、Cd、Hg、Pb 和 Cu 重金属元素均未超标，土壤重金属变异程度为 Pb＞Hg＞Cu＞As＞Cd＞Cr，变异系数分别为 113.57%、65.32%、50.49%、39.26%、29.85%、16.53%，由此可知，土壤中 Pb、Hg 和 Cu 含量分布不均匀，极有可能是外源污染所致。

由表 8-1-10 可知，重金属元素 Cr、As、Hg、Cu 含量均表现为根区低于非根区，但差值不大；Pb 则表现为根区高于非根区约 3 倍。这可能是山银花对 Cr、As、Hg、Cu 的吸收富集作用，使得根区含量低于非根区；Pb 含量过高，可能与施肥习惯有关。山银花根系分泌物和土壤微生物对不同种重金属的吸收、迁移、富集等特征，以及土壤腐殖质的螯合或固定作用等也有一定关系。

表 8-1-10 山银花产地根区与非根区土壤重金属元素含量特征

样点部位	样本数/个	项目	Cr	As	Cd	Hg	Pb	Cu
根区	11	含量/（mg/kg）	15.75～25.34	5.46～13.81	0.07～0.16	0.03～0.19	7.96～67.77	1.72～6.85
		平均值±标准差/（mg/kg）	18.85±3.05Aa	7.76±2.71Aa	0.10±0.03Aa	0.09±0.05Aa	21.43±20.23Aa	3.31±1.80Aa
		CV/%	16.16	34.96	32.55	56.97	94.41	54.26

续表

样点部位	样本数/个	项目	Cr	As	Cd	Hg	Pb	Cu
非根区	11	含量/（mg/kg）	16.59～26.89	7.87～19.83	0.05～0.14	0.05～0.35	3.00～21.39	2.08～8.78
		平均值±标准差/（mg/kg）	20.93±3.32Aa	11.81±3.82Bb	0.09±0.02Aa	0.15±0.09Aa	7.18±5.75Ab	4.31±2.00Aa
		CV/%	15.88	32.37	27.16	62.25	80.09	46.36

总的来说，山银花产地土壤除了微量元素 Co 以外，Cu、Zn、Mn 三者含量均低于全国土壤平均含量，Cu、Zn、Co 含量的变异程度大，Fe、Mn 含量的变异程度较小，Fe、Mn 元素含量可能受地质背景下成土母质中两种元素含量的影响而出现较小变异。土壤中重金属 As、Pb、Cd、Cr 和 Cu 含量低于贵州土壤背景值，Hg 含量略高，超贵州土壤背景值 1.17 倍；Cd、Hg 较中国土壤背景值分别高出 1.03 倍和 1.85 倍，As、Pb 和 Hg 含量分别高出世界土壤背景值 1.63 倍、1.19 倍和 1.85 倍。山银花产地土壤中 As、Cd、Hg、Pb 和 Cu 重金属元素均未超标，且变异程度各异，表现为 Pb＞Hg＞Cu＞As＞Cd＞Cr。根区与非根区土壤差异性表现为：①各微量元素含量均表现出非根区＞根区的趋势，但差异性均不显著；②重金属元素 Cr、As、Hg、Cu 含量均表现为根区＜非根区，但差值不大，Pb 则表现为根区高于非根区约 3 倍。

四、贵州山银花产地土壤养分分级及土壤环境质量评价

1. 山银花产地土壤重金属评价

以国家《土壤环境质量标准》（GB 15618—1995）二级标准作为参照标准，本研究区域土壤的 pH 均小于 6.5，属于标准中的 pH＜6.5 区间，依据单因子污染指数（P_i）和多因子综合污染指数（$P_{综}$）对产地土壤重金属进行评价，结果见表 8-1-11。

表 8-1-11　山银花产地土壤重金属单项、综合及分级评价结果

样点部位	样本数	单因子污染指数（P_i）						多因子综合污染指数（$P_{综}$）	污染等级
		Cr	As	Cd	Hg	Pb	Cu		
根区	11	0.17	0.35	0.54	0.56	0.27	0.05	0.46	安全
		0.12	0.21	0.32	0.21	0.07	0.03		
		0.12	0.16	0.29	0.24	0.05	0.02		

续表

样点部位	样本数	单因子污染指数（P_i）						多因子综合污染指数（$P_综$）	污染等级
		Cr	As	Cd	Hg	Pb	Cu		
根区	11	0.12	0.16	0.22	0.27	0.03	0.01	0.46	安全
		0.14	0.21	0.35	0.33	0.08	0.03		
		0.11	0.17	0.32	0.20	0.05	0.02		
		0.11	0.14	0.25	0.16	0.03	0.01		
		0.11	0.14	0.25	0.20	0.05	0.01		
		0.15	0.29	0.52	0.63	0.22	0.04		
		0.10	0.16	0.23	0.11	0.04	0.01		
		0.14	0.15	0.37	0.54	0.05	0.01		
平均值		0.13	0.19	0.33	0.31	0.085	0.02		
非根区	11	0.18	0.50	0.45	1.15	0.09	0.04	0.83	警戒线
		0.14	0.33	0.27	0.38	0.02	0.03		
		0.14	0.26	0.29	0.43	0.02	0.03		
		0.11	0.20	0.18	0.41	0.01	0.02		
		0.17	0.40	0.43	1.01	0.05	0.06		
		0.12	0.26	0.24	0.40	0.02	0.02		
		0.13	0.23	0.23	0.42	0.01	0.04		
		0.11	0.20	0.26	0.28	0.02	0.02		
		0.16	0.38	0.36	0.63	0.05	0.03		
		0.15	0.27	0.30	0.16	0.02	0.02		
		0.13	0.22	0.34	0.24	0.02	0.01		
平均值		0.14	0.30	0.30	0.50	0.03	0.029		

由表 8-1-11 可知，研究区土壤中 Cr、As、Cd、Hg、Pb、Cu 的单因子污染指数都低于 0.7，属清洁安全水平。根区与非根区土壤的重金属多因子综合污染指数分别为 0.46 和 0.83，分别处于安全等级和警戒线，其中，Cd 和 Hg 的贡献率较高。单因子污染指数中 Cd、Pb 表现为根区＞非根区，而 Cr、As、Hg、Cu 则为非根区＞根区。土壤中 Cr、As、Cd、Pb、Cu 平均含量均在国家《土壤环境质量标准》（GB 15618—1995）二级标准规定范围内，样点达标率 100%；非根区土壤中两个样点土壤中 Hg 含量超标，占样点总数的 18.18%，单因子污染指数分别为 1.15 和 1.01，达到轻度污染。在所选定的污染评价因子中，根区土壤 Cd 为主要影响因子，其次是 Hg；非根区土壤 Hg 贡献率最高，Cd 和 As 次之。根区土壤多因子综合污染指数低于非根区，表明非根区受外界干扰较大，极有可能是受施肥习惯

的影响。

2. 山银花产地土壤养分分级及肥力评价

根据贵州山银花产地土壤养分含量状况，并结合全国第二次土壤普查土壤养分分级标准，对贵州山银花产地土壤肥力指标进行拟定分级，对产地土壤肥力水平进行划分。参照耕地养分分级标准及准则，拟定所测区域土壤有机质、全氮、碱解氮、有效磷、速效钾的等级划分和丰缺评判标准进行土壤肥力评价。土壤有机质、全氮、碱解氮、有效磷、速效钾含量均分为 3 个等级，分别代表丰富、中等、缺乏。具体分级标准（拟定）见表 8-1-12（柳小兰等，2015）。

表 8-1-12　山银花产地土壤养分分级（拟定）

分级	水平	有机质/（g/kg）	全氮/（g/kg）	碱解氮/（mg/kg）	有效磷/（mg/kg）	速效钾/（mg/kg）
Ⅰ	丰富	＞30	＞1.5	＞120	＞30	＞150
Ⅱ	中等	10～30	0.75～1.5	60～120	5～30	50～150
Ⅲ	缺乏	＜10	＜0.75	＜60	＜5	＜50

总体而言，山银花产地土壤肥力适宜，根区土壤肥力水平中等偏高，非根区土壤肥力水平中等偏低。具体的肥力等级见表 8-1-13。

表 8-1-13　贵州山银花产地土壤肥力等级

根区/非根区	有机质	全氮	碱解氮	有效磷	速效钾
根区	Ⅱ	Ⅱ	Ⅰ	Ⅱ	Ⅱ
非根区	Ⅱ	Ⅱ	Ⅱ	Ⅲ	Ⅲ
合计	Ⅱ	Ⅱ	Ⅱ	Ⅱ	Ⅱ

由表 8-1-13 可以看出，山银花产地根区土壤碱解氮的肥力等级为Ⅰ级，其余指标均为Ⅱ级，说明根区土壤养分供应水平较高；非根区土壤有效磷、速效钾肥力等级较低，为Ⅲ级，其余指标均为Ⅱ级。贵州山银花栽培区域以丘陵坡地为主，长期栽培植株的土壤，由于植株蔓延覆盖、根区根系的穿插生长，能够有效减弱雨水对土壤氮、磷等养分的溶蚀作用，同时又能促进有机质的积累和分解，从而提高土壤养分供应能力。因此总体上来说，山银花根区土壤养分含量较非根区丰富。

3. 贵州山银花产地土壤适应性条件

结合各土壤物理、化学因子对山银花品质影响的分析结果，提出贵州山银花产地主要的土壤因子，并拟定各土壤因子适宜性范围，具体指标适宜范围（拟定）

见表 8-1-14。

表 8-1-14 贵州山银花产地土壤因子适宜性范围（拟定）

土壤因子	适宜性范围	土壤因子	适宜性范围
土壤质地	重壤土、轻黏土	Co 含量/（mg/kg）	＜1.0
团聚体稳定度/%	7.0～8.0	Fe 含量/（mg/kg）	＞1500.00
pH	5.0～6.5	Mn 含量/（mg/kg）	＞80.00
有机质含量/（g/kg）	＞20	Cu 含量/（mg/kg）	＞6.0
全氮含量/（g/kg）	＞1.0	Zn 含量/（mg/kg）	＞50.00
有效磷含量/（mg/kg）	＞15	Cd 含量/（mg/kg）	＜0.30
速效钾含量/（mg/kg）	＞90	Hg 含量/（mg/kg）	＜0.30

结合土壤中各养分含量对山银花品质影响的分析结果，选定土壤有机质、全氮、有效磷、速效钾含量 4 个指标作为评价指标，并以每个指标对应的山银花品质进行系统聚类，将所得结果按从高到低分成丰富、中等、缺乏 3 个等级。评价结果为：山银花产地土壤肥力适宜，根区土壤肥力水平中等偏高，非根区土壤肥力水平中等偏低。根区土壤碱解氮的肥力等级大多为 I 级，其余指标均为 II 级，说明根区土壤养分供应水平较高；非根区土壤有效磷、速效钾肥力等级较低，为 III级，其余指标均为 II 级。

结合各土壤物理、化学因子对山银花品质影响的分析结果，提出贵州山银花产地主要土壤限制因子的适宜范围。山银花产地土壤肥力适宜，土壤中 Cr、As、Cd、Hg、Pb、Cu 的单因子污染指数都低于 0.7，属清洁安全水平。土壤多因子综合污染指数表现为非根区＞根区，分别处于警戒线和安全等级，其中，Cd 和 Hg 的贡献率较高，为主要影响因子。单因子污染指数中 Cd、Pb 表现为根区＞非根区，而 Cr、As、Hg、Cu 则为非根区＞根区。

第二节 贵州山银花品质特征

一、贵州山银花活性成分含量

对贵州产地山银花中绿原酸、灰毡毛忍冬皂苷乙、川续断皂苷乙成分进行含量测定，考察贵州产地山银花的质量状况，结果见表 8-2-1。由表 8-2-1 可知，绿原酸平均含量为 0.09%，未达到《中国药典》（＞2.0%）的要求，这可能与采样时间有关；川续断皂苷乙平均含量为 6.46%，灰毡毛忍冬皂苷乙平均含量为 0.74%，灰毡毛忍冬皂苷乙和川续断皂苷乙的总量为 7.20%，达到了《中国药典》（＞5.0%）的要求。此外，三个品质指标呈现不同的变异程度，其中绿原酸为中等偏强变异，灰毡毛忍冬皂苷乙为弱变异，川续断皂苷乙为中等变异。

表 8-2-1　山银花品质指标含量统计（%）

特征值	绿原酸	灰毡毛忍冬皂苷乙	川续断皂苷乙
平均值	0.09	6.46	0.74
标准差	0.08	0.62	0.10
CV	82.68	9.54	13.54

山银花中绿原酸、灰毡毛忍冬皂苷乙和川续断皂苷乙含量之间没有显著相关性，且在药理活性上也各不相同，因此，本研究采用欧氏距离分类法分别以绿原酸、灰毡毛忍冬皂苷乙和川续断皂苷乙成分含量为指标，对山银花样品进行了系统聚类分析。

由绿原酸聚类分析结果可知（图 8-2-1），11 个山银花样品按照绿原酸的含量值可分成四大类，分别是：第一类 1 个样品，为 L-6，其绿原酸含量最高，达到 0.298%；第二类 1 个样品，为 L-4，其绿原酸含量 0.144%；第三类 6 个样品，分别是 L-1、L-2、L-3、L-8、L-11、L-9，含量在 0.058%～0.105%，平均值为 0.083%；第四类 3 个样品，分别为 L-5、L-10、L-7，含量在 0.020%～0.037%，平均值为 0.030%。

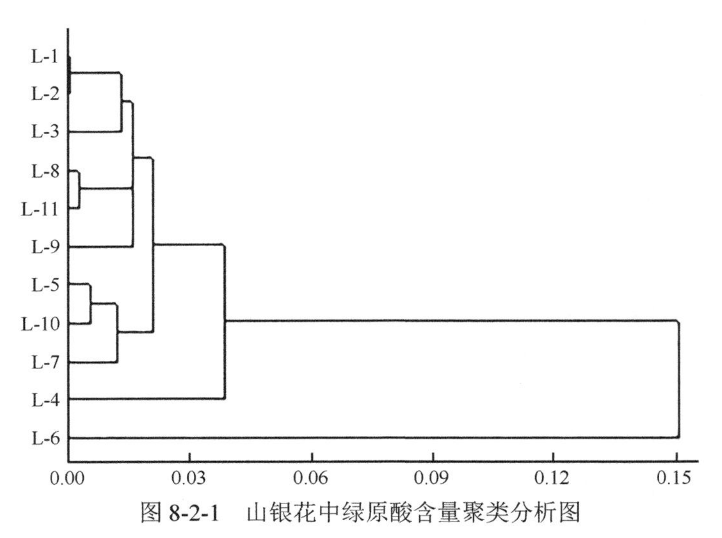

图 8-2-1　山银花中绿原酸含量聚类分析图

由灰毡毛忍冬皂苷乙聚类分析结果可知（图 8-2-2），11 个山银花样品按照灰毡毛忍冬皂苷乙的含量值可分成三大类，分别是：第一类 1 个样品，为 H-5，灰毡毛忍冬皂苷乙含量最高，达到 7.795%；第二类 6 个样品，分别为 H-1、H-3、H-4、H-6、H-8、H-10，含量在 6.431%～6.789%，平均值为 6.650%；第三类 4

个样品，分别是 H-2、H-7、H-9、H-11，含量在 5.613%～6.061%，平均值为 5.833%。

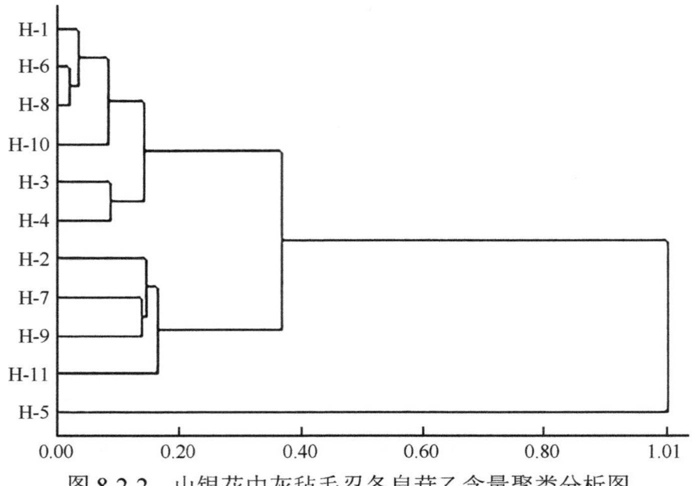

图 8-2-2　山银花中灰毡毛忍冬皂苷乙含量聚类分析图

由川续断皂苷乙聚类分析结果可知（图 8-2-3），11 个山银花样品按照川续断皂苷乙的含量值可分成四大类，分别是：第一类 1 个样品，为 C-5，含量最高，达到 0.880%；第二类 4 个样品，分别是 C-1、C-3、C-2、C-6，含量在 0.789%～0.833%，平均值为 0.808%；第三类 3 个样品，分别是 C-4、C-7、C-8，含量在 0.702%～0.729%，平均值为 0.728%；第四类 3 个样品，分别是 C-9、C-10、C-11，含量在 0.595%～0.608%，平均值为 0.600%。

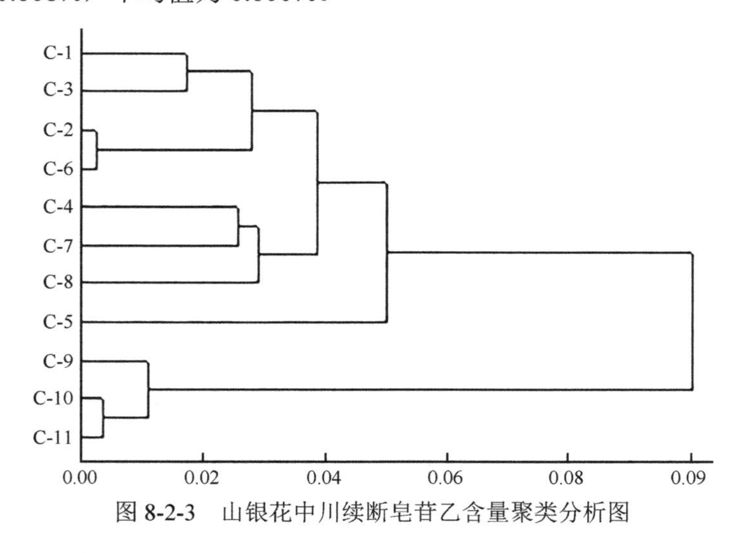

图 8-2-3　山银花中川续断皂苷乙含量聚类分析图

11 个山银花样品中绿原酸含量低于《中国药典》中规定的标准（绿原酸含量高于 2.0%）；而灰毡毛忍冬皂苷乙和川续断皂苷乙的总量高于 5.0%，达到《中国药典》规定的标准。

二、山银花茎、叶、花中微量元素含量特征

植物体除需要 N、P、K 等大量元素作为养料外，还需要吸收 Fe、Zn、Mn、Co、Mo 等微量元素作为养料，虽然这些微量元素含量极少，但其作为生命活动所必需的元素，它们是部分药用植物药效成分的构成因子，对中药材药效成分有一定的影响。本研究测定了 33 个山银花植株样品中微量元素的含量，结果见表 8-2-2。由表 8-2-2 可知，山银花茎、叶、花中微量元素的含量各不相同，其中 Zn 的含量范围为 14.64～66.49 mg/kg；Mn 的含量范围为 120.71～4097.64 mg/kg；Fe 的含量范围为 0.00～507.98 mg/kg；Co 的含量范围为 0.18～2.38 mg/kg；Mo 的含量范围为 0.05～8.44 mg/kg（颜秋晓等，2015）。

表 8-2-2　山银花茎、叶、花中微量元素含量

部位	样品数/个	特征值	Zn	Mn	Fe	Co	Mo
茎	11	含量范围/（mg/kg）	14.64～40.33	120.71～613.97	38.63～452.89	0.20～1.65	0.05～8.44
		平均值±标准差/（mg/kg）	25.03±7.22	224.49±137.71	131.31±123.44	0.70±0.45	0.92±2.50
		CV/%	28.82	61.34	94.00	63.37	272.10
叶	11	含量范围/（mg/kg）	17.16～66.49	1761.58～4097.64	130.62～507.98	0.26～2.38	0.08～0.28
		平均值±标准差/（mg/kg）	38.31±13.69	2633.30±690.22	209.91±112.14	0.84±0.65	0.16±0.07
		CV/%	35.74	26.21	53.42	77.35	42.84
花	11	含量范围/（mg/kg）	17.28～42.26	317.24～1087.60	0.00～93.51	0.18～0.69	0.10～0.42
		平均值±标准差/（mg/kg）	26.40±7.94	633.74±240.55	64.03±32.84	0.35±0.15	0.23±0.11
		CV/%	30.08	37.96	51.29	43.44	49.57
合计	33	含量范围/（mg/kg）	14.64～66.49	120.71～4097.64	0.00～507.98	0.18～2.38	0.05～8.44
		平均值±标准差/（mg/kg）	29.91±11.46	1163.84±1146.76	135.08±112.67	0.63±0.49	0.44±1.44
		CV/%	38.29	98.53	83.40	78.19	332.34

山银花中微量元素含量的分布规律各异，横向比较可得，茎中的微量元素含量表现为Mn＞Fe＞Zn＞Mo＞Co；叶和花中的微量元素含量均表现为Mn＞Fe＞Zn＞Co＞Mo。纵向分析可得，Zn和Mn的平均含量都呈现出叶＞花＞茎；Fe和Co的平均含量都呈现出叶＞茎＞花；Mo的平均含量呈现出茎＞花＞叶。

整体而言，以Mn的含量最高，Fe次之，以Mo的含量最低，但均可为人体提供身体必需的Mn、Fe及Mo等元素。各微量元素在山银花中的变异程度呈现出Mo＞Mn＞Fe＞Co＞Zn的趋势，均为中等程度（Mo除外）变异。茎中微量元素变异程度为Mo＞Fe＞Co＞Mn＞Zn；叶中微量元素变异程度为Co＞Fe＞Mo＞Zn＞Mn；花中微量元素变异程度为Fe＞Mo＞Co＞Mn＞Zn。

三、贵州山银花无机元素分析及图谱的建立

1. 山银花中无机元素含量分布

对100份山银花样品中K、Ca、Mn、Al、Mg、Fe、Zn、Cu、Cr、Ni、Cd、Co、As、Se、Mo、Pb的含量进行测定，结果见表8-2-3。由表8-2-3可知：不同样品中Al、Fe、Cr、Mo含量差异较大，其中以Cr的差异最为明显，含量在0.07～63.77 mg/kg，均值为4.27 mg/kg，最高含量为最低含量的911.0倍；其次为Fe，含量在0.92～711.29 mg/kg，均值为88.80 mg/kg，最高含量为最低含量的773.1倍，Mo的最高含量为最低含量的96.5倍，Al的最高含量为最低含量的67.0倍。从变异系数来看，16种无机元素中的K、Ca、Mg、Mn、Zn、Cu、Ni、Cd、Pb、Co、As为中等程度变异，其余5种无机元素为强变异，其中Al高达168.14%。

2. 山银花中无机元素含量测定结果分析

41个不同山银花样品中无机元素含量的测定结果见表8-2-4。

3. 山银花无机元素图谱的建立

根据元素含量的测定结果，筛选出16种无机元素，制定了16种无机元素的含量分布曲线。为了便于比较，本研究团队将41个山银花样品中的无机元素含量分布图谱拟合在一起，见图8-2-4；并将41个山银花样品中16种无机元素含量的平均值做无机元素含量分布图谱，见图8-2-5。

由图8-2-4可知，41个山银花样品中16种无机元素具有相似的元素含量特征，这一共性可用于区分山银花无机元素图谱与其他药材无机元素图谱，为山银花产地溯源提供科学依据。样品质量不同，其无机元素含量也有所差异，对于鉴定山银花的质量优劣具有一定的意义。由图8-2-4可知，不同的山银花样品，无机元素含量特征会有一定的差异性，以此来建立道地药材无机元素含量特征图谱是可行的，

表 8-2-3　100 份山银花中无机元素含量

特征值	As	Mo	Co	Pb	Se	Cd	Ni	Cr	Cu	Zn	Fe	Mn	Al	Mg	Ca	K
最小值/（mg/kg）	0.00	0.02	0.09	0.00	0.00	1.12	0.65	0.07	7.35	13.83	0.92	209	7.43	1 962	542	11 180
最大值/（mg/kg）	0.65	1.93	0.57	2.74	3.54	3.64	3.70	63.77	14.94	38.59	711.29	723	497.71	3 376	6 725	20 996
平均值/（mg/kg）	0.11	0.19	0.27	0.61	0.91	1.85	2.42	4.27	10.79	22.03	88.80	434	57.26	2 525	4 552	15 693
标准差/（mg/kg）	0.09	0.22	0.12	0.43	0.98	0.56	0.57	6.57	1.66	3.78	99.42	133	96.27	317	1 003	2 524
CV/%	87.13	114.06	43.45	69.71	107.19	30.22	23.80	153.87	15.34	17.17	111.96	30.65	168.14	12.54	22.02	16.08

表 8-2-4　山银花中无机元素含量测定结果（mg/kg）

样品序号	As	Mo	Co	Pb	Se	Cd	Ni	Cr	Cu	Zn	Fe	Mn	Al	Mg	Ca	K
1	0.16	0.20	0.52	0.49	0.27	1.62	2.46	10.79	10.34	21.23	82.18	338.31	58.14	2 474.14	4 961.69	12 025.86
2	0.10	0.19	0.55	0.65	3.54	1.89	2.73	9.19	10.42	25.97	88.05	373.41	86.56	2 716.27	5 828.37	13 382.94
3	0.65	0.25	0.54	0.85	1.59	1.72	2.73	7.98	10.28	24.86	91.22	355.84	66.95	2 550.81	5 223.17	12 564.10
4	0.20	0.19	0.54	0.53	1.31	1.67	2.52	7.56	10.08	23.12	78.77	367.98	65.86	2 661.58	5 428.57	13 113.30
5	0.36	0.22	0.57	0.78	1.22	1.74	2.85	8.98	10.78	21.31	90.88	375.97	55.36	2 647.68	5 564.67	13 494.21
6	0.07	0.17	0.27	1.59	1.45	1.80	2.45	9.98	13.13	25.68	83.56	487.43	44.08	2 412.96	4 177.95	15 183.75
7	0.12	0.15	0.26	0.91	1.14	1.75	1.80	9.04	10.51	20.73	67.62	476.91	39.79	2 411.40	4 082.94	15 433.55
8	0.11	0.15	0.27	1.04	1.07	1.81	1.77	9.78	10.56	19.93	62.97	486.02	47.30	2 478.30	4 102.70	15 998.07
9	0.20	0.18	0.26	0.86	2.00	1.86	1.84	8.52	10.36	21.30	201.97	493.13	250.41	2 413.46	4 213.37	15 169.41
10	0.11	0.14	0.26	1.14	1.87	1.69	1.75	9.25	9.80	19.90	72.24	458.32	47.34	2 261.12	3 899.90	14 559.96
11	0.15	0.20	0.33	0.91	1.32	2.33	2.40	7.77	9.18	21.07	58.56	680.30	21.75	2 150.33	5 461.47	12 112.27
12	0.18	0.22	0.35	1.23	2.62	2.50	2.74	9.25	10.49	23.52	55.16	694.84	14.97	2 237.82	5 625.60	12 125.12
13	0.07	0.17	0.35	0.81	0.41	2.34	2.47	1.87	9.52	18.70	63.31	709.92	13.24	2 233.30	5 663.17	12 619.27
14	0.07	0.17	0.36	0.70	1.39	2.38	2.49	1.12	9.59	19.85	62.41	723.15	18.20	2 249.26	5 630.54	12 364.53
15	0.15	0.22	0.34	0.81	1.21	2.26	2.50	1.53	9.37	19.29	71.69	688.42	31.51	2 170.76	5 529.93	12 291.46
16	0.11	0.19	0.37	0.67	3.19	2.67	2.59	0.93	9.88	23.74	497.71	673.08	497.71	2 127.29	5 567.77	11 730.77
17	0.16	0.09	0.23	0.13	0.29	1.80	2.37	0.13	13.69	25.60	24.87	364.16	7.43	2 207.03	3 238.28	16 391.60
18	0.16	1.43	0.25	1.02	0.28	1.43	2.70	2.97	12.94	20.34	84.89	339.21	37.56	1 961.50	2 864.54	15 408.75
19	0.13	0.14	0.25	0.11	0.40	1.56	3.30	3.73	13.74	20.33	76.01	361.58	29.57	2 118.73	3 105.21	16 380.31
20	0.10	0.16	0.34	0.93	0.06	1.61	2.98	2.49	9.55	21.17	174.08	442.48	247.66	2 529.82	3 731.19	13 160.55

续表

样品序号	As	Mo	Co	Pb	Se	Cd	Ni	Cr	Cu	Zn	Fe	Mn	Al	Mg	Ca	K
21	0.08	0.19	0.46	1.35	2.36	1.90	3.31	3.02	10.87	26.46	414.01	521.44	456.66	3 078.01	4 333.03	16 459.85
22	0.10	0.13	0.15	0.27	2.15	1.24	2.20	2.12	11.88	24.05	108.62	373.81	112.84	2 514.22	3 695.87	18 174.31
23	0.14	0.12	0.14	0.06	1.02	1.20	1.66	1.44	11.34	22.17	38.75	363.38	9.76	2 443.48	3 625.60	18 314.01
24	0.06	0.13	0.11	1.30	1.97	2.23	2.03	2.22	11.93	29.11	159.27	480.73	223.44	3 076.15	5 105.50	19 756.88
25	0.10	0.14	0.09	0.20	0.32	1.73	1.89	1.04	10.42	25.33	35.63	437.10	10.01	2 707.64	4 528.40	17 867.78
26	0.06	0.15	0.11	0.37	2.84	2.10	2.09	2.54	12.27	29.66	144.18	504.09	155.73	3 197.45	5 404.91	20 996.36
27	0.11	0.15	0.15	0.37	0.66	1.35	3.04	2.38	12.34	22.81	59.40	297.93	22.22	2 479.32	4 345.39	14 910.71
28	0.01	0.18	0.19	0.28	3.01	1.50	2.80	4.12	12.16	22.43	78.82	337.40	19.24	2 823.47	4 937.98	17 280.53
29	0.07	0.13	0.16	0.31	0.13	1.47	2.66	2.36	11.17	20.80	55.77	309.19	14.82	2 556.21	4 482.40	15 801.56
30	0.13	0.25	0.34	0.62	1.11	1.16	1.87	3.53	7.97	15.18	54.47	218.72	13.82	2 776.07	4 070.01	18 718.97
31	0.07	0.28	0.36	0.64	2.13	1.33	0.65	3.19	8.51	17.16	176.35	238.95	284.06	2 986.76	4 482.19	19 799.09
32	0.08	0.25	0.34	0.54	0.43	1.20	1.90	2.84	8.03	15.03	48.02	225.59	12.87	2 788.33	4 072.44	19 223.89
33	0.08	0.26	0.35	0.58	1.48	1.19	2.03	3.76	8.25	16.23	65.18	223.29	12.14	2 731.49	4 166.35	18 177.13
34	0.10	0.27	0.34	0.59	0.93	1.25	1.56	2.80	7.84	15.09	54.70	229.70	13.02	2 780.69	4 169.31	19 074.26
35	0.10	0.25	0.34	0.53	1.64	1.27	1.81	4.32	8.13	15.28	61.16	232.90	12.85	2 836.21	4 155.17	18 975.10
36	0.12	0.27	0.36	0.64	0.39	1.33	2.43	1.70	8.47	19.12	68.94	235.93	54.92	2 790.07	4 470.40	17 946.27
37	0.10	0.14	0.26	0.22	0.05	2.07	2.49	3.31	10.20	20.87	72.43	396.07	29.18	2 269.42	4 893.20	15 631.07
38	0.08	0.17	0.26	0.28	0.54	2.22	3.19	3.87	10.42	22.33	72.07	412.96	18.35	2 298.52	5 088.67	15 349.75
39	0.14	0.16	0.25	0.24	0.77	2.15	2.48	3.15	9.95	20.99	61.87	385.71	16.47	2 204.93	4 899.01	14 591.13
40	0.06	0.19	0.25	0.60	1.44	3.34	2.88	2.55	12.33	24.23	85.85	660.26	52.29	2 804.49	6 597.99	15 718.86
41	0.11	1.93	0.26	0.59	1.34	3.24	3.46	3.75	12.14	23.21	83.72	668.62	19.39	2 775.66	6 520.04	16 075.27

并且采用不同山银花样品中无机元素含量的平均值进行图谱分析（图 8-2-5），用该图谱作为标准图谱来实现山银花产地溯源更为准确，以此来避免由于山银花产地、种类的不同而引起的元素含量特征的差异。

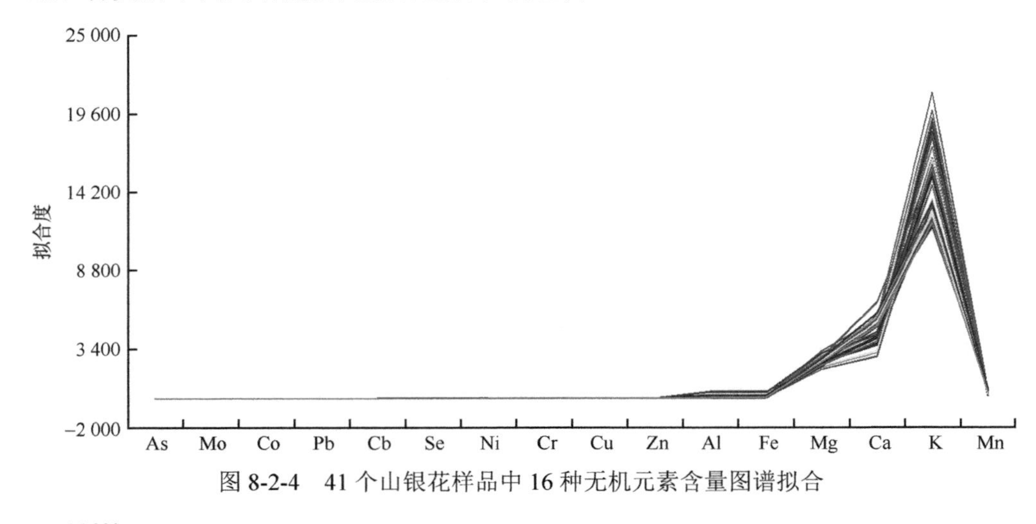

图 8-2-4　41 个山银花样品中 16 种无机元素含量图谱拟合

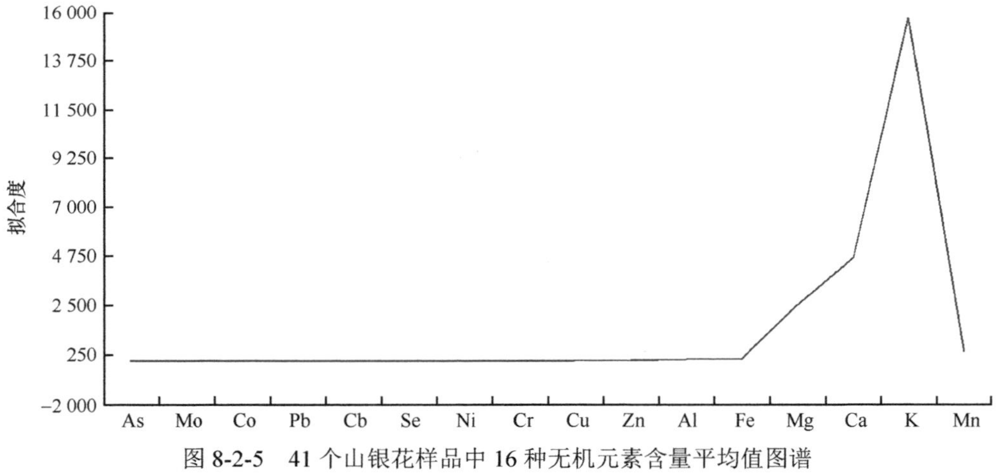

图 8-2-5　41 个山银花样品中 16 种无机元素含量平均值图谱

4. 山银花样品主成分分析

特征值及贡献率是选择主成分的依据，山银花主成分分析初始统计值见表 8-2-5，表中第二列是因子变量的特征值，它是衡量主成分先后顺序的判别值，第一主成分的特征值是 4.035，后面主成分描述的特征值依次减少。第三列是各主成分方差贡献率，表示该主成分描述的方差占原有变量总方差的比例。它的值是第二列的特征值与总方差的比值。从表 8-2-5 中可以看到，前 5 个主成分，累积贡献率达到 74.461%，即前 5 个主成分模型解释了实验数据的 74.461%。

表 8-2-5　主成分分析初始统计值

主成分	特征值	方差贡献率/%	累计贡献率/%
1	4.035	25.221	25.221
2	2.631	16.446	41.667
3	2.454	15.340	57.007
4	1.468	9.175	66.182
5	1.325	8.278	74.461
6	1.145	7.158	81.618
7	1.052	6.576	88.195
8	0.583	3.641	91.836
9	0.519	3.243	95.079
10	0.278	1.738	96.817
11	0.167	1.044	97.861
12	0.140	0.875	98.736
13	0.083	0.519	99.255
14	0.076	0.473	99.728
15	0.029	0.184	99.912
16	0.014	0.088	100.000

由表 8-2-6 可知，Cd、Mn、Ca 为第一主成分贡献大的元素；Al、Mg 为第二主成分贡献大的元素；Co、Cr、Cu 为第三主成分贡献大的元素；Cu、Zn、As、Cd 为第四主成分贡献大的元素；Mg、Cr、Fe 为第五主成分贡献大的元素。总方差 55%以上的贡献来自第一、第二、第三主成分，所以可以认为 Cd、Mn、Ca、Al、Mg、Co、Cr、Cu 是山银花的特征无机元素。

表 8-2-6　无机元素对主成分负荷矩阵旋转后的结果

无机元素	主成分				
	1	2	3	4	5
As	0.093	–0.278	0.238	0.333	0.179
Mo	0.078	–0.087	–0.156	–0.112	0.106
Co	0.150	–0.201	0.478	–0.003	0.034
Pb	0.228	0.037	0.281	0.088	0.001
Se	0.225	0.334	0.190	–0.007	0.263
Cd	0.406	–0.025	–0.206	–0.317	0.029
Ni	0.276	–0.167	–0.238	0.164	–0.024

续表

无机元素	主成分				
	1	2	3	4	5
Cr	0.127	–0.227	0.327	0.234	0.353
Cu	0.141	0.034	–0.440	0.473	0.173
Zn	0.289	0.204	–0.241	0.348	0.279
Fe	0.249	0.388	0.168	0.135	–0.375
Mn	0.405	–0.040	–0.149	–0.239	–0.145
Al	0.210	0.432	0.197	0.163	–0.330
Mg	–0.088	0.400	0.129	–0.147	0.484
Ca	0.337	–0.034	0.015	–0.465	0.298
K	–0.330	0.374	–0.105	–0.058	0.243

5. 贵州山银花无机元素图谱的应用

据山银花样品中 16 种无机元素指纹图谱拟合可知，不同样品间具有相似元素含量特征的这一共性可用于区分山银花无机元素图谱与其他药材无机元素图谱，并为山银花产地溯源提供参考依据。

山银花样品主成分分析结果表明，第一、第二、第三主成分占了总方差 55%以上，反映了山银花中 55%以上的信息，这三个主成分的主要贡献元素 Cd、Mn、Ca、Al、Mg、Co、Cr、Cu，可作为山银花的特征无机元素。

对丹寨和绥阳不同产地山银花样品进行系统聚类分析，可明显将两产地山银花区分开，这在一定程度上体现了山银花资源的道地性，同时也为山银花资源的产业链开发及其资源利用提供了重要的参考价值

四、不同产地山银花样品聚类分析应用

以 Cr、Mn、Cu、Zn、As、Mo、Cd、Pb 这 8 个元素为变量，以丹寨 33 个山银花样品和绥阳小关 15 个山银花样品为对象（表 8-2-7），对其进行系统聚类分析，如图 8-2-6 所示。该层次聚类分析的树状图，直观地描述了整个聚类过程。由图 8-2-6 可见，48 个山银花样品用 8 个元素含量作为聚类变量，可明显分成两个大类：其中丹寨的 33 个山银花样品聚为一类，绥阳小关的 15 个山银花样品聚为一类。聚类结果表明：对不同产地山银花样品进行聚类，可在一定程度上体现山银花资源的道地性。

表 8-2-7　不同产地山银花中元素含量（mg/kg）

产地	编号	Cr	Mn	Cu	Zn	As	Mo	Cd	Pb
丹寨	1	10.79	338.31	10.34	21.23	0.16	0.20	1.62	0.49
	2	9.19	373.41	10.42	25.97	0.10	0.19	1.89	0.65
	3	7.98	355.84	10.28	24.86	0.65	0.25	1.72	0.85
	4	7.56	367.98	10.08	23.12	0.20	0.19	1.67	0.53
	5	8.98	375.97	10.78	21.31	0.36	0.22	1.74	0.78
	6	9.98	487.43	13.13	25.68	0.07	0.17	1.80	1.59
	7	9.04	476.91	10.51	20.73	0.12	0.15	1.75	0.91
	8	9.78	486.02	10.56	19.93	0.11	0.15	1.81	1.04
	9	8.52	493.13	10.36	21.30	0.20	0.18	1.86	0.86
	10	9.25	458.32	9.80	19.90	0.11	0.14	1.69	1.14
	11	0.13	364.16	13.69	25.60	0.16	0.09	1.80	0.13
	12	2.97	339.21	12.94	20.34	0.16	1.43	1.43	1.02
	13	3.73	361.58	13.74	20.33	0.13	0.14	1.56	0.11
	14	2.49	442.48	9.55	21.17	0.10	0.16	1.61	0.93
	15	3.02	521.44	10.87	26.46	0.08	0.19	1.90	1.35
	16	2.12	373.81	11.88	24.05	0.10	0.13	1.24	0.27
	17	1.44	363.38	11.34	22.17	0.14	0.12	1.20	0.06
	18	2.22	480.73	11.93	29.11	0.06	0.13	2.23	1.30
	19	1.04	437.10	10.42	25.33	0.10	0.14	1.73	0.20
	20	2.54	504.09	12.27	29.66	0.06	0.15	2.10	0.37
	21	2.38	297.93	12.34	22.81	0.11	0.15	1.35	0.37
	22	4.12	337.40	12.16	22.43	0.01	0.18	1.50	0.28
	23	2.36	309.19	11.17	20.80	0.07	0.13	1.47	0.31
	24	3.53	218.72	7.97	15.18	0.13	0.25	1.16	0.62
	25	3.19	238.95	8.51	17.16	0.07	0.28	1.33	0.64
	26	2.84	225.59	8.03	15.03	0.08	0.25	1.20	0.54
	27	3.76	223.29	8.25	16.23	0.08	0.26	1.19	0.58
	28	2.80	229.70	7.84	15.09	0.10	0.27	1.25	0.59
	29	4.32	232.90	8.13	15.28	0.10	0.25	1.27	0.53
	30	1.70	235.93	8.47	19.12	0.12	0.27	1.33	0.64
	31	3.31	396.07	10.20	20.87	0.10	0.14	2.07	0.22
	32	3.87	412.96	10.42	22.33	0.08	0.17	2.22	0.28
	33	3.15	385.71	9.95	20.99	0.14	0.16	2.15	0.24

续表

产地	编号	Cr	Mn	Cu	Zn	As	Mo	Cd	Pb
绥阳小关	34	50.15	415.63	42.53	122.24	30.15	1.20	0.28	29.53
	35	54.85	387.34	44.26	118.36	31.94	1.03	0.32	28.64
	36	52.16	375.49	31.20	120.24	32.37	1.31	0.28	31.24
	37	47.91	415.63	32.00	124.42	29.89	1.21	0.33	30.77
	38	50.15	423.64	39.00	111.93	26.83	1.48	0.25	29.44
	39	49.62	479.34	32.70	117.34	27.42	1.41	0.29	27.17
	40	48.10	451.75	30.52	113.42	25.75	1.58	0.30	34.01
	41	49.32	423.67	28.59	115.37	27.26	1.60	0.27	34.84
	42	47.58	451.71	29.00	112.53	26.25	1.54	0.25	32.73
	43	40.01	471.65	28.46	107.16	23.47	1.52	0.24	39.10
	44	48.42	415.63	24.75	117.95	20.08	1.79	0.23	41.62
	45	41.67	478.12	29.00	110.34	22.75	1.86	0.24	40.70
	46	41.76	455.63	26.00	102.50	18.47	2.47	0.23	41.80
	47	42.75	443.67	17.89	103.54	16.53	2.22	0.19	40.94
	48	38.32	471.65	12.00	97.92	18.47	2.63	0.20	38.94

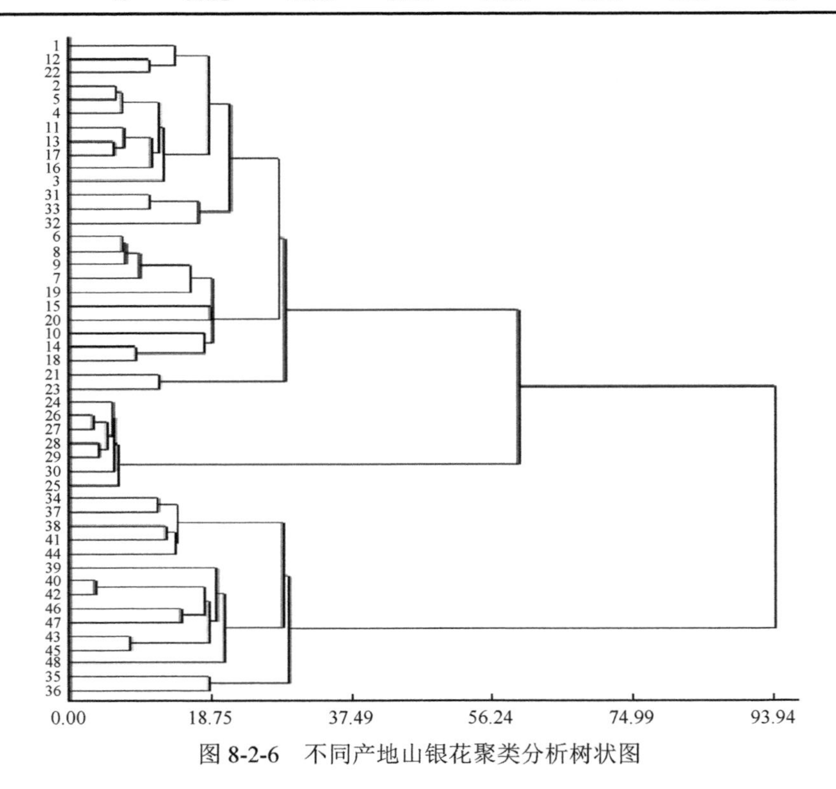

图 8-2-6　不同产地山银花聚类分析树状图

五、贵州山银花质量

贵州山银花中绿原酸平均含量为 0.09%，未达到《中国药典》（＞2.0%）的要求，这可能与采样时间有关系；灰毡毛忍冬皂苷乙和川续断皂苷乙的总量为 7.20%，达到了《中国药典》（＞5.0%）的要求。此外，三个品质指标呈现不同的变异程度，其中绿原酸为中等程度变异，灰毡毛忍冬皂苷乙为弱变异，川续断皂苷乙为中等变异。聚类分析显示，山银花药材中绿原酸、灰毡毛忍冬皂苷乙和川续断皂苷乙的含量差异较大，有明显的优劣之分，可进行分等定级。

山银花中微量元素的分布规律各异，茎中的微量元素含量表现为 Mn＞Fe＞Zn＞Mo＞Co；叶和花中的微量元素含量均表现为 Mn＞Fe＞Zn＞Co＞Mo。各微量元素在山银花中的变异程度呈现出 Mo＞Mn＞Fe＞Co＞Zn 的趋势。

山银花中重金属的分布规律各不相同，茎中重金属含量为 Cr＞Cu＞Pb＞Cd＞As＞Hg；叶中重金属含量为 Cr＞Pb＞Cu＞Cd＞As＞Hg；花中重金属含量为 Cu＞Cr＞Cd＞Pb＞As＞Hg；各重金属在山银花中的变异程度呈现出 Hg＞Cr＞Pb＞As＞Cd＞Cu 的趋势，说明山银花茎和叶中 Hg 和 Cr 以及花中的 Hg 和 Pb 均分布不均匀。

按照《药用植物及制剂外经贸绿色行业标准》（WM/T 2—2004）要求，山银花植株中 As、Pb、Cu、Hg 4 种重金属元素含量均未超标，而山银花中的 Cd 含量远超出了相应的限量值，且超标率为 100%。山银花植株中的重金属主要源自其生长的土壤，但土壤中 Cd 的含量均未超出《土壤环境质量标准》（GB 15618—1995）中的限定值，说明 Cd 在山银花中具有很强的累积效应。

山银花茎、叶、花对土壤中重金属元素的富集能力不同，除 Pb 和 As 外，山银花叶和花对重金属元素的富集能力均呈现出 Cd＞Cu＞Hg＞Cr 的趋势，而茎则为 Cd＞Cu＞Cr＞Pb＞As＞Hg；茎、叶、花对土壤中重金属元素 Cd 的富集能力均为最强，富集系数分别为 7.266、10.602、14.772，符合重金属超富集植物评价标准之一，说明 Cd 在山银花植株中的累积效应非常强，表明山银花为 Cd 的超富集植物，这与前人的研究结果一致。

从整体上看，相关性分析表明，各重金属元素含量之间相关性不显著，说明山银花在生长过程中对不同种重金属的吸收、迁移及富集等特征有较大的差异性，这可能与山银花存在某种源-库调节机制有关。

第三节　贵州山银花产地土壤与药材品质

一、土壤物理性质对山银花品质的影响

将 11 个山银花样品的品质指标含量与其对应的根区土壤物理性质进行相关

性分析，结果见表 8-3-1。总的来看，山银花中绿原酸含量、灰毡毛忍冬皂苷乙含量、川续断皂苷乙含量与各个根区土壤物理指标均没有显著或极显著的相关关系。其中，与山银花中绿原酸含量正相关系数较大的土壤物理指标依次为：毛管孔隙度、细砂（0.05～0.25 mm）含量、中粉砂（0.005～0.01 mm）含量，与其负相关系数较大的三个指标分别为比重、黏粒（＜0.01 mm）含量、非毛管孔隙度，表明土壤疏松状况以及土壤机械组成会影响山银花中绿原酸含量的积累，并且土粒细的土壤会提高山银花中绿原酸的含量从而影响山银花品质；山银花中灰毡毛忍冬皂苷乙含量的高低主要受土壤细粉砂（0.001～0.005 mm）含量和土壤毛管孔隙度影响，表明疏松细致的土壤有利于山银花中灰毡毛忍冬皂苷乙的合成和积累。山银花川续断皂苷乙含量与细粉砂含量正相关系数最大，其次是比重，而与中粉砂含量负相关系数最大，与各级土粒含量关系表现出土粒越细含量越高的规律，表明土粒细的土壤有利于川续断皂苷乙的合成。此外，3 个品质指标含量之间呈正相关，表明 3 者受到的环境影响的条件相同。

表 8-3-1　山银花产地根区土壤物理性质与山银花品质指标含量的相关性

项目		绿原酸	灰毡毛忍冬皂乙	川续断皂苷乙
容重		–0.11	0.06	0.10
比重		–0.42	0.08	0.20
＞0.25 mm 团聚体稳定率		0.03	–0.12	–0.04
土壤孔隙度	总孔隙度	0.04	–0.05	–0.07
	毛管孔隙度	0.25	0.2	–0.04
	非毛管孔隙度	–0.21	–0.26	–0.03
土壤机械组成	0.25～1 mm	–0.13	0.15	0.07
	0.05～0.25 mm	0.23	–0.13	–0.05
	0.01～0.05 mm	–0.09	0.01	–0.05
	0.005～0.01 mm	0.08	–0.40	–0.24
	0.001～0.005 mm	0.03	0.37	0.28
	＜0.001 mm	–0.26	0.17	0.09
	＜0.01 mm	–0.12	0.18	0.14
山银花品质指标	绿原酸	1		
	灰毡毛忍冬皂苷乙	0.07	1	
	川续断皂苷乙	0.24	0.45	1

二、土壤理化性质及养分含量对山银花品质的影响

将 11 个山银花样品的品质指标含量与其对应的根区土壤各养分含量进行相

关性分析，结果如表 8-3-2 所示：①山银花中绿原酸含量与各个土壤养分指标均没有显著或极显著的相关关系，与土壤有机质含量的相关系数达到 0.42，与磷素、钾素含量以及 pH 呈负相关，表明土壤酸性较强、含磷量低且有机质含量丰富的土壤会提高山银花中绿原酸含量；②山银花灰毡毛忍冬皂苷乙含量与各个土壤养分指标均呈负相关关系，且与 pH 显著负相关，表明氮、磷、钾素过高且碱性较强的土壤不利于灰毡毛忍冬皂苷乙的转化积累；③山银花中川续断皂苷乙的含量与各个土壤养分指标均没有显著或极显著的相关关系，其含量高低主要受土壤氮素含量影响，与土壤 pH 的负相关系数最大，其次是速效磷，表明磷素过多的碱性土壤不利于川续断皂苷乙的合成。

表 8-3-2　山银花根区土壤理化性质及养分含量与山银花品质的相关性

项目	绿原酸	灰毡毛忍冬皂苷乙	川续断皂苷乙
pH	–0.02	–0.61*	–0.57
全氮	0.18	–0.18	0.15
碱解氮	–0.14	–0.03	0.17
速效磷	–0.42	–0.33	–0.29
速效钾	–0.34	–0.07	0.05
有机质	0.42	–0.18	0.13

三、土壤微量元素对山银花品质的影响

将 11 个山银花样品的品质指标含量与其对应的根区土壤各微量元素含量进行相关性分析，结果如表 8-3-3 所示：整体而言，山银花中绿原酸含量、灰毡毛忍冬皂苷乙含量、川续断皂苷乙含量与各个土壤微量元素含量均没有显著或极显著的相关关系。其中，对山银花绿原酸含量影响较大的元素依次为 Zn、Mn、Cu、Fe，表明 Zn、Mn、Fe 和 Cu 可促进绿原酸的转化积累；对山银花中灰毡毛忍冬皂苷乙、川续断皂苷乙含量影响较大的元素依次为 Zn、Fe、Cu，表明 Zn、Fe 和 Cu 可促进灰毡毛忍冬皂苷乙、川续断皂苷乙的合成，但 Mn、Co 则对其有一定的抑制作用。

表 8-3-3　山银花产地土壤微量元素含量与山银花品质的相关性

微量元素	绿原酸	灰毡毛忍冬皂苷乙	川续断皂苷乙
Cu	0.05	0.02	0.18
Zn	0.07	0.22	0.4
Mn	0.07	–0.17	–0.08
Fe	0.01	0.11	0.25
Co	–0.08	–0.09	–0.09

四、贵州山银花产地土壤性状对山银花品质的影响

土壤物理性质：土壤疏松状况以及土壤矿物组成会影响山银花中绿原酸的积累，但影响不显著；山银花中灰毡毛忍冬皂苷乙含量的高低主要受土壤细粉砂含量和土壤毛管孔隙度影响，表明疏松细致的土壤有利于山银花灰毡毛忍冬皂苷乙的合成和积累。山银花中川续断皂苷乙含量与细粉砂含量正相关系数最大，而与中粉砂含量负相关系数最大，与各级土粒含量关系表现出土粒越细含量越高的规律，表明土粒细的土壤可能有利于川续断皂苷乙的合成。

土壤养分：山银花中绿原酸含量与磷素、钾素含量以及 pH 呈负相关关系，表明碱性、有机质含量丰富的土壤会提高山银花中绿原酸含量；山银花中灰毡毛忍冬皂苷乙含量与各个土壤养分指标均呈负相关关系，且与 pH 呈显著负相关，表明氮、磷、钾素过高且碱性较强的土壤不利于灰毡毛忍冬皂苷乙的转化积累；山银花中川续断皂苷乙的含量高低主要受土壤氮素含量影响，与土壤 pH 的负相关系数最大，其次是速效磷，表明磷素过多的碱性土壤不利于川续断皂苷乙的合成。

土壤微量元素：山银花三个品质指标含量与各个土壤微量元素含量均没有显著或极显著的相关关系。其中，对山银花绿原酸含量影响较大的元素依次为 Zn、Mn、Cu、Fe，表明 Zn、Mn、Fe 和 Cu 可促进绿原酸的转化积累；对山银花灰毡毛忍冬皂苷乙、川续断皂苷乙含量影响较大的元素依次为 Zn、Fe、Cu，表明 Zn、Fe 和 Cu 可促进灰毡毛忍冬皂苷乙、川续断皂苷乙的合成，但 Mn、Co 则对其有一定的抑制作用。

第九章　贵州玄参产地土壤环境特征与其药材品质

第一节　贵州玄参产地土壤环境特征

一、贵州玄参产地土壤物理性质

1. 土壤机械组成特征

贵州玄参产地土壤机械组成特征统计如表 9-1-1 所示。可以看出，贵州玄参产地各粒级土粒含量差异较大，其中以粉粒为主，玄参种植土壤粉粒平均含量为39.76%,党参种植土壤粉粒平均含量为37.88%,林地土壤粉粒平均含量为36.70%。贵州玄参产地土壤沙粒、粉粒及黏粒含量表现为，沙粒含量党参＞林地＞玄参，粉粒含量玄参＞党参＞林地，黏粒含量党参＞玄参＞林地。贵州玄参产地土壤以粉粒为主，说明贵州玄参产地土壤结构良好，土壤保水性和保肥性好。

土壤矿物组成、养分含量影响土壤的物理性质、化学性质和生物性质。贵州玄参种植土壤中物理性黏粒（＜0.01mm）平均含量为 43.03%，党参种植土壤中物理性黏粒平均含量为 45.70%，林地土壤中物理性黏粒平均含量为 43.54%。根据卡钦斯基制土壤质地划分标准，贵州玄参种植土壤及林地土壤质地属于中壤，党参种植土壤质地属于重壤，说明贵州玄参产地土壤通气透水、保水保温性能都较好。

2. 土壤容重与孔隙度

从表 9-1-2 中的统计结果可以看出，贵州玄参种植土壤总孔隙度为 60.14%，党参种植土壤总孔隙度为 51.93%，林地土壤总孔隙度为 63.80%。土壤总孔隙度包括土壤毛管孔隙度和非毛管孔隙度，土壤毛管孔隙度大小主要用来反映土壤蓄水供水能力，土壤非毛管孔隙度主要用于评价土壤通气水平。贵州不同土壤利用方式下土壤毛管孔隙度表现为林地＞玄参＞党参，土壤非毛管孔隙度为玄参＞党参＞林地，说明玄参种植土壤蓄水供水能力及通气能力较强，能够为植物生长过程提供所需要的充足的水和空气。不同土壤利用方式下林地土壤总孔隙度最大，这与林地土壤表面枯枝落叶被微生物分解使土壤有机质含量增加有关。

土壤孔隙度是指土壤中各粒级土粒及土粒间的孔隙，是反映土壤自然松紧状态的指标之一，也可作为评价土壤熟化程度的指标。从贵州不同土壤利用方式下土壤容重测定结果来看（表 9-1-2），贵州玄参种植区土壤容重最小，为 1.19 g/cm^3。土壤容重与土壤质地、压实状况、土壤颗粒密度、土壤有机质含量及土壤利用方式等因素有关。有机质含量高、结构性好及熟化程度较高的土壤容重小。贵州玄

表 9-1-1　贵州不同土壤利用方式土壤机械稳定性特征（%）

土壤利用方式	砂粒		粉粒			黏粒	物理性黏粒	土壤质地
	0.25～1 mm	0.05～0.25 mm	0.01～0.05 mm	0.005～0.01 mm	0.001～0.005 mm	＜0.001 mm	＜0.01 mm	
玄参	10.92	11.53	14.53	12.02	13.21	17.80	43.03	中壤
党参	9.07	16.19	10.40	16.98	10.50	18.22	45.70	重壤
林地	10.18	14.02	10.93	15.26	10.51	17.77	43.54	中壤

参种植土壤与其他土壤利用方式相比，玄参种植土壤的土壤容重最小，党参种植土壤容重最大，表明贵州玄参种植土壤疏松多孔。

表 9-1-2　贵州不同土壤利用方式土壤容重与孔隙度特征

土壤利用方式	总孔隙度/%	毛管孔隙度/%	非毛管孔隙度/%	土壤容重/（g/cm^3）
玄参	60.14±1.99	57.45±3.72	2.69±1.96	1.19±0.06
党参	51.93±0.63	50.50±2.23	1.43±0.50	1.34±0.03
林地	63.80±2.47	62.89±1.89	0.91±0.09	1.23±0.03

3. 土壤团聚体特征

贵州不同土壤利用方式土壤机械稳定性团聚体含量统计如表 9-1-3 和表 9-1-4 所示，表 9-1-3 为干筛法土壤团聚体含量测定结果，表 9-1-4 为湿筛法土壤团聚体含量测定结果。土壤机械稳定性团聚体是指具有抗外力分散的土壤团聚体，采用干筛法进行测定。贵州不同土壤利用方式土壤机械稳定性团聚体以＞5 mm 的土壤团聚体为主，党参种植土壤＞5 mm 的土壤团聚体含量最高，＞5 mm 的土壤团聚体含量表现为党参＞玄参＞林地。贵州不同土壤利用方式土壤机械稳定性团聚体含量随土壤团聚体粒径的减小，玄参和党参种植土壤都呈现先减少后增加再减少的变化趋势，林地土壤机械稳定性团聚体含量随土壤团聚体粒径的减小逐渐减少。

表 9-1-3　贵州不同土壤利用方式土壤机械稳定性团聚体含量统计（%）

土壤利用方式	机械稳定性团聚体					
	＞5 mm	2～5 mm	1～2 mm	0.5～1 mm	0.25～0.5 mm	＜0.25 mm
玄参	32.00±5.04	25.96±2.85	16.66±3.24	16.97±2.57	5.69±1.71	2.72±1.09
党参	36.43±1.43	23.38±0.85	11.24±2.034	17.83±5.01	7.04±1.14	4.08±0.95
林地	28.51±2.02	28.30±1.67	17.15±1.65	15.24±0.76	6.58±0.98	4.22±1.43

表 9-1-4　贵州不同土壤利用方式土壤水稳性团聚体含量统计（%）

土壤利用方式	水稳性团聚体					
	＞5 mm	2～5 mm	1～2 mm	0.5～1 mm	0.25～0.5 mm	＜0.25 mm
玄参	8.19±2.27	9.31±2.16	10.39±2.97	17.91±5.56	5.84±3.22	48.36±13.12
党参	9.24±0.94	7.19±1.52	11.63±0.62	15.83±6.02	6.47±0.22	49.64±5.85
林地	5.08±1.13	10.44±1.94	12.49±1.86	17.06±4.79	5.92±2.46	49.01±0.64

土壤结构的稳定性更多取决于土壤中水稳性团聚体的含量，土壤中水稳性团聚体是指能够抗水力分散的土壤团聚体，土壤中水稳性团聚体含量的测定采用湿筛法。从表 9-1-4 中可以看出，贵州玄参产地土壤水稳性团聚体以＜0.25 mm 的土

壤团聚体为主，<0.25 mm 的土壤团聚体含量以党参种植土壤最高，其次是林地种植土壤，玄参土壤<0.25 mm 的土壤团聚体含量最少。

按土壤团聚体粒径大小将机械稳定性团聚体分为>0.25 mm 的大团聚体和<0.25 mm 微团聚体，土壤结构的好坏与大团聚体含量有关（刘文利，2014）。贵州玄参种植土壤>0.25 mm 机械稳定性团聚体含量达到 97.28%，党参种植土壤>0.25 mm 机械稳定性团聚体含量为 95.92%，林地土壤>0.25 mm 机械稳定性团聚体含量达到 95.78%。贵州玄参种植土壤>0.25 mm 水稳性团聚体含量达 51.64%，党参种植土壤>0.25 mm 水稳性团聚体含量达 50.36%，林地土壤>0.25 mm 水稳性团聚体含量达 50.99%。贵州玄参产地土壤>0.25 mm 团聚体含量，说明贵州玄参产地土壤团聚性较强，土壤结构良好。综上所述，贵州玄参产地土壤疏松多孔，团聚性较强，土壤结构良好，通气透水、保水保温性能较好，能够保证玄参生长所需要的充足的水和空气。贵州玄参产地土壤容重较小，不同利用方式土壤容重大小为党参>林地>玄参；土壤质地属于中壤，土壤以粉粒为主，土壤物理性黏粒含量为党参>林地>玄参，土壤粉粒含量为玄参>党参>林地；土壤总管孔隙度为林地>玄参>党参，土壤毛管孔隙度为林地>玄参>党参；但非毛管孔隙度为玄参>党参>林地；土壤机械稳定性团聚体以>5 mm 团聚体为主，不同利用方式下>5 mm 团聚体含量为党参>玄参>林地；土壤水稳性团聚体含量以<0.25 mm 团聚体为主，其含量为党参>林地>玄参；>0.25 mm 机械稳定性团聚体含量为玄参>党参>林地，>0.25 mm 水稳性团聚体含量为玄参>林地>党参。

二、贵州玄参产地土壤化学性质

1. 土壤 pH 与有机质

从图 9-1-1 可以看出，贵州不同土壤利用方式下土壤均属于弱酸性土壤，玄参种植土壤 pH 平均值为 5.30，林地土壤 pH 平均值为 4.39，林地土壤属于较强酸性，党参种植土壤 pH 平均值最大，为 6.72。

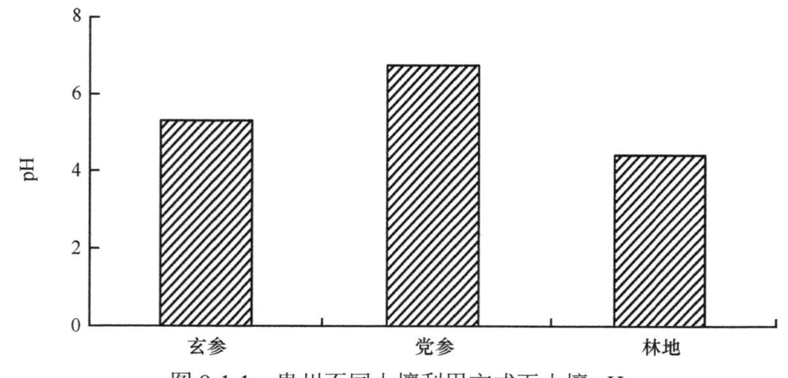

图 9-1-1　贵州不同土壤利用方式下土壤 pH

贵州不同土壤利用方式下土壤有机质含量如图 9-1-2 所示，贵州玄参种植土壤有机质含量处于 24.86～48.84 g/kg，平均含量为 35.78 g/kg；林地土壤有机质含量丰富，有机质平均含量为 79.49 g/kg，含量范围处于 39.64～120.12 g/kg；党参种植土壤有机质含量最低，平均含量为 28.63 g/kg。

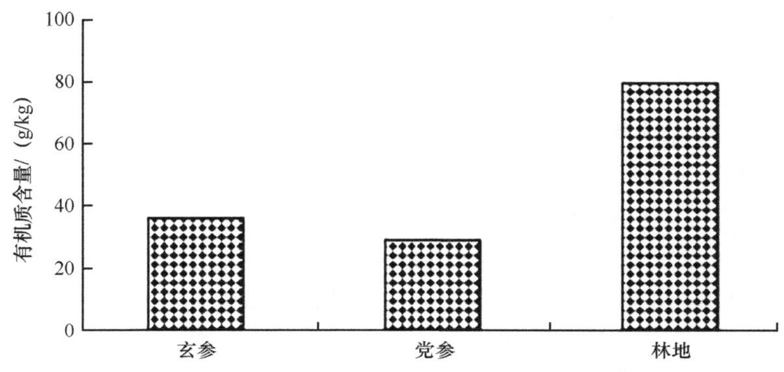

图 9-1-2 贵州不同土壤利用方式下土壤有机质含量

2. 土壤养分全量

贵州玄参产地土壤养分全量统计如表 9-1-5 所示。贵州玄参种植土壤养分全量均比党参种植土壤和林地土壤高，党参种植土壤全氮和全磷含量都大于林地土壤，林地土壤全钾含量高于党参种植土壤。贵州玄参种植土壤全氮平均含量为 1.88 g/kg，含量范围在 1.39～2.10 g/kg；党参种植土壤全氮平均含量为 1.73 g/kg，含量范围在 1.24～1.86 g/kg；林地土壤全氮平均含量为 1.64 g/kg，含量范围在 1.11～2.01 g/kg。

表 9-1-5 贵州玄参产地土壤养分含量统计

利用方式	全量/（g/kg）			有效态含量/（mg/kg）		
	全氮	全磷	全钾	碱解氮	有效磷	速效钾
玄参	1.88±0.21	0.21±0.04	16.73±1.50	163.60±41.23	21.37±5.44	251.38±17.94
党参	1.73±0.10	0.12±0.02	14.34±1.29	123.73±10.32	17.52±3.41	187.36±6.09
林地	1.64±0.14	0.11±0.09	16.37±1.47	269.37±9.76	7.17±1.17	90.56±6.22

贵州玄参种植土壤全磷平均含量为 0.21 g/kg，玄参种植土壤全磷平均含量约是林地的 2 倍，党参种植土壤全磷含量与林地土壤全磷含量基本相等。玄参种植土壤全钾含量与林地土壤中全钾含量相差不大，玄参种植土壤全钾含量处于 14.30～19.86 g/kg，林地土壤全钾含量处于 14.94～17.87 g/kg，玄参种植土壤和林地土壤全钾含量都大于党参种植土壤。贵州玄参产地土壤养分全量统计结果表明，

通过人工种植使得土壤养分全量较自然林地土壤有所增加，这主要与种植过程中施肥有关（张家春等，2016）。

3. 土壤养分有效态含量

土壤速效养分是作物能够直接吸收的养分，其含量的高低是土壤养分供给强度的指标。从贵州玄参产地土壤养分有效态含量统计结果（表 9-1-5）来看，贵州玄参种植土壤中碱解氮平均含量为 163.60 mg/kg，土壤有效磷平均含量为 21.37 mg/kg，土壤速效钾含量平均为 251.38 mg/kg；党参种植土壤中碱解氮平均含量为 123.73 mg/kg，土壤有效磷平均含量为 17.52 mg/kg，土壤速效钾平均含量为 187.36 mg/kg；林地碱解氮平均含量为 269.37 mg/kg，土壤有效磷平均含量为 7.17 mg/kg，土壤速效钾平均含量为 90.56 mg/kg。林地土壤碱解氮含量最高，碱解氮含量为林地＞玄参＞党参；有效磷和速效钾含量均为玄参种植土壤中最高，有效磷和速效钾含量变化规律相同，都是玄参＞党参＞林地。

玄参种植土壤中养分有效态含量与林地相差较大，特别是有效磷和速效钾。林地碱解氮平均含量比玄参种植土壤碱解氮含量高，林地土壤有效磷和速效钾平均含量比玄参种植土壤有效磷和速效钾平均含量低。林地土壤碱解氮含量比玄参种植土壤高 105.77 mg/kg，玄参种植土壤有效磷平均含量是林地土壤的 2.98 倍，玄参种植土壤速效钾平均含量是林地土壤的 2.78 倍。林地土壤碱解氮含量比玄参种植土壤高，主要是林地土壤 pH 较低，加快了林地土壤有机质的分解。玄参种植土壤有效磷和速效钾含量比林地土壤高，说明玄参种植土壤养分供给能力比林地土壤强。

4. 土壤理化指标及养分含量的相关性研究

植物生长所需要的养分主要来源于土壤中，而土壤养分之间存在一定的相关性。从贵州玄参产地土壤养分间的相关性（表 9-1-6）分析可知，玄参产地土壤 pH 与土壤有机质（SOM）含量呈极显著正相关，与土壤碱解氮（AN）、全钾（TK）及速效钾（AK）含量呈显著正相关，主要是由于土壤 pH 与土壤表层残落物的分解有关。土壤有机质与土壤全磷（TP）含量呈极显著正相关，与土壤全钾和土壤速效钾含量呈显著正相关。土壤有机质包括各种动植物残体、微生物群体及其分解和合成的各种有机质，对土壤形成、土壤肥力提升及农林业可持续发展等都有重要的影响。土壤全磷与土壤全钾含量极显著正相关，土壤碱解氮与土壤速效钾含量显著正相关，土壤全磷与土壤速效钾含量显著正相关，土壤全钾与土壤速效钾含量显著正相关。土壤酸碱度适度有利于土壤养分的释放，能够提高土壤中的养分含量，能够促进玄参植株的生长。玄参种植期间，可以合理科学地配施有机肥，以增加土壤有机质含量，改善土壤的肥力水平，以达到高产优质的栽培效果。

表 9-1-6　贵州玄参产地土壤理化指标及养分含量相关性分析

	pH	SOM	TN	AN	TP	AP	TK	AK
pH	1.00							
SOM	0.87**	1.00						
TN	0.42	0.29	1.00					
AN	0.74*	0.59	0.24	1.00				
TP	0.57	0.81**	0.31	0.28	1.00			
AP	–0.04	–0.04	0.31	–0.24	0.18	1.00		
TK	0.78*	0.91*	0.43	0.54	0.81**	0.12	1.00	
AK	0.78*	0.80*	0.46	0.72*	0.73*	0.23	0.90*	1.00

注：SOM—土壤有机质、TP—全磷、TN—全氮、TK—全钾、AN—碱解氮、AP—有效磷、AK—速效钾；*表示 0.05 水平显著相关，**表示 0.01 水平极显著相关，下同

综上所述，贵州玄参产地土壤属弱酸性，土壤有机质、全氮、全钾、碱解氮、有效磷、速效钾含量较高，全磷含量较低，总体上土壤肥力水平较高。土壤 pH 为党参＞玄参＞林地，土壤有机质含量为林地＞玄参＞党参，土壤全氮含量为玄参＞党参＞林地，土壤全磷含量为玄参＞党参＞林地，土壤全钾含量为玄参＞林地＞党参，土壤碱解氮含量为林地＞玄参＞党参，土壤有效磷和速效钾含量为玄参＞党参＞林地。

土壤 pH 与有机质含量呈极显著正相关，与土壤碱解氮、全钾及速效钾含量呈显著正相关。土壤有机质含量与全磷含量呈极显著正相关，与土壤全钾和土壤速效钾含量呈显著正相关。土壤全磷与全钾含量呈极显著正相关，土壤碱解氮与速效钾含量呈显著正相关，土壤全磷与速效钾含量呈显著正相关，土壤全钾与速效钾含量呈显著正相关。

三、贵州玄参产地土壤微量元素含量特征

土壤中微量元素含量与成土母质、气候、地形等自然背景因素有关，成土母质决定了土壤微量元素的最初含量。成土气候、地形地貌、生物和人类活动的影响，以及生态环境的不同是影响土壤中元素分布最直接且最主要的因素（吴彩霞等，2008）。从贵州不同土壤利用方式土壤中微量元素含量特征（表 9-1-7）来看，玄参种植土壤、党参种植土壤及林地土壤中各微量元素含量不同，玄参种植土壤中 Fe＞Mn＞Zn＞Ni＞Co＞Mo，党参种植土壤中 Fe＞Mn＞Ni＞Zn＞Co＞Mo，林地土壤中 Fe＞Mn＞Ni＞Zn＞Co＞Mo。玄参种植土壤、党参种植土壤及林地土壤中 Fe 含量都是最高的，党参种植土壤和林地土壤中微量元素含量变化规律相同（张家春等，2018）。

表 9-1-7　贵州玄参产地土壤微量元素含量特征（mg/kg）

利用方式	Mn	Fe	Mo	Co	Ni	Zn
玄参	893.52±264.59	28 645.10±3706.97	1.77±0.31	14.90±1.64	38.24±1.70	44.78±40.21
党参	631.88±70.41	35 531.40±2845.67	1.36±0.06	18.71±0.98	35.17±0.45	20.81±10.34
林地	292.20±59.68	25 353.76±2403.65	1.33±0.17	9.37±2.56	36.11±0.19	21.75±13.68

玄参种植土壤、党参种植土壤及林地土壤中相同微量元素含量也不同，玄参种植土壤与林地土壤相比，玄参种植土壤中微量元素 Mn、Fe、Mo、Co、Ni 及 Zn 含量都大于林地土壤。玄参种植土壤中 Mn 含量平均值为 893.52 mg/kg，Fe 含量平均值为 28 645.10 mg/kg，Mo 含量平均值为 1.77 mg/kg，Co 含量平均值为 14.90 mg/kg，Ni 含量平均值为 38.24 mg/kg，Zn 含量平均值为 44.78 mg/kg；党参种植土壤中 Mn 含量平均值为 631.88 mg/kg，Fe 含量平均值为 35 531.40 mg/kg，Mo 含量平均值为 1.36 mg/kg，Co 含量平均值为 18.71 mg/kg，Ni 含量平均值为 35.17 mg/kg，Zn 含量平均值为 20.81 mg/kg；林地土壤中 Mn 含量平均值为 292.20 mg/kg，Fe 含量平均值为 25 353.76 mg/kg，Mo 含量平均值为 1.33 mg/kg，Co 含量平均值为 9.37 mg/kg，Ni 含量平均值为 36.11 mg/kg，Zn 含量平均值为 21.75 mg/kg。土壤微量元素 Mn、Mo、Ni 及 Zn 含量最高的是玄参种植土壤，土壤微量元素 Fe 和 Co 含量最高的是党参种植土壤。玄参种植土壤中微量元素含量较高，主要是由于玄参种植过程中农家肥和化肥的使用促进了土壤表层微量元素的富集（刘衍君等，2010）。

四、贵州玄参产地土壤酶活性

1. 玄参产地土壤酶活性特征

贵州玄参产地土壤酶活性特征如图 9-1-3 所示，玄参种植土壤、党参种植土壤及林地土壤酶活性特征不同。林地土壤过氧化氢酶活性最强，其次是玄参种植土壤，土壤过氧化氢酶活性林地＞玄参＞党参。土壤脲酶活性表现为林地＞党参＞玄参，土壤磷酸酶活性林地＞玄参＞党参。

玄参种植土壤中脲酶活性较党参种植土壤和林地土壤低，主要与玄参生长过程中氮的需求量较大有关，当土壤中氮过量时会影响玄参的生长。土壤酶活性比土壤微生物数量更能反映土壤生物活性，林地土壤比玄参种植土壤及党参种植土壤生物活性更高，主要与林地土壤受人为影响小及有机质含量高等因素有关。

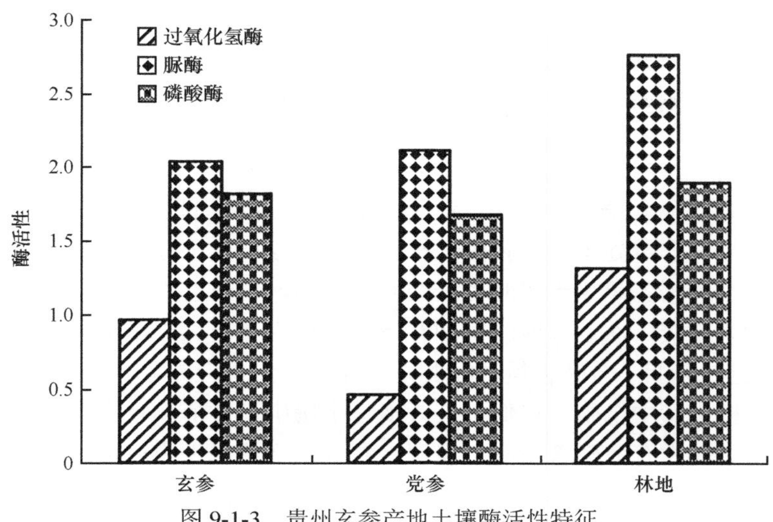

图 9-1-3 贵州玄参产地土壤酶活性特征

2. 玄参产地土壤酶活性相关性分析

从贵州玄参产地土壤酶活性与土壤理化性质及养分含量相关性来看（表 9-1-8），玄参产地土壤酶活性主要与 pH 及有机质和碱解氮含量有关。土壤过氧化氢酶活性与 pH 极显著正相关，土壤脲酶活性与土壤有机质和碱解氮含量极显著正相关，土壤脲酶活性与 pH 显著正相关。土壤过氧化氢酶活性与土壤有机质和碱解氮含量有相关性，但相关性不显著。土壤磷酸酶活性和土壤 pH 极显著负相关，土壤磷酸酶活性和土壤有效磷含量显著正相关，土壤磷酸酶活性和土壤碱解氮含量极显著正相关性。

表 9-1-8 贵州玄参产地土壤酶活性与土壤理化性质及养分含量的相关性

土壤酶	pH	有机质	有效磷	碱解氮
过氧化氢酶	0.37^{**}	0.26	−0.23	0.17
脲酶	0.43^{*}	0.79^{**}	−0.45	0.63^{**}
磷酸酶	-0.39^{**}	0.48	0.36^{*}	0.583^{**}

贵州玄参产地土壤酶活性较高，玄参种植土壤、党参种植土壤及林地土壤酶活性不同。土壤过氧化氢酶活性为林地＞玄参＞党参，土壤脲酶活性为林地＞党参＞玄参，土壤磷酸酶活性为林地＞玄参＞党参。土壤过氧化氢酶与 pH 极显著正相关，土壤脲酶与 pH 为显著正相关，土壤脲酶活性与有机质和碱解氮含量呈极显著正相关。土壤磷酸酶活性和土壤 pH 呈极显著负相关，土壤磷酸酶活性和有效磷含量显著正相关性，土壤磷酸酶活性和碱解氮含量极显著正相关。

五、贵州玄参产地土壤环境质量评价

根据贵州玄参产地土壤养分含量状况，结合全国第二次土壤普查土壤养分分级标准，贵州玄参产地土壤肥力水平较高，结果如表 9-1-9 所示。贵州玄参种植土壤中有机质、全氮及有效磷含量均属于丰富，土壤碱解氮和速效钾含量属于极丰富，土壤全钾含量处于最适宜的水平。贵州玄参种植土壤中全磷肥力水平比较低，属于缺乏水平。参照土壤肥力分级参考指标，贵州玄参种植土壤中有机质和速效钾含量为Ⅰ级，而土壤碱解氮和有效磷含量为Ⅱ级。土壤全磷包括有机磷和无机磷两大类，因此，全磷含量高时并不意味着磷素供应充足（刘志祥等，2013）。贵州玄参种植土壤中全磷含量低，有效磷是土壤中可被植物吸收的那部分磷，贵州玄参种植土壤中有效磷含量高，表明玄参种植土壤磷供应充足。

表 9-1-9　贵州玄参产地种植土壤养分丰缺水平

利用方式	有机质	全氮	全磷	全钾	碱解氮	有效磷	速效钾
玄参	丰富	丰富	缺乏	最适宜	极丰富	丰富	极丰富
党参	最适宜	丰富	极缺乏	适宜	丰富	最适宜	丰富
林地	极丰富	丰富	极缺乏	最适宜	极丰富	适宜	适宜

根据全国第二次土壤普查土壤养分分级标准，玄参种植土壤、党参种植土壤及林地土壤其土壤养分丰缺水平不同。林地土壤有机质含量比玄参种植土壤和党参种植土壤有机质含量高，林地土壤有机质含量属于极丰富，玄参种植土壤有机质含量属于丰富，党参种植土壤有机质含量属于最适宜。玄参种植土壤、党参种植土壤及林地土壤中全氮丰缺水平相同，都属于丰富。林地土壤和玄参种植土壤中，土壤全钾含量为最适宜水平，党参种植土壤全钾含量为适宜水平。林地土壤和玄参种植土壤碱解氮含量为极丰富，党参种植土壤碱解氮含量为丰富。玄参种植土壤速效钾含量属于极丰富，党参种植土壤属于丰富，林地土壤为适宜水平。

参照土壤肥力分级参考指标，玄参种植土壤、党参种植土壤及林地土壤其土壤肥力等级不同（表 9-1-10）。林地土壤和玄参种植土壤有机质含量为Ⅰ级，党参种植土壤有机质含量为Ⅲ级。林地土壤碱解氮为Ⅰ级，玄参种植土壤碱解氮为Ⅱ级，党参种植土壤碱解氮为Ⅲ级。玄参种植土壤有效磷肥力水平高于党参种植土壤和林地土壤，玄参种植土壤为Ⅱ级，林地土壤和党参种植土壤均为Ⅲ级。玄参种植土壤和党参种植土壤速效钾肥力水平相同，均为Ⅰ级水平，均高于林地土壤速效钾肥力水平。从土壤养分丰缺水平及土壤肥力分级指标来看，贵州玄参种植土壤肥力水平较高，能够提供玄参生长过程中所需要的养分。

表 9-1-10　贵州玄参产地土壤肥力等级

利用方式	有机质	碱解氮	有效磷	速效钾
玄参	I	II	II	I
党参	III	III	III	I
林地	I	I	III	III

综上所述，贵州玄参产地土壤碱解氮和速效钾含量极丰富，有机质、全氮及有效磷含量丰富，全钾含量为最适宜的水平，全磷含量属于缺乏水平；玄参产地土壤有机质和速效钾肥力水平为Ⅰ级，碱解氮和有效磷为Ⅱ级。林地土壤有机质和碱解氮含量属于极丰富，全氮属于丰富，全钾为最适宜的水平，有效磷和速效钾为适宜的水平，全磷属于极缺乏水平；林地土壤有机质和碱解氮肥力水平为Ⅰ级，速效钾和有效磷为Ⅲ级。党参土壤全氮、碱解氮和速效钾含量丰富，有机质和有效磷含量属于最适宜水平，全钾为适宜水平，全磷属于极缺乏水平；党参土壤速效钾肥力水平为Ⅰ级，有机质、碱解氮和有效磷为Ⅲ级。

贵州玄参、党参及林地土壤 Cr、As、Hg、Pb 及 Cu 单因子污染指数均小于 1，玄参种植土壤单因子污染指数表现为 Cu＞Cr＞As＞Hg＞Pb，党参种植土壤单因子污染指数表现为 Cu＞As＞Cr＞Hg＞Pb，林地土壤单因子污染指数表现为 Cu＞As＞Cr＞Hg＞Pb。玄参、党参和林地土壤多因子综合污染指数均小于 1，玄参、党参和林地土壤污染等级处于警戒线，属于尚清洁水平。

第二节　贵州玄参药材品质特征

一、贵州玄参生长状况与有效成分含量

1. 贵州玄参生长状况

中药材有效成分含量不仅与其生长环境有关，同时还会受到中药材的生长状况和发育情况等的影响。贵州玄参植株生长性状如表 9-2-1 所示。贵州玄参植株中子芽的个数平均为 64.89 个，子芽数总体处于 44.00～86.00 个；块根数平均为 27.78 个，块根个数总体处于 18.00～38.00 个。贵州玄参子芽平均鲜重为 685.44 g，干重平均值为 115.89 g；块根鲜重平均为 1230.56 g，平均干重是 229.29 g。贵州玄参植株中子芽和块根的折干率为块根（18.98%）＞子芽（17.12%）。

表 9-2-1　贵州玄参植株生长性状

部位	个数/个	鲜重/g	干重/g	折干率/%
子芽	64.89	685.44	115.89	17.12
块根	27.78	1230.56	229.29	18.98

注：表中数据为每个样点所取样品（总计 5 株）的统计数据

参照纪薇等（2008）研究中对玄参干燥块根分级的分级标准，玄参干燥块根共分三个等级（表 9-2-2），其中：单个块根质量≥20 g 为一级块根，单个块根质量≥10 g 为二级块根，单个块根质量＜10 g 为三级块根。贵州玄参一级块根平均质量为 63.38 g，二级块根平均质量为 93.31 g，三级块根平均质量为 73.60 g。贵州玄参一级块根平均 2.22 个，二级块根平均 6.56 个，三级块根平均 19.00 个。从各个等级块根质量占总质量比例来看，贵州玄参主要以二级块根为主，其中一级块根比例为 23.91%，二级块根比例为 39.68%，三级块根比例为 36.41%，一级和二级块根总比例为 63.59%。总体来说，贵州玄参生长状况良好。

表 9-2-2　贵州玄参块根质量特征

块根等级	质量/g	个数/个	比例/%
一级	63.38	2.22	23.91
二级	92.31	6.56	39.68
一级和二级	155.69	8.78	63.59
三级	73.60	19.00	36.41

注：表中数据为每个样点所取样品（总计 5 株）的统计数据

2. 贵州玄参有效成分含量

根据《中国药典》一部中有关玄参的收载，玄参有效成分以哈巴苷和哈巴俄苷为主。参照《中国药典》中关于哈巴苷和哈巴俄苷的测定方法，对贵州玄参块根中哈巴苷和哈巴俄苷含量进行测定，测定结果如图 9-2-1 所示。贵州玄参块根中哈巴苷平均含量为 0.728%，块根中哈巴苷含量处于 0.614%～0.797%；贵州玄参块根中哈巴俄苷平均含量为 0.056%，块根中哈巴俄苷含量处于 0.019%～0.099%。张雪梅等（2011）采用高效液相色谱法（HPLC）

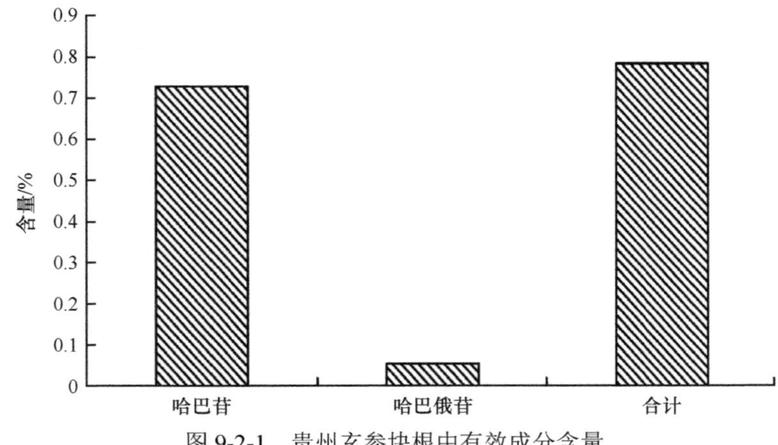

图 9-2-1　贵州玄参块根中有效成分含量

对贵州玄参块根中哈巴苷和哈巴俄苷等5种有效成分进行了测定，其中哈巴苷平均含量为0.718%，哈巴俄苷平均含量为0.114%，本研究对贵州玄参块根中哈巴苷和哈巴俄苷含量的测量结果与张雪梅等（2011）的测量结果相似。

贵州玄参块根中哈巴苷和哈巴俄苷总含量平均值为0.748%，与《中国药典》一部中记载的哈巴苷和哈巴俄苷总量不得低于0.45%相比，贵州玄参块根中哈巴苷和哈巴俄苷总含量高出66.22%。玄参以块根入药，对贵州玄参块根、子芽、秆及叶子4个部位中哈巴苷和哈巴俄苷含量进行测定，结果如表9-2-3所示。4个部位中哈巴苷和哈巴俄苷含量差异明显，哈巴苷含量块根＞子芽＞秆＞叶子，哈巴俄苷含量表现为块根＞秆＞子芽=叶子。块根中哈巴苷含量约是子芽的6倍，约是秆的34倍，约是叶子的60倍。块根中哈巴俄苷含量约是子芽的56倍，约是秆的8倍。从玄参4个部位中哈巴苷和哈巴俄苷含量检测结果来看，块根中哈巴苷和哈巴俄苷含量均最高，叶子中哈巴苷和哈巴俄苷含量均最低。

表9-2-3　贵州玄参不同部位有效成分含量（mg/g）

有效成分	块根	子芽	秆	叶子
哈巴苷	7.28	1.24	0.21	0.12
哈巴俄苷	0.56	0.01	0.07	0.01
合计	7.84	1.25	0.28	0.13

综上所述，玄参生长状况良好，子芽总数平均为64.89个，鲜重平均为685.44 g，干重平均值是115.89 g；块根总数平均为27.78个，鲜重平均为1230.56g，干重平均229.29 g；一级块根平均2.22个，二级块根平均6.56个，三级块根平均19.00个；一级块根占总质量比例为23.91%，二级块为39.68%，三级块根为36.41%，一级和二级块根总比例为63.59%。

贵州产玄参品质较好，块根中哈巴苷平均含量为0.728%，哈巴俄苷平均含量为0.056%，哈巴苷和哈巴俄苷总含量平均值为0.748%，高于《中国药典》中所规定的标准值（哈巴苷和哈巴俄苷总量不得低于0.45%）。不同部位哈巴苷和哈巴俄苷含量不同，哈巴苷含量是块根＞子芽＞秆＞叶子，哈巴俄苷含量表现为块根＞秆＞子芽=叶子。

二、贵州玄参水分、灰分及浸出物含量

《中国药典》一部中不仅规定了玄参块根中哈巴苷和哈巴俄苷总量不得低于0.45%，同时还规定玄参块根中水分含量不得高于16.00%、总灰分含量不得高于5.00%、酸不溶性灰分含量不得高于2.00%，以及浸出物含量不得低于60.00%。贵州玄参块根中水分、总灰分及浸出物含量测定结果如表9-2-4所示。可以看出，

贵州玄参块根中水分、总灰分、酸不溶性灰分及浸出物含量均符合《中国药典》一部中的要求。

表 9-2-4　贵州玄参水分、总灰分、酸不溶性灰分及浸出物含量（%）

项目	平均值	《中国药典》规定值
水分	9.91±0.52	≤16.00
总灰分	4.52±0.35	≤5.00
酸不溶性灰分	0.48±0.17	≤2.00
浸出物	63.93±0.07	≥60.00

中药材采摘后，除鲜用外，采收后须进行干燥，以便于贮藏和运输。干燥后中药材中的水分过高时，容易引起虫蛀、霉变、变色等，使中药材品质降低。贵州玄参干燥后块根水分含量较低，平均含量为 9.91%，表明贵州玄参块根干燥后便于保存。灰分包括总灰分、水溶性灰分、水不溶性灰分及酸不溶性灰分，灰分不仅是反映无机成分总量的一项重要指标，而且可以用来衡量中药材的纯度。研究表明，中药材具有一定量的灰分，当受到无机物的污染或生长环境改变时，中药材中灰分含量会发生改变，特别是酸不溶性灰分量的改变（徐李等，2010）。贵州玄参块根总灰分含量平均为 4.52%，酸不溶性灰分含量平均为 0.48%。浸出物是指除蛋白质、盐类、维生素外能溶于水的浸出性物质，贵州玄参块根中浸出物含量平均为 63.93%。

三、贵州玄参微量元素含量

玄参块根不仅含有糖类、氨基酸、蛋白质等，还含有各种人体需要的微量元素。贵州是玄参主要种植区之一，本研究团队对贵州玄参不同部位的微量元素含量进行了测定，结果如表 9-2-5 所示：不同种微量元素在同一部位含量差异显著，且不同部位同种微量元素含量也不同。块根中各微量元素含量表现为 Fe＞Zn＞Mn＞Ni＞Mo＞Co，子芽、秆及叶子中各微量元素含量变化规律相同，为 Fe＞Mn＞Zn＞Ni＞Co＞Mo。微量元素 Fe 含量最高部位是叶子，最低为子芽，总体表现为叶子＞秆＞块根＞子芽；微量元素 Co 含量最高部位是叶子，表现为叶子＞块根＞子芽＞秆；微量元素 Mo 含量最高部位是块根，表现为块根＞叶子＞秆＞子芽；微量元素 Ni 含量最高部位是块根，表现为块根＞叶子＞子芽＞秆；微量元素 Zn 含量最高部位是块根，表现为块根＞叶子＞秆＞子芽；微量元素 Mn 含量最高部位是叶子，表现为叶子＞秆＞块根＞子芽（张家春等，2017）。

表 9-2-5　贵州玄参不同部位微量元素含量（mg/kg）

部位	Fe	Co	Mo	Ni	Zn	Mn
块根	1125.00±1.60	0.96±0.49	1.02±0.53	30.29±4.21	72.30±5.09	56.56±8.32
子芽	599.33±3.18	0.85±0.64	0.12±0.01	4.52±0.92	24.21±0.99	46.40±2.77
秆	1234.94±2.46	0.73±0.34	0.18±0.04	3.72±0.62	30.11±1.70	110.59±1.01
叶子	2634.58±5.94	1.27±0.31	0.42±0.12	9.13±0.29	67.10±2.66	262.36±7.05

四、贵州玄参重金属和微量元素含量

玄参块根中重金属 Cd 含量高于《药用植物及制剂外经贸绿色行业标》（WM/T 2—2004）中规定的标准值，其余重金属元素含量均低于该标准所规定的标准值。玄参块根中 Cu、Pb、Cd、As 和 Hg 5 种重金属总含量小于该标准所规定的标准值。浙江产玄参块根中 Cu 和 Pb 含量高于贵州产玄参块根中的含量，贵州产玄参块根中重金属 Cd、As 和 Hg 含量高于浙江产玄参块根中的含量。贵州道地玄参块根中 5 种重金属总含量小于浙江产玄参块根中重金属总含量。玄参块根中各微量元素含量表现为 Fe＞Zn＞Mn＞Ni＞Mo＞Co，子芽、秆及叶子中含量表现为 Fe＞Mn＞Zn＞Ni＞Co＞Mo。

重金属元素 Cd 和 Pb 含量表现为叶子＞秆＞子芽＞块根，As 含量表现为叶子＞块根＞秆＞子芽，Hg 含量表现为叶子＞块根＞秆=子芽，Cu 含量表现为叶子＞块根＞子芽＞秆，以上 5 种重金属元素总含量为叶子＞秆＞块根＞子芽。微量元素 Fe 和 Mn 含量表现为叶子＞秆＞块根＞子芽，Co 含量表现为叶子＞块根＞子芽＞秆，Mo 含量表现为块根＞叶子＞秆＞子芽，Ni 含量表现为块根＞叶子＞子芽＞秆，Zn 含量表现为块根＞叶子＞秆＞子芽。

第三节　土壤质量对贵州玄参品质的影响

一、贵州玄参品质与其产地土壤

1. 不同土壤肥力水平下玄参生长状况

中药材生长与土壤环境有关，土壤能够提供中药材生长所需的水、肥、气及热，而土壤肥力是制约中药材生长的主要因素。本研究对不同肥力水平下贵州玄参生长状况进行了统计，结果如表 9-3-1 和表 9-3-2 所示。随着土壤肥力水平的增加，子芽个数、块根个数、子芽鲜重及块根鲜重也逐渐增加。子芽和块根的干重与折干率随着土壤肥力水平的升高，先增加后降低，中等肥力水平最高。

表 9-3-1　不同土壤肥力水平贵州玄参生长性状

部位	土壤肥力	个数/个	鲜重/g	干重/g	折干率/%
子芽	下等	50.33	505.89	84.46	16.70
	中等	64.33	703.13	142.44	19.86
	上等	80.00	847.29	120.77	14.79
块根	下等	21.67	1001.02	164.83	16.61
	中等	30.00	1149.55	267.43	22.92
	上等	31.67	1541.13	255.62	17.14

注：表中数据为每个样点所取样品（总计 5 株）的统计数据，下同

表 9-3-2　不同土壤肥力水平贵州玄参块根特征

块根等级	土壤肥力	质量/g	个数/个	比例/%
一级	下等	33.06	1.33	17.31
	中等	66.55	2.33	19.93
	上等	90.54	3.00	34.47
二级	下等	49.70	3.67	33.29
	中等	122.26	8.67	44.22
	上等	104.98	7.33	41.87
三级	下等	82.07	16.67	49.41
	中等	78.62	19.00	35.83
	上等	60.10	21.33	23.99

块根是玄参主要用药部位，单独一个块根烘干后的质量是对玄参块根进行等级评价的依据。不同肥力水平下各个等级块根所占比例不同，随着肥力水平的提高一级块根所占比例增大，二级块根所占比例先增大后减小，三级块根所占比例逐渐减小。不同肥力水平下各个等级块根个数表现为，随着肥力水平升高，一级块根和三级块根个数增加，二级块根个数先增加后减少。一级块根质量随着肥力水平增加逐渐增大，二级块根质量随着肥力水平增加先增大后减小，三级块根质量随着肥力水平增加逐渐减小。从不同肥力水平下玄参生长性状和不同等级块根所占比例来看，肥力水平的提高，有利于玄参生长，能够提高块根的质量水平。

2. 不同土壤肥力水平下玄参品质特征

土壤肥力水平不同时，贵州玄参生长情况不同，同时玄参块根的品质也不同。从表 9-3-3 中的统计结果可以看出，随着土壤肥力水平的提高，贵州玄参块根中水分含量和总灰分含量降低。玄参块根中酸不溶性灰分含量在下等肥力水平时最低，中等肥力水平大于上等肥力水平，总体来说，土壤肥力水平提高，酸不溶性

灰分含量增加。随着土壤肥力水平的提高，玄参块根中浸出物含量也逐渐升高，但相差不是很大。玄参块根中主要有效成分是哈巴苷和哈巴俄苷，不同土壤肥力水平下，玄参块根中哈巴苷、哈巴俄苷及哈巴苷与哈巴俄苷总量各不同，中等肥力下最低，哈巴苷含量在下等肥力时最高，哈巴俄苷含量在上等肥力时最高，哈巴苷与哈巴俄苷总量随着土壤肥力水平提高呈上升趋势。

表 9-3-3 不同土壤肥力水平对贵州玄参品质的影响（%）

土壤肥力	水分	总灰分	酸不溶性灰分	浸出物	哈巴苷	哈巴俄苷	哈巴苷+哈巴俄苷
下等	10.09	4.60	0.43	66.47	0.748	0.061	0.808
中等	10.00	4.55	0.55	66.72	0.691	0.043	0.734
上等	9.65	4.40	0.46	68.59	0.739	0.070	0.809
《中国药典》中的规定值	≤16.00	≤5.00	≤2.00	≥60.00	—	—	≥0.45

3. 玄参生长状况与土壤 pH 及土壤养分的相关性

玄参以块根入药，从表 9-3-4 中可以看出，玄参块根总产量与土壤有机质含量之间极显著正相关，玄参块根总产量与土壤碱解氮含量显著正相关性，玄参块根总产量与土壤全钾含量显著负相关，玄参块根总产量与其余土壤养分含量相关性不显著。玄参块根总个数与土壤有机质含量之间为极显著正相关，玄参块根总个数与土壤有效磷含量之间显著正相关，玄参块根总个数与其余土壤养分含量相关性不明显。

表 9-3-4 贵州玄参生长状况及品质与土壤 pH 和土壤养分的相关性

	pH	有机质	速效钾	全钾	有效磷	全磷	碱解氮
块根总个数	0.02	0.56**	0.36	0.14	0.51*	–0.02	0.24
块根总产量	0.04	0.71**	0.03	–0.45*	0.54	0.17	0.36*
哈巴苷	–0.39	0.61*	–0.46*	–0.09	0.48*	0.47	0.32*
哈巴俄苷	–0.45	0.59**	–0.20	–0.11	0.42*	0.32	0.21

*表示在 0.05 水平显著相关，**表示在 0.01 水平极显著相关，下同

玄参块根中有效成分主要以哈巴苷和哈巴俄苷为主，从表 9-3-3 中可以看出，玄参中哈巴苷含量与土壤速效钾含量之间呈显著负相关，玄参中哈巴苷含量与土壤有机质、土壤有效磷和土壤碱解氮含量显著正相关。玄参中哈巴俄苷含量与土壤有机质含量极显著正相关，玄参中哈巴俄苷含量与土壤有效磷含量显著正相关，玄参中哈巴俄苷含量与土壤全磷及土壤碱解氮含量之间正相关，但是相关性不显著。

4. 土壤肥力对玄参生长和品质的影响

随着土壤肥力水平的增加，子芽总个数、块根总个数、子芽总鲜重及块根总鲜重逐渐增加，子芽和块根总干重及折干率先增加后降低；土壤肥力水平提高，一级块根所占比例升高，二级块根所占比例先增大后减小，三级块根所占比例逐渐减小。随着土壤肥力水平升高，一级块根和三级块根个数增加，二级块根先增加后减少。玄参块根总产量与土壤有机质含量极显著正相关，与土壤碱解氮含量显著正相关，与土壤全钾含量显著负相关；玄参块根总个数与土壤有机质含量极显著正相关，与土壤有效磷含量显著正相关。

随着土壤肥力水平提高，玄参水分含量和总灰分含量下降，酸不溶性灰分含量先增加后减少，浸出物含量增加。不同土壤肥力水平下哈巴苷、哈巴俄苷及哈巴苷与哈巴俄苷总量不同，哈巴苷下等肥力时最高，哈巴俄苷上等肥力时最高，哈巴苷与哈巴俄苷总量随着肥力水平提高呈上升趋势。玄参中哈巴苷含量与土壤速效钾含量之间呈显著负相关，玄参中哈巴苷含量与土壤有机质、土壤有效磷和土壤碱解氮含量呈显著正相关。玄参中哈巴俄苷含量与土壤有机质含量呈极显著正相关，玄参中哈巴俄苷含量与土壤有效磷含量显著正相关。

二、贵州玄参块根中重金属含量与土壤中重金属含量相关性

通过对玄参种植土壤中重金属与玄参块根中重金属含量间的相关性进行分析，以进一步了解土壤中重金属污染对玄参块根质量安全的影响，结果如表 9-3-5 所示。玄参块根中重金属 Pb 含量与土壤中 Cu 含量呈显著正相关，相关系数达 0.74；其余土壤重金属含量与玄参块根重金属含量之间的相关性不显著，表明玄参块根中重金属含量与土壤中重金属含量相关性不明显。说明，贵州玄参对土壤中重金属元素能够进行选择性吸收，以控制玄参块根中重金属元素的含量。

表 9-3-5　玄参块根中重金属含量与土壤中重金属含量相关性

土壤中重金属	块根中重金属				
	Cu	As	Cd	Hg	Pb
Cu	0.19	0.31	0.11	0.29	0.74*
As	–0.29	0.48	0.02	–0.57	–0.02
Cd	–0.13	0.02	0.39	–0.47	–0.44
Hg	–0.27	0.48	0.09	–0.11	0.36
Pb	0.10	0.04	–0.08	0.16	–0.16

三、贵州玄参块根中微量元素含量与土壤中微量元素含量相关性

对玄参土壤中微量元素含量与玄参块根中微量元素含量间的相关性进行分析，结果如表 9-3-6 所示。玄参块根中微量元素 Fe 含量与土壤中 Co 含量呈显著负相关，相关系数达–0.78；玄参块根中微量元素 Ni、Zn 及 Mo 含量与土壤中 Ni 含量呈极显著正相关；其余土壤微量元素含量与玄参块根中微量元素含量之间相关性不显著。

表 9-3-6　玄参块根中微量元素含量与土壤中微量元素含量相关性

土壤中微量元素	块根中微量元素					
	Mn	Fe	Co	Ni	Zn	Mo
Mn	0.08	–0.12	–0.14	–0.12	–0.18	–0.11
Fe	–0.48	–0.21	–0.48	0.18	0.14	0.22
Co	0.02	–0.78*	–0.18	0.49	0.48	0.46
Ni	–0.03	–0.12	–0.12	0.94**	0.91**	0.94**
Zn	–0.03	–0.44	–0.23	–0.05	–0.08	–0.11
Mo	–0.44	–0.11	–0.36	0.48	0.48	0.50

四、贵州玄参块根中有效成分含量及无机元素含量相关性

贵州玄参块根中主要有效成分哈巴苷和哈巴俄苷与无机元素及无机元素含量间的相关性分析结果如表 9-3-7 所示。可以看出，贵州玄参块根中哈巴苷含量与玄参块根中无机元素含量间相关性不显著；贵州玄参块根中哈巴俄苷含量与玄参块根中 Ni 含量呈显著正相关，与其余无机元素含量间相关性不显著。Mn 与 Co、Mn 与 Cd、Co 与 Cd、Ni 与 Zn、Ni 与 Mo、Ni 与 Pb、Zn 与 Mo、Zn 与 Pb、Mo 与 Pb 呈极显著正相关，Fe 与 As 呈显著相关，Cu 与 As 为显著负相关。贵州玄参块根对 Mn 与 Co、Mn 与 Cd、Co 与 Cd、Ni 与 Zn、Ni 与 Mo、Ni 与 Pb、Zn 与 Mo、Zn 与 Pb、Mo 与 Pb、Fe 与 As 的吸收有协同作用，贵州玄参块根对 Cu 与 As 的吸收有拮抗作用。

表 9-3-7　玄参有效成分含量及无机元素含量相关性

	哈巴苷	哈巴俄苷	Mn	Fe	Co	Ni	Cu	Zn	As	Mo	Cd	Hg	Pb
哈巴苷	1.00												
哈巴俄苷	0.07	1.00											

续表

	哈巴苷	哈巴俄苷	Mn	Fe	Co	Ni	Cu	Zn	As	Mo	Cd	Hg	Pb
Mn	0.11	0.40	1.00										
Fe	0.11	0.17	0.06	1.00									
Co	0.25	0.36	0.93**	0.33	1.00								
Ni	0.04	0.67*	0.13	−0.22	0.06	1.00							
Cu	0.05	0.02	0.23	−0.62	0.07	0.43	1.00						
Zn	0.07	0.65	0.14	−0.20	0.09	0.99**	0.40	1.00					
As	0.17	0.39	−0.30	0.69*	−0.12	0.05	−0.76*	0.05	1.00				
Mo	−0.01	0.64	0.10	−0.20	0.05	0.99**	0.43	0.99**	0.05	1.00			
Cd	0.33	0.66	0.88**	0.31	0.87**	0.21	0.07	0.21	0.09	0.18	1.00		
Hg	0.48	0.01	0.29	−0.34	0.29	0.55	0.61	0.58	−0.38	0.55	0.18	1.00	
Pb	−0.03	0.59	0.33	−0.23	0.30	0.93**	0.48	0.95**	−0.16	0.92**	0.28	0.63	1.00

第十章　贵州太子参产地土壤环境特征与其药材品质

第一节　贵州太子参产地土壤环境特征

一、贵州太子参产地土壤物理性质

1. 土壤机械组成

太子参产地土壤根区和非根区砂粒（0.05～1 mm）含量均随着种植年限增加而递增（表 10-1-1），含量大小为轮作＜间作＜套作＜连作 1 年＜连作 3 年＜连作 6 年＜连作 10 年。太子参产地土壤中黏粒（＜0.001 mm）含量都很少，根区土壤黏粒含量为 12.47%～19.03%，非根区土壤黏粒含量为 15.33%～23.84%。说明土壤矿质胶体缺乏，影响土壤团粒结构的形成。总体来看，土壤质地以壤土为主，根区主要为重壤土、非根区主要为轻壤土。

表 10-1-1　太子参产地土壤机械组成

种植方式	根区				非根区			
	0.05～1 mm	0.001～0.05 mm	＜0.001 mm	质地	0.05～1 mm	0.001～0.05 mm	＜0.001 mm	质地
轮作	17.63	29.84	12.47	粗粉质重壤土	13.66	22.9	15.33	黏砂质轻壤土
间作	18.16	30.52	13.24	粗粉质重壤土	13.66	22.9	15.89	黏砂质轻壤土
套作	19.77	31.29	14.52	粗粉质重壤土	13.66	22.9	16.14	黏砂质轻壤土
连作 1 年	21.78	35.11	15.29	黏粉质重壤土	16.11	22.19	18.08	粉砂质中壤土
连作 3 年	25.23	33.61	17.83	粗黏粉质重壤土	16.23	23.39	22.03	粉砂质中壤土
连作 6 年	24.73	35.49	18.25	砂粉质重壤土	17.22	24.84	22.98	粉砂质中壤土
连作 10 年	26.86	34.95	19.03	砂粉质重壤土	17.78	23.54	23.84	砂粉质中壤土

2. 土壤容重

土壤容重是土壤的基本物理性质，其大小反映了土壤的质地、结构和有机质含量等综合物理状况。由表 10-1-2 可以看出，不同种植方式太子参根区土壤容重差异不大，其大小为连作 10 年＞连作 6 年＞连作 3 年＞套作＞轮作＞连作 1 年＞间作，容重大小依次为 1.30 g/cm^3、1.29 g/cm^3、1.27 g/cm^3、1.25 g/cm^3、1.23 g/cm^3、1.20 g/cm^3、1.17 g/cm^3，其中，连作 10 年的种植方式下根区土壤容重最高。土壤容重变化的原因是 0～20 cm 层土壤中根系占总吸收根长的 90%以上，同时土壤表层形成枯枝落叶，腐殖质不断积累，从而改善了通气性和透水性，降低了土壤容重。而种植年限大于 3 年时，土层开始板结，容重增加。非根区土壤容重随着种植年限的增加而增加，由于缺少枯枝落叶层和太子参根系对土壤的穿插，人为活动以及重力作用，土壤坚实度增加；土壤侵蚀加剧，土壤中细小颗粒和有机质含量减少，土壤结构遭到破坏。

表 10-1-2　太子参产地土壤容重

种植方式	样本数/个	土层深度/cm	根区土壤容重/（g/cm^3）	非根区土壤容重/（g/cm^3）
轮作	10	0～20	1.23	1.20
间作	10	0～20	1.17	1.24
套作	10	0～20	1.25	1.29
连作 1 年	10	0～20	1.20	1.28
连作 3 年	10	0～20	1.27	1.37
连作 6 年	10	0～20	1.29	1.38
连作 10 年	10	0～20	1.30	1.42

3. 土壤孔隙度

土壤孔隙度综合反映了土壤的通气性、透水性和持水能力等基本物理性能。由表 10-1-3 可以看出，根区土壤总孔隙度在 45.78%～53.46%，孔隙度非常适宜；毛管孔隙度在 33.24%～42.12%；非毛管孔隙度介于 7.92%～12.63%。不同种植方式太子参立地土壤总孔隙度差异很大，平均总孔隙度为 49.88%，最大值出现在连作 10 年的土壤中，为 53.46%；最小值出现在轮作土壤中，为 45.78%。随着种植年限的增加，土壤孔隙度不断增加。毛管孔隙度和非毛管孔隙度变化规律不明显。非根区土壤孔隙度变化不大，主要受季节变化、人为活动、土壤中杂草等的生物量的影响而发生改变。

表 10-1-3　太子参产地土壤孔隙度（%）

种植方式	根区			非根区		
	总孔隙度	非毛管孔隙度	毛管孔隙度	总孔隙度	非毛管孔隙度	毛管孔隙度
轮作	45.78	12.63	33.24	43.25	3.54	34.21
间作	48.36	11.8	36.56	42.68	4.36	38.32
套作	47.45	11.06	40.59	42.13	5.55	36.78
连作 1 年	50.97	7.92	42.12	43.07	8.85	34.22
连作 3 年	51.32	10.93	40.28	45.71	9.47	36.24
连作 6 年	51.83	11.84	39.98	43.86	5.94	36.53
连作 10 年	53.46	12.06	40.39	44.13	6.15	37.98

土壤中植物根系生长、腐殖质积累以及人类干扰等因素，也会对土壤孔隙度产生重要影响。人为对太子参基地的清理，导致土壤表层不存在枯枝落叶层，不利于腐殖质的聚集，使土壤的透水和透气性能降低；非根区植被覆盖面积很少，导致由降雨引起的表土细小颗粒淋失，加剧了土壤物理性状恶化，使得土壤孔隙度处于较低水平。在高强度暴雨条件下，地表径流剧烈，土壤侵蚀严重，不利于土壤蓄水保墒。

4. 土壤含水量

土壤含水量反映了土壤水分条件的优劣。研究结果表明（表 10-1-4），轮作方式下土壤含水量最高，根区与非根区分别为 14.94%和 10.33%；根区土壤的含水量总体上随着种植年限的增加而降低，连作 1 年种植方式下土壤含水量为 14.37%，而连作 10 年达到最低值（10.95%）。非根区土壤含水量随种植年限的增加变化趋势不明显，根区土壤较非根区土壤含水量高，说明根系分布对土壤含水量有一定的影响，即根系吸收土壤中的水分用于蒸腾和自身组成，从而增加了根区土壤含水量。随着种植年限的延长，非根区土壤的孔隙减少，土壤结构变差，土壤水分的吸持性能降低。

表 10-1-4　太子参产地土壤含水量（%）

种植方式	根区	非根区
轮作	14.94	10.33
间作	14.6	10.21
套作	14.53	9.43
连作 1 年	14.37	9.55
连作 3 年	13.91	9.99
连作 6 年	13.22	9.12
连作 10 年	10.95	10.05

在 0～20 cm 土层太子参的吸收根和输导根生物量最大，各土层的土壤含水量随土层深度的增加呈增加趋势，下层土壤水分条件优于上层，而根区土壤水分条件也优于非根区。

5. 土壤 pH

土壤 pH 受气候、成土母质、土壤生物、施肥、灌溉等多种因素的影响。从图 10-1-1 中看出，不同种植方式下太子参根区土壤 pH 低于非根区的土壤，平均低 0.22。不同种植方式下根区较非跟区 pH 降低程度不同，其中，间作和套作种植方式下根区与非根区土壤 pH 的差异较大，其根区土壤 pH 比非根区土壤 pH 分别低 0.44 和 0.38，轮作、连作 1 年、连作 3 年、连作 6 年和连作 10 年的太子参根区土壤 pH 与非根区土壤 pH 差异分别为 0.34、0.32、0.26、0.26 和 0.23。根区土壤 pH 低于非根区的原因可能有以下几个：阴、阳离子的吸收不平衡；植物吸收土壤中 K、Ca、Mg 等阳离子使土壤酸度降低；根系会分泌有机酸；根系吸收植物呼吸产生的二氧化碳；根区微生物的活动产生有机酸、二氧化碳；根系主动分泌质子。根区土壤 pH 的变化会将很多难溶性营养元素变得可被植物吸收利用

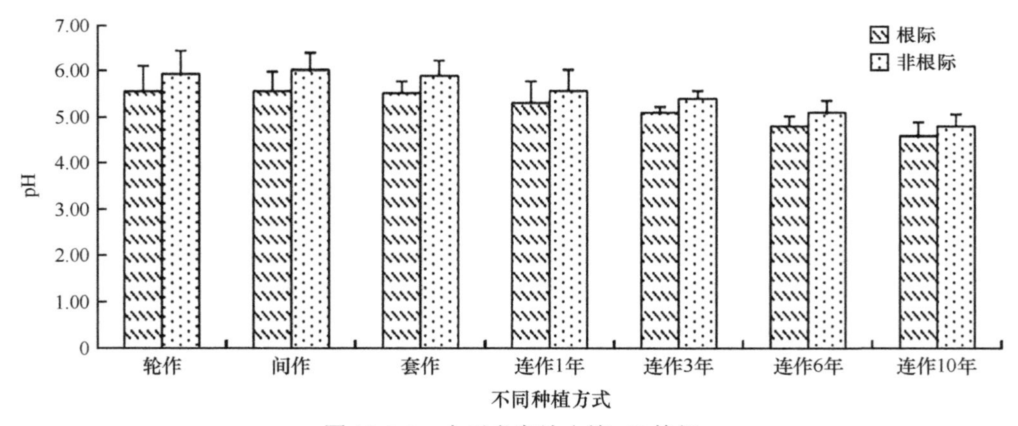

图 10-1-1　太子参产地土壤 pH 特征

二、贵州太子参产地土壤养分含量特征

1. 土壤有机质

植物根区土壤有机质的含量，在一定程度上代表着土壤中可被植物吸收利用的养分含量。由图 10-1-2 可知，不同种植方式根区土壤中有机质含量均高于非根区土壤。但连作 1 年的土壤中差异不大，其余种植方式下均含量差异较明显。根区土壤有机质含量为轮作＞连作 3 年＞连作 6 年＞套作＞间作＞连作 10 年＞连作 1 年。结果表明，根区土壤有机质含量均高于非根区土壤，根区土壤有机质的富

集表明植物的残体以及根系脱落物等是土壤有机质的重要来源。

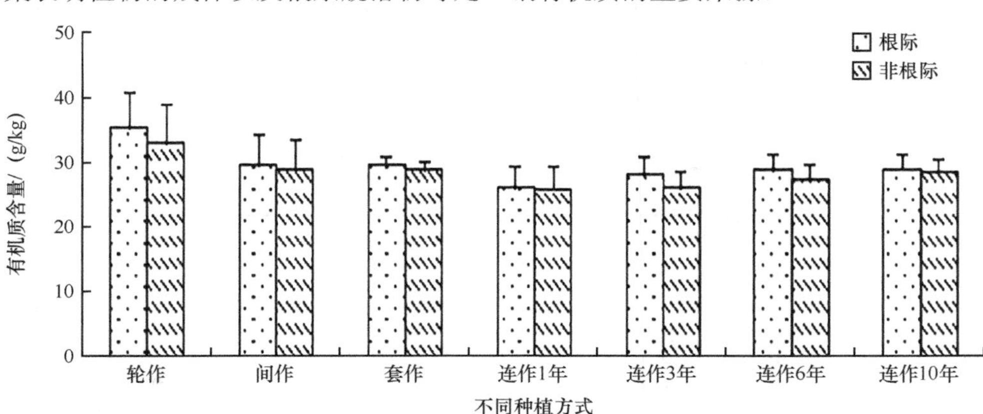

图 10-1-2　太子参产地土壤有机质含量

2. 土壤化学计量学

太子参不同种植方式下根区土壤与非根区土壤 pH，以及有机质（SOM）、全磷（TP）含量有极显著差异（P<0.01），全氮（TN）、全钾（TK）、碱解氮（AN）、有效磷（AP）和速效钾（AK）含量差异不显著。与非根区土壤相比，根区土壤 pH 平均低 0.32，有机质含量平均高 3.89%，土壤全磷含量高 2.02%。因种植方式不同根区土壤全钾和速效钾含量较非根区土壤差异很大。总体来说，太子参根系对土壤养分表现出明显的增加效应（表 10-1-5）。

表 10-1-5　太子参产地 pH 及土壤养分特征

pH 及养分	区际	均值	标准差
pH	R	5.2129	0.3428
	B	5.5328	0.4035
有机质/（g/kg）	R	29.2914	2.8166
	B	28.1943	2.3832
全氮/（g/kg）	R	1.8714	0.1196
	B	1.8343	0.0693
全磷/（g/kg）	R	0.4929	0.4645
	B	0.4686	0.4375
全钾/（g/kg）	R	27.3671	0.9182
	B	26.6886	1.2526
速效钾/（mg/kg）	R	165.1471	18.549
	B	153.193	14.0515

续表

pH 及养分	区际	均值	标准差
碱解氮/（mg/kg）	R	121.6014	2.7198
	B	108.52	9.4343
有效磷/（mg/kg）	R	16.3557	0.8542
	B	14.5014	1.1647

注：R 表示根区；B 表示非根区

从表 10-1-6 中可以看出，不同种植方式下，太子参根区土壤 pH 及养分含量基本上均高于非根区。具体如下：①根区土壤 pH 小于非根区土壤，轮作土壤 pH 与连作 3 年、连作 6 年、连作 10 年土壤 pH 差异显著（$P<0.05$，下同）；②轮作土壤有机质含量与连作 1 年、连作 3 年、连作 6 年、连作 10 年土壤有机质含量差异显著；③不同种植方式土壤全氮、碱解氮、有效磷含量无显著性差异；④套作土壤全磷含量与连作 6 年土壤全磷含量差异显著；⑤轮作土壤速效钾含量与连作 10 年土壤速效钾含量差异显著。

表 10-1-6　太子参产地土壤 pH 及养分特征

种植方式	区际	pH	有机质/（g/kg）	全氮/（g/kg）	全磷/（g/kg）	全钾/（g/kg）	碱解氮/（mg/kg）	有效磷/（mg/kg）	速效钾/（mg/kg）
轮作	R	5.796a	35.110a	2.116a	0.452b	28.428a	124.828a	15.862a	192.552a
	B	6.082a	32.848a	1.882a	0.424b	27.778a	118.724a	14.240a	172.040a
间作	R	5.66ab	29.328b	1.922a	0.452b	26.040b	124.210a	15.320a	177.364a
	B	6.004a	28.748ab	1.860a	0.466ab	25.234c	106.818a	13.238a	152.890abc
套作	R	5.596ab	29.362b	1.800a	0.572a	26.902ab	119.334a	15.572a	160.308ab
	B	5.786ab	28.586ab	1.744a	0.552a	26.158bc	92.698a	15.874a	142.718bc
连作 1 年	R	5.466abc	26.008b	1.780a	0.516ab	27.832ab	119.028a	16.836a	169.146ab
	B	5.658ab	25.734b	1.932a	0.480ab	26.836abc	115.060a	13.596a	156.236abc
连作 3 年	R	5.25bcd	27.782b	1.862a	0.490ab	27.208ab	122.996a	16.118a	169.128ab
	B	5.408bc	25.944b	1.824a	0.500ab	26.006bc	113.534a	13.842a	166.404ab
连作 6 年	R	5.014cd	28.578b	1.828a	0.448b	28.480a	122.690a	17.466a	153.628ab
	B	5.120c	27.310b	1.860a	0.424b	26.950ab	113.840a	16.324a	151.482abc
连作 10 年	R	4.894d	28.866b	1.790a	0.524b	26.682ab	118.112a	17.316a	133.904b
	B	5.068c	28.188ab	1.750a	0.464ab	25.858bc	97.972a	14.392a	130.324c

注：R 表示根区；B 表示非根区

三、贵州太子参产地土壤重金属及微量元素

1. 土壤中重金属及微量元素含量

对不同种植方式下耕层土壤中重金属含量的分析表明，0～20 cm 与 20～40 cm 土层中重金属元素含量表现不同，Cr、Cd 和 Pb 元素在太子参连作 10 年的土壤中含量最高，并且随连作年限的增加 Cr、Cd 和 Pb 元素含量不断增加，但在各种种植方式下上下两层土壤中 Cr、Cd 和 Pb 元素含量变化不大；Cu 元素在套作方式下上下两层土壤中的含量较高；Hg 元素在几种种植方式下土壤中的含量差别不大，而且上下土层之间 Hg 含量几乎无差异；Mo 元素在连作 10 年的种植方式下上下两层土壤中的含量明显低于其他几种种植方式的土壤，说明连年种植太子参会导致土壤中的 Mo 元素亏缺，在种植过程中应适当补充微肥。Mn 元素在连作 3 年的土壤中，上层土壤中含量明显低于下层土壤中含量，且差异显著，原因可能是连年种植太子参，造成土壤上层 Mn 元素消耗过度，Mn 元素含量达到太子参连作障碍的阈值。

2. 土壤中重金属、微量元素含量间相关性

在不同种植方式下，太子参不同深度土壤中重金属 Cr、Cd、Cu、As、Hg、Pb 含量均存在极显著正相关。①在 0～20 cm、20～40 cm 的土层中，Cr 与 Cd 极显著正相关，且相关系数最大。②在 0～20 cm 土层中，Cd 与 As 极显著正相关，且相关系数最大；在 20～40 cm 的土层中，Cd 与 As 极显著正相关，且相关系数最大。③在 0～20 cm 土层中，Cu 与 As 极显著正相关，且相关系数最大；在 20～40 cm 的土壤中，Cu 与 Cd 极显著正相关，且相关系数最大。④在 0～20 cm、20～40 cm 深度土壤中 As 与 Cd 的极显著相关性最大。⑤在 0～20 cm、20～40 cm 土层中，Hg 与 Cr 的极显著相关性最大。⑥在 0～20 cm、20～40 cm 土层中，Pb 与 As 的极显著相关性最大。⑦在 0～20 cm 土层中，Mo 与 Hg 显著相关。说明，不同种植方式下，适当增施微肥能够提高太子参土壤的养分含量，以及太子参的产量与品质。

3. 土壤中重金属及微量元素变异特征

对土壤中元素分布均匀性的分析结果表明：轮作方式下除 Mo 和 Mn 元素外其他元素变异较小，同一土层中各元素的分布相对均一，上下两层的变异系数差别不大，说明各元素在轮作土壤中的分布比较均匀。Mo 和 Mn 在轮作方式下变异系数较大，说明其在轮作土壤中的均匀性最差。除 Mo 和 Mn 元素外其他元素变异系数较小，同一土层中各元素的分布相对均一，上下两层土壤中的变异系数差别不大，说明轮作方式下各元素在土壤中的分布比较均匀。在间作种植方式下

土壤中 Mn 的变异系数较大，且变异系数上层高于下层。除 Mn 元素外其他元素变异系数较小，说明各元素在土壤中的分布比较均匀。在间作、套作、连作 1 年、连作 3 年、连作 6 年、连作 10 的土壤中 Mo 元素的变异系数均较大，整体高于其他元素。Mn 元素在间作、套作和连作 10 的土壤中的变异系数较大，并且下层土壤高于上层土壤、整体低于轮作方式。除 Mo 和 Mn 外其他元素在间作、套作、连作 1 年、连作 3 年、连作 6 年、连作 10 的土壤中变异系数较小，并且上下两层土壤差别不大，说明各元素在土壤中的分布比较均匀。通过对几种种植方式下土壤中重金属及微量元素的变异系数的比较发现，在轮作方式下，土壤中的 Cu、As、Hg、Mo 和 Mn 等元素含量的变异系数均高于同一土层在其他种植方式下的土壤，说明不同种植方式不但引起了土壤中一些元素含量的变化，而且对元素分布的均匀性也有较大影响。

第二节　贵州太子参品质

研究表明，多糖和皂苷是评价太子参品质的重要指标。本实验检测了 6 种不同种植方式下太子参中的多糖和皂苷的含量。由图 10-2-1、图 10-2-2 可以发现，多糖和皂苷含量由高到低顺序均为轮作、间作、套作、连作 3 年、连作 6 年、连作 10 年。轮作、间作和套作三种种植方式下太子参中的多糖与皂苷含量差距不大，并且均明显比连作方式下的含量高。轮作种植方式下太子参中多糖和皂苷的含量分别达到 19.29%与 0.29%，这比连作 10 年种植方式下太子参中的多糖含量高出 25.45%，皂苷含量高出 41.38%。

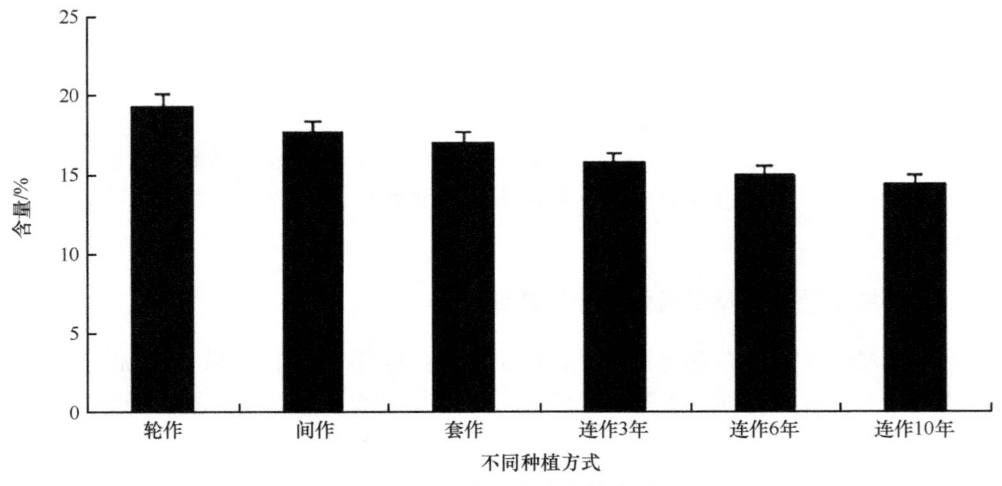

图 10-2-1　太子参中多糖含量

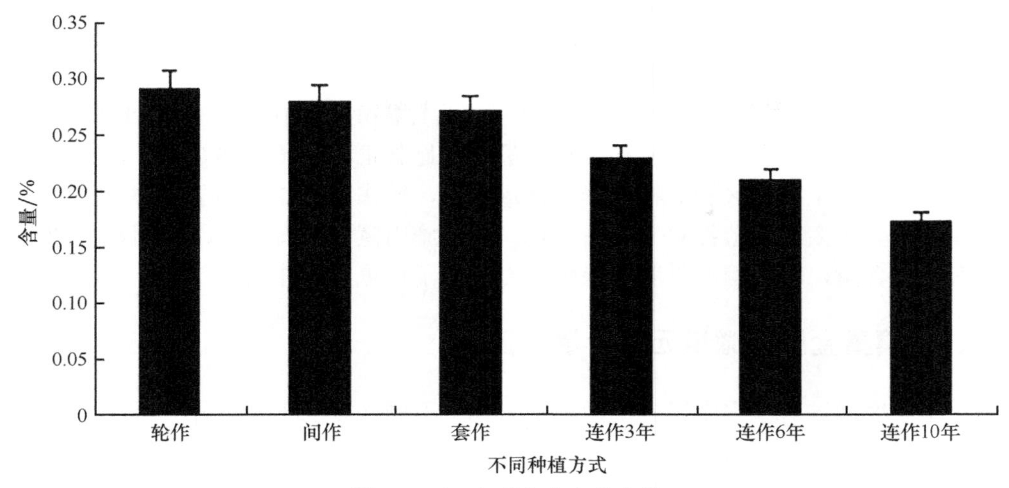

图 10-2-2　太子参中皂苷含量

在连作方式中，连作的时间越长，太子参中多糖和皂苷的含量就越低。这说明，连作障碍效应对太子参的品质具有较大的影响。

不同种植方式对太子参产量的影响结果和对其品质的影响一致。这说明，轮作条件下获得的太子参品质和产量都属最优，而连作对其品质和产量都有较大的影响。在太子参的种植过程中，连作方式产生的连作障碍导致太子参的品质和产量严重下降，研究表明，连作使重要的光合作用相关蛋白质表达量下调，光合速率降低，导致能量和有机物不能有效积累而使品质下降。不仅如此，任永权等认为化感作用可能是太子参连作障碍的重要原因（邵代兴等，2017）。

第三节　贵州太子参产地土壤环境与药材品质

本研究对贵州太子参主产地施秉进行的调查发现，高产稳产地块主要特点为：地处低山或丘陵顶端，土壤质地较轻及山高风大的小气候环境易形成较为干爽的土壤内外环境，不利于病害的滋生和传播，有利于植株健康生长，产量相对较高。

一、太子参不同种植方式下根区与非根区土壤养分含量特征

太子参根区与非根区土壤有机质、全磷含量有极显著差异（$P<0.01$），全氮、全钾、碱解氮、有效磷和速效钾含量差异不显著。土壤为植物的生长提供了所需的养分和水分，植物的根系则通过呼吸和分泌作用影响着根区土壤的理化性质，总体来说，植物根系对土壤养分表现出明显的增加效应，在不同种植方式下根区和非根区土壤养分含量均有差异，但差异性各异。

本研究分析测定了太子参轮作、间作、套作、连作 1 年、连作 3 年、连作 6

年、连作 10 年的根区与非根区土壤养分含量状况。结果表明：不同种植方式下根区土壤养分含量差异较大，7 种不同种植方式根区土壤养分含量均显著高于非根区土壤，根区土壤养分呈明显的富集作用；根区土壤 pH 平均低于非根区土壤 0.22；根区与非根区土壤有机质含量和全磷含量呈极显著正相关（$P<0.01$）。在轮作和间作方式下，土壤根区和非根区养分含量较高，轮作和间作有利于改善土壤养分环境，有利于太子参植株对养分的吸收。合理施用氮肥和有机肥，能明显增加土壤有机质含量，对土壤的供肥和保肥能力起到了很重要的作用。

二、土壤重金属及微量元素含量特征

本研究通过对施秉太子参不同种植方式下不同深度的土壤进行分析，探讨了不同种植方式下土壤重金属含量的分布特征。对不同种植方式下不同深度土壤中重金属含量的分析表明，0～20 cm 与 20～40 cm 土层中重金属元素含量表现不同，Cr、Cd 和 Pb 元素在太子参连作 10 年的土壤中含量最高，并且随连作年限的增加 Cr、Cd 和 Pb 元素含量不断增加，但在各种植方式下，上下两层土壤中 Cr、Cd 和 Pb 元素含量变化不大；通过对几种种植方式下土壤重金属含量变异系数的比较发现，在轮作方式下，土壤中 Cu、As、Hg、Mo 和 Mn 等元素的变异系数均高于同一土层在其他种植方式下的土壤，说明不同种植方式，不但引起了土壤中一些元素含量的变化，而且使其在均匀分布上也有了较大的变化；不同种植方式下，对 0～20 cm 土层深度重金属元素含量和变化进行分析，发现太子参在轮作、间作、套作等种植方式下，除 Zn、Mo 和 Mn 三种元素外，其他各元素的平均值均低于连作 3 年、连作 6 年和连作 10 年的土壤。其中连作 6 年和连作 10 年的土壤中的 Cd、Cu、Zn 元素含量的平均值远高于作为参照的连作 1 年土壤中该元素的含量，说明连作 6 年和连作 10 年与其他种植方式下太子参土壤相比，已经发生了 Cd、Cu 和 Zn 的污染；不同种植方式下的土壤单因子污染指数和多因子综合污染指数均小于 0.7，但轮作 6 年和轮作 10 年的太子参种植区的多因子综合污染指数明显高于其他几种种植方式。不同种植方式下太子参土壤多因子综合污染指数远小于 0.7，属于安全、清洁水平，土壤环境质量为 1 级，完全符合太子参等中药材种植的土壤要求（刘红等，2018）。

结 束 语

中药历史久远，张仲景编著的《伤寒杂病论》、李时珍编写的《本草纲目》和吴又可撰著的《温疫论》等书都详细记载了运用中药治疗各种疾病的方法，西药未传入中国之前，在中国中药一直是治疗疾病的主要药物。由于中药以植物药居多，故有“诸药以草为本”的说法，植物药作为中药的主力军，其药材品质一直备受关注。植物药的品质大多因产地环境不同而具有一定的差异性，因此在植物药中又有道地药材一说。

道地药材的品质主要从两个方面来判断，一是依据感官判断，二是依据化学成分判断。通过感官来判断，是自中医运用中药为病人进行治疗以来使用了上千年的方法，是无数代中医在行医过程中通过观察总结得来的，其使用价值不言而喻，但因其具有一定的主观性，所以对医生的要求极高；通过化学成分判断是近代自西方传入中国的一种方法，应用时间较短，但主观性相对较小，在科学技术和社会的快速发展下，这种方法迅速成为药材品质判断的主要手段。

道地药材的品质除了因产地环境不同而具有一定的差异外，还受到加工工艺的影响，因此本书对贵州 6 种道地药材的加工工艺与其品质间的关系进行了研究，探索出了不同药材的最佳加工工艺，在研究贵州道地药材的品质与其产地土壤环境特征间的关系时，针对不同的道地药材采用统一的加工工艺，使得这一探索更具有说服力。

产地环境对道地药材品质的影响主要包括气候、水与土壤。气候主要为道地药材植物的生长提供良好的温度、光照等条件；水则是植物在生长过程中必不可少的物质，植物的光合作用、呼吸作用等都有水的身影；而土壤常被人们喻为母亲，其性能各异的物理特征为植物生长提供了风格迥异的生长环境，如有的土壤透气性好、保水性强，种植的植物往往生长茂盛，而有的土壤保水性极弱，种植的植物常常呈现出茎、叶弱小等形态，此外，土壤源源不断地为植物提供其生长所必需的各类营养物质、微量元素、酶和水分等。本书详细介绍了 6 种贵州道地药材的品质与其产地土壤环境特征间的关系，未来，我们希望能够继续研究气候、水与土壤等产地综合性环境特征与贵州道地药材品质间的关系，旨在为提高中药材的品质提供一定的理论基础。

参 考 文 献

蔡立群, 齐鹏, 张仁陟. 2008. 保护性耕作对麦-豆轮作条件下土壤团聚体组成及有机碳含量的影响[J]. 水土保持学报, (2): 141-145.

陈宁, 张珍明, 曾宣平, 等. 2019. 土地利用方式对剑河钩藤品质的影响[J]. 西南农业学报, 32(12): 2949-2954.

陈泽辉. 2011. 贵州玉米育种[M]. 贵阳: 贵州科技出版社.

丁建, 夏燕莉. 2005. 中国药用植物资源现状[J]. 资源开发与市场, (5): 453-454.

高晓宇, 丁茹, 王道平, 等. 2017. 钩藤化学成分及药理作用研究进展[J]. 天津医科大学学报, 4: 102-104.

龚子同, 黄标, 周瑞荣. 1997. 南海诸岛土壤的地球化学特征及其生物有效性[J]. 土壤学报, (1): 10-27.

贵州省烤烟土壤区划项目组. 2015. 贵州省烤烟土壤区划[M]. 贵阳: 贵州人民出版社.

《贵州省农业气候区划》编写组. 1989. 贵州省农业气候区划[M]. 贵阳: 贵州人民出版社.

《贵州植物志》编委会. 1982. 贵州植物志[M]. 贵阳: 贵州人民出版社.

贵州省中药资源普查办, 贵州中药研究所. 1992. 贵州中药资源[M]. 北京: 中国医药科技出版社.

郭美丽, 张芝玉, 张汉明, 等. 2000. 不同产地红花药材的质量评价[J]. 中国中药杂志, (8): 469.

何顺志, 徐文芬, 黄敏, 等. 2005. 贵州中药资源种类与分布的研究[J]. 世界科学技术, (2): 95-102+120.

湖南省卫生厅. 1983. 湖南省中药材炮制规范[M]. 长沙: 湖南科学技术出版社.

黄昌勇. 2000. 土壤学[M]. 北京: 中国农业出版社.

黄海滨, 戴航, 李学坚, 等. 2004. RP-HLPC 法测定不同产地扁桃叶中芒果苷的含量[J]. 广西中医药, 27(2): 51-52.

黄璐琦, 郭兰萍. 2007. 中药资源生态学研究[M]. 上海: 上海科学技术出版社.

黄瑞松, 覃冬杰, 张鹏, 等. 2012. 广西不同产地和不同采收期大叶钩藤中钩藤碱定量分析[J]. 中草药, 43(1): 178-181.

黄瑞松, 张鹏, 覃冬杰, 等. 2013. 钩藤植物不同药用部位中钩藤碱的含量分析[J]. 华西药学杂志, 28(2): 183-185.

纪薇, 梁宗锁, 姜在民, 等. 2008. 玄参高产栽培优化配方施肥技术研究[J]. 西北农林科技大学学报(自然科学版), (2): 170-174.

乐乐, 何腾兵, 林昌虎, 等. 2013. 不同种植年限金银花根区与非根区土壤养分差异性研究[J]. 山地农业生物学报, 32(3): 229-232.

林邵霞, 曾宪平, 林昌虎, 等. 2020. 钩藤种植对贵州黄壤土壤性状影响研究[J]. 农学通报, 36(28): 118-123.

刘凤枝, 徐亚平, 马锦秋. 2006. 土壤中重金属监测技术综述[C]//全国耕地土壤污染监测与评价技术研讨会论文集: 4-9.

刘红, 张清海, 秦维, 等. 2018. 基于地统计学与 GIS 的施秉太子参种植适宜性评价[J]. 湖北农业科学, 57(17): 37-41.

刘瑾, 倪嘉纳, 刘力, 等. 2004. 不同产地白芍的质量分析[J]. 时珍国医国药, 15(4): 207-208.

刘柯, 贵州省人民政府办公厅. 1989. 贵州资源 第 2 集 [M]. 贵阳: 贵州人民出版社.

刘克汉, 刘玲. 2009. 贵州常用中药材种植加工技术[M]. 贵阳: 贵州科技出版社.

刘文利, 吴景贵, 傅民杰, 等. 2014. 种植年限对果园土壤团聚体分布与稳定性的影响[J]. 水土保持学报, 28(1): 129-135.

刘衍君, 李增福, 张保华, 等. 2010. 聊城市土壤微量元素含量及空间分布特征研究[J]. 江苏农业科学, (4): 372-374.

刘志刚, 罗佳波, 陈飞龙. 2005. 不同产地白花蛇舌草挥发性成分初步研究[J]. 中药新药与临床药理, 16(2): 132-134.

刘志祥, 江长胜, 祝滔. 2013. 缙云山不同土地利用方式对土壤全磷和有效磷的影响[J]. 西南大学学报(自然科学版), 35(3): 140-145.

柳文媛, 段金廒, 宁显唯. 2001. 蒺藜产地与薯蓣皂甙元含量[J]. 中药材, 24(6): 396-397.

柳小兰, 张清海, 林绍霞, 等. 2015. 贵州丹寨山银花种植区土壤肥力诊断与综合评价[J]. 北方园艺, (2): 154-158.

鲁鑫焱, 张超, 赵怀清, 等. 2004. 不同产地胡芦巴中总黄酮和槲皮素的含量测定[J]. 沈阳药科大学学报, 21(6): 430-433.

罗集鹏, 刘玉萍, 冯毅凡, 等. 2003. 广藿香的两个化学型及产地与采收期对其挥发油成分的影响[J]. 药学学报, 38(4): 307-310.

罗文敏, 林昌虎, 杨万云, 等. 2014a. 何首乌和种植土壤重金属含量特征及其相关性研究[J]. 湖北农业科学, 53(18): 4354-4357.

罗文敏, 杨万云, 林昌虎, 等. 2014b. 三穗县何首乌种植基地的土壤质量综合评价[J]. 贵州农业科学, 42(3): 182-186.

罗文敏, 张家春, 刘燕, 等. 2018. 多指标综合评价法优选黔产太子参最佳初加工方法[J]. 中药材, 41(6): 1335-1342.

吕国红, 周广胜, 赵先丽, 等. 2005. 土壤碳氮与土壤酶相关性研究进展[J]. 辽宁气象, (2): 6-8.

马超, 严寒静, 唐春萍, 等. 2008. 不同种源地何首乌抗氧化作用的比较研究[J]. 广东药学院学报, 24(6): 3.

牛西午, 张强, 杨治平, 等. 2003. 柠条人工林对晋西北土壤理化性质变化的影响研究[J]. 西北植物学报, (4): 628-632.
彭艳丽, 刘红燕, 张炳桢. 2005. 山东不同产地单叶蔓荆子挥发油 GC-MS 分析[J]. 山东中医药大学学报, 29(2): 146-148+155.
皮莉, 梁宗锁, 张跃进. 2007. 土壤含水量对半夏生长和抗氧化性的影响[J]. 西北农业学报, (3): 196-199+218.
浦湘渝, 张荣平, 邹澄. 2001. 不同产地三七总皂苷的含量研究[J]. 云南中医中药杂志, 22(4): 36.
屈小媛, 林昌虎, 秦华军, 等. 2016. 钩藤不同部位,、不同时期药用成分分布规律分析[J]. 湖北农业科学, 55(3): 658-659.
邵代兴, 刘红, 林昌虎, 等. 2017. 黔产中药材太子参块根无机元素分析研究[J]. 中国农学通报, 33(3): 74-80.
宋海燕, 李传荣, 许景伟, 等. 2007. 滨海盐碱地枣园土壤酶活性与土壤养分、微生物的关系[J]. 林业科学, (S1): 28-32.
孙超, 张勇民. 2004. 贵州特有药用植物资源与可持续利用评价[J]. 中草药, (11): 115-119.
孙济平, 何顺志. 2005. 贵州特有药用植物的种类与分布[J]. 中国中药杂志, (10): 735-738.
唐丽萍, 谭钦刚, 龚云麒, 等. 2005. 云南不同产地灯盏细辛药材总黄酮测定和紫外光谱对比研究[J]. 云南中医学院学报, 28(3): 8-10.
王道平, 周欣, 梁光义, 等. 2005. 不同产地丹参中有效成分的含量比较[J]. 天然产物研究与开发, 17(1): 70-72.
王颖, 林昌虎, 何腾兵, 等. 2013. 贵州半夏产地土壤性状特征研究[J]. 贵州科学, 31(3): 61-64.
魏复盛, 陈静生, 吴燕玉, 等. 1991. 中国土壤环境背景值研究[J]. 环境科学, (4): 12-19+94.
吴彩霞, 傅华, 裴世芳, 等. 2008. 不同草地类型土壤有效态微量元素含量特征[J]. 干旱区研究, (1): 137-144.
肖冰梅, 盛孝邦, 何桂霞. 2005. 不同产地灰毡毛忍冬藤主要成分的比较研究[J]. 中华中医药学刊, 23(3): 470-471.
肖鸣, 吴永忠, 朱良辉, 等. 2000. 不同产地枳壳中柚皮苷及辛弗林的含量测定[J]. 中药材, 23(5): 268-269.
肖学凤, 高岚. 2001. HPLC 法测定不同产地葛根中葛根素的含量[J]. 中草药, 32(3): 220.
谢琴, 华晓东, 王菊美. 2001. 不同产地、不同部位黄芩的黄芩甙含量测定[J]. 上海中医药杂志, (3): 39-40.
邢俊波, 李萍, 刘云. 2003. 不同产地、不同物候期金银花中绿原酸的动态变化研究[J]. 中国药学杂志, 38(1): 19-21.
徐李, 关丽英, 曾忠良, 等. 2010. 秀山金银花（*Lonicera macranthoides* Hand.-Mazz）的总灰分和酸不溶性灰分的测定[J]. 西南大学学报(自然科学版), 32(5): 146-150.
严健汉, 詹重慈. 1985. 环境土壤学[M]. 武汉: 华中师范大学出版社.

颜秋晓, 何腾兵, 高安勤, 等. 2015. 不同种植年限下山银花产地土壤及花蕾重金属污染特征[J]. 水土保持研究, 22(1): 310-315+328.

颜秋晓, 林昌虎, 高安勤, 等. 2015. 不同种植年限土壤微量元素对山银花品质的影响[J]. 水土保持通报, 35(3): 299-304.

殷放宙, 陆兔林, 李林. 2005. 黑龙江不同产地五味子中五味子乙素的含量比较[J]. 上海中医药大学学报, 19(1): 42-43.

张勃, 陈海军, 侯向阳, 等. 2015. 内蒙古锡林郭勒草原贝加尔针茅的繁殖特性及其生态响应[J]. 甘肃农业大学学报, 50(4): 103-108.

张勃, 张华, 张凯, 等. 2007. 黑河中游绿洲及绿洲-荒漠生态脆弱带土壤含水量空间分异研究[J]. 地理研究, (2): 321-327.

张家春, 曾宪平, 张珍明, 等. 2016. 不同功能区土壤-钩藤系统重金属累计特征及评价[J]. 中国中药杂志, 41(20): 3746-3752.

张家春, 刘盈盈, 黄冬福, 等. 2016. 贵州玄参主产地土壤养分丰缺现状及评价[J]. 耕作与栽培, (3): 12-15+11.

张家春, 张珍明, 曾宣平, 等. 2017. 贵州地产钩藤根区与非根区土壤碳、氮、磷分布特征[J]. 中药材, 40(11): 2491-2495.

张家春, 张珍明, 刘涟, 等. 2017. 不同利用方式下贵州玄参产地土壤重金属含量与评价[J]. 耕作与栽培, (3): 4-7.

张家春, 张珍明, 刘盈盈, 等. 2018. 黔产玄参土壤微量元素及与玄参品质相关性研究[J]. 江苏农业科学, 46(20): 157-160.

张丽艳, 杨玉琴, 高言明. 2003. 贵州不同产地野生及栽培何首乌中二苯乙烯苷含量比较[J]. 中国中药杂志, 28(8): 786-787.

张清海, 刘红, 罗爱芹, 等. 2016. 贵州剑河钩藤不同药用部位十五种元素特征分析[J]. 北方园艺, (16): 156-159.

张雪梅, 王瑞, 安睿, 等. 2011. HPLC 同时测定玄参中 5 种成分的含量[J]. 中国中药杂志, 36(6): 709-711.

张珍明, 乐乐, 林昌虎, 等. 2015. 不同种植年限山银花根区土壤生物特性[J]. 水土保持通报, 35(5): 71-76.

张珍明, 乐乐, 林昌虎, 等. 2016. 种植年限对山银花土壤质量的影响[J]. 水土保持研究, 23(2): 66-72.

张珍明, 罗文敏, 贺红早, 等. 2015. 钩藤化学成分提取工艺与鉴别方法研究进展[J]. 北方园艺, (12): 189-192.

张紫洞. 1983. 中药材保管技术[M]. 北京: 人民卫生出版社.

中国环境监测总站. 1990. 中国土壤元素背景值[M]. 北京: 中国环境科学出版社.

邹节明, 吕高荣, 钟小清, 等. 2005. 广西不同产地八角茴香中茴香脑的含量测定[J]. 中药材, 28(2): 106-107.

Do T, Antoniotti S, Hadji-Minaglou F. 2014. Secondary metabolites isolation in natural products chemistry: comparison of two semipreparative chromatographic techniques (high pressure liquid chromatography and high performance thin-layer chromatography)[J]. Journal of Chromatography A, 1325: 256-260.

Zhang J C, Zeng X P, Zhang Z M, et al. 2016. Evaluation and cumulative characteristics of heavy metals in soil-Uncaria rhynchophylla system of different functional areas[J]. China Journal of Chinese Materia Medica, 41(20): 3746-3752.